U0367747

▲ 彩图1 哥特式建筑

▲ 彩图2 大堂的走道和休息区的对比

▲ 彩图4 儿童房

▲ 彩图3 具有优美节奏和旋律的大堂

▲ 彩图5 明亮的冷饮店

▲ 彩图6 明亮温馨的厅堂

▲ 彩图7 伊斯兰餐厅

▲ 彩图8 红色调的起居室

▲ 彩图9 暖色调的门厅

▲ 彩图10 橙与蓝的互补

▲ 彩图11 三原色

▲ 彩图12 电梯间

▲ 彩图13 水景庭园

▲ 彩图14 客厅（一）

▲ 彩图15 客厅（二）

教育部高职高专规划教材

室内设计

第二版

孟钺 主编

范涛 副主编

化学工业出版社
·北京·

本书内容主要分室内设计基本理论、室内与构成艺术和不同类型建筑室内设计这三个主要部分，全书系统地阐述了室内装饰设计的基本概念，基本原理和具体的设计方法。本书的编写特点强调具有通用性、新颖性和系统性，既有传统内容，又有新的概念，新的思想，将新的室内设计成果有机地贯穿于室内设计中去，以培养学生的能力为根本，注重理论联系实际。

本书为高职高专建筑装饰工程技术、室内设计技术、环境艺术设计、美术设计等专业的教材，同时还适用于从事室内设计的有关人员阅读。

图书在版编目（CIP）数据

室内设计/孟铖主编．—2版．—北京：化学工业出版社，2012.4（2022.9重印）
教育部高职高专规划教材
ISBN 978-7-122-13253-6

Ⅰ．室…　Ⅱ．孟…　Ⅲ．室内装饰设计-高等职业教育-教材　Ⅳ．TU238

中国版本图书馆CIP数据核字（2012）第004206号

责任编辑：王文峡
责任校对：郑　捷　　　　　　　　　　　　装帧设计：尹琳琳

出版发行：化学工业出版社（北京市东城区青年湖南街13号　邮政编码100011）
印　　装：天津盛通数码科技有限公司
787mm×1092mm　1/16　印张16½　彩插2　字数405千字　2022年9月北京第2版第4次印刷

购书咨询：010-64518888　　　　　　　　　售后服务：010-64518899
网　　址：http：//www.cip.com.cn
凡购买本书，如有缺损质量问题，本社销售中心负责调换。

定　　价：49.00元

前言

随着室内设计行业的迅速发展，新的思想、观念和施工技术不断涌现，设计理论不断深化，多学科交融的趋势日益增强。室内设计在建筑体系中的地位有了进一步的提高，这样就给室内设计教学提出了更高的要求。为了适应新的形势下对室内设计的要求，我们与时俱进，更新陈旧的不适用的内容，增加了新的必要的知识，力求实现理论性和实践性的有机结合，既注重室内设计的整体把握，又在细节和深度上进行了深入探讨。从不同角度系统地阐述了室内设计的基本概念和具体设计方法，以能力培养为中心，注重理论知识的具体应用，实现理论与实践的有机结合。

本书的服务刘象为高职高专学生，作为专业课教材使用。可适用于建筑装饰工程技术、室内设计技术、环境艺术设计、美术设计等专业，同时还适用于从事室内设计的有关人员阅读。本书是根据室内设计教学大纲和本专业培养目标的要求组织编写的，内容主要分室内设计基本理论、室内与构成艺术和不同类型建筑室内设计这三个主要部分。全书系统地阐述了室内装饰设计的基本概念、基本原理和具体的设计方法，强调通用性、新颖性和系统性，既有传统经典内容，又有新的概念、新的思想，将新的室内设计成果有机地贯穿于室内设计中去。以培养学生的能力为根本，注重理论联系实际。

本书由孟钺担任主编，范涛担任副主编。其中孟钺编写第一章、第二章、第四章、第十章、第十二章和第十四章；范涛编写第三章和第九章；杜华刚编写第五章；孟宇菲编写第六章和第十一章；李艳编写第七章；弓萍编写第八章；范瑞杰编写第十三章；赵明编写第十五章。全书由孟钺统稿。

限于编者水平，书中不足之处在所难免，恳请广大读者，特别是室内设计的专家、同行给予批评、指正。

编　者
2012 年 1 月

第一版前言

近年来室内装饰设计的社会实践蓬勃发展，日新月异，硕果累累，新的思潮不断涌现，设计理论不断深化，多学科交融的趋势日益增强，在整个建筑体系中的地位有了进一步的提高，这样就给室内装饰设计教学提出了更高的要求。为了适应新的形势下对室内装饰设计的要求，我们力求实现理论性和实践性的有机结合，既注重室内装饰设计的整体把握，又在细节和深度上进行了深入探讨。

本书的服务对象为高职高专学生，作为专业课教材使用。可适用于建筑装饰、室内设计、环境艺术、美术设计等专业，同时还适用于从事室内装饰设计的有关人员阅读。本书是根据室内装饰设计教学大纲和本专业培养目标的要求组织编写的，内容主要分室内设计基本理论、室内与构成艺术和不同类型建筑室内设计这三个主要部分。全书系统地阐述了室内装饰设计的基本概念、基本原理和具体的设计方法，强调通用性、新颖性和系统性，既有传统经典内容，又有新的概念，新的思想，将新的室内设计成果有机地贯穿于室内设计中去，以培养学生的能力为根本，注重理论联系实际。

本书由孟钺担任主编，任世忠、范涛担任副主编。其中孟钺编写第一章，第二章，第四章，第十章的第二节、第三节，第十一章的第一节、第二节，第十二章和第十四章；任世忠编写第七章；范涛编写第三章和第九章；杜华刚编写第五章和第十五章；蒋永茂编写第八章和第十章的第一节；刘嵩编写第六章和第十一章的第三节、第四节；范雅杰编写第十三章。全书由孟钺统稿。

由于编写时间仓促，编者水平有限，疏漏和不足之处在所难免，恳请广大读者，特别是室内设计的专家、同行给予批评、指正。

编 者
2005 年 3 月

目录

第一章　概论 …………………………… 1
　第一节　室内设计的含义、特征和
　　　　　要求 …………………………… 1
　　一、现代设计的概况 ………………… 1
　　二、室内设计的含义 ………………… 2
　　三、室内设计的特征 ………………… 2
　　四、室内设计的要求 ………………… 2
　第二节　室内设计的观念、目的和
　　　　　任务 …………………………… 3
　　一、室内设计的观念 ………………… 3
　　二、室内设计的目的和任务 ………… 5
　第三节　室内设计的形成史略和发展
　　　　　趋势 …………………………… 6
　　一、世界室内设计史略 ……………… 6
　　二、中国室内设计简述 …………… 14
　　三、室内设计的发展趋势 ………… 17
　第四节　室内设计的内容、分类和
　　　　　方法 ………………………… 18
　　一、室内设计的内容 ……………… 18
　　二、室内设计的分类 ……………… 19
　　三、室内设计创新性思维和设计的
　　　　方法 ………………………… 19
　　四、室内设计程序 ………………… 20
　第五节　室内设计师必备的修养 …… 22
　复习思考题 ………………………… 24

第二章　室内的空间设计 …………… 25
　第一节　室内空间的类型和特征 …… 25
　　一、固定空间与可变空间 ………… 26
　　二、开敞空间与封闭空间 ………… 26
　　三、动态空间与静态空间 ………… 28
　　四、流动空间 ……………………… 31

　　五、共享空间 ……………………… 31
　　六、交错空间 ……………………… 31
　　七、不定空间 ……………………… 31
　　八、结构空间 ……………………… 31
　　九、虚拟空间 ……………………… 33
　　十、室内空间形态构思方法与创新
　　　　途径 ………………………… 33
　　十一、迷幻空间 …………………… 36
　第二节　空间设计 …………………… 37
　　一、人与空间的关系 ……………… 37
　　二、空间的性格 …………………… 40
　　三、空间的围与透 ………………… 42
　　四、空间的分隔与联系 …………… 43
　复习思考题 ………………………… 49

第三章　室内设计与人体工程学 …… 50
　第一节　人体工程学概述 …………… 50
　　一、人体工程学简介 ……………… 50
　　二、人体工程学的定义 …………… 50
　　三、人体工程学具体含义说明 …… 50
　　四、人体工程学与室内设计 ……… 51
　第二节　人体的尺度 ………………… 51
　　一、人体基本知识 ………………… 51
　　二、人体的尺度 …………………… 52
　　三、百分位的概念 ………………… 52
　　四、人体尺度的应用原则 ………… 54
　第三节　人体工程学与家具功能
　　　　　设计 ………………………… 55
　　一、坐卧性家具 …………………… 55
　　二、凭倚性家具 …………………… 58
　　三、贮存性家具 …………………… 59
　第四节　人与空间 …………………… 60

一、个人空间 …………………… 60

二、个人地域 …………………… 61

三、防御空间 …………………… 61

四、隐私性 ……………………… 61

五、人际距离 …………………… 61

复习思考题 ……………………… 62

第四章 室内的界面设计 ………… 63

第一节 室内空间界面的处理 …… 63

一、室内空间界面的要求和功能

特点 ………………………… 63

二、室内空间界面的装饰用材 …… 64

三、室内界面的处理及其感受 …… 64

第二节 空间的界面装饰与艺术

处理 ………………………… 68

一、形状 ………………………… 68

二、图案 ………………………… 69

三、质感 ………………………… 69

第三节 室内空间界面设计原则与

要点 ………………………… 70

一、室内空间界面设计的基本

原则 ………………………… 70

二、室内空间界面设计要求 …… 70

复习思考题 ……………………… 71

第五章 室内采光与照明设计 ……… 72

第一节 室内采光控制 …………… 72

一、天然采光形式 ……………… 72

二、多种多样的现代采光形式 …… 72

三、室内采光的计算 …………… 77

第二节 室内照明设计基础 ……… 77

一、照明与室内装饰 …………… 77

二、照明光的现象与种类 ……… 78

三、照明的不同形式 …………… 79

四、照明机能的划分 …………… 82

五、照度与照度标准 …………… 83

六、灯具与照明 ………………… 85

七、室内照明计划 ……………… 88

第三节 居住空间照明设计 ……… 95

一、客厅照明 …………………… 95

二、餐厅照明 …………………… 96

三、厨房照明 …………………… 97

四、楼梯和走廊照明 …………… 97

五、书房照明 …………………… 97

六、卧室照明 …………………… 98

七、浴室及卫生间照明 ………… 100

第四节 建筑及商业艺术照明 …… 100

一、建筑艺术照明的目的 ……… 100

二、建筑艺术照明的要求 ……… 100

三、建筑照明设计中商业照明

种类 ………………………… 101

复习思考题 ……………………… 105

第六章 室内的色彩设计 ………… 106

第一节 色彩原理与室内设计 …… 106

一、色彩基础 …………………… 106

二、色彩在室内设计中的应用 …… 107

第二节 色彩、材质与照明 ……… 108

一、材质的特征 ………………… 108

二、照明、色彩和材料的关系 …… 108

三、营造室内良好的色彩与照明

环境 ………………………… 109

第三节 色彩对人的作用和影响 …… 109

第四节 室内色彩设计的方法和

应用 ………………………… 110

一、室内色彩的基本要求 ……… 110

二、室内色彩的设计方法 ……… 111

复习思考题 ……………………… 115

第七章 室内的材料设计 ………… 116

第一节 装饰材料概述 …………… 116

一、室内装饰材料的装饰性质 …… 116

二、装饰材料的选用原则 ……… 117

三、室内装饰材料的发展趋势 …… 117

第二节 装饰材料的分类 ………… 118

一、按化学性质分 ……………… 118

二、按装饰部位分 ……………… 118

三、按材料的质地分类 ………… 119

第三节 装饰材料的功能及其

选择 ………………………… 120

一、装饰材料的功能 …………… 120

二、装饰材料的选择 …………… 121

第一章 概　　论

第一节　室内设计的含义、特征和要求

室内设计与人们的生产活动和室内生活密切相关，其目的是为了营造一个适宜人类生存和发展的空间环境。室内设计作为建筑的重要组成部分，具有了更新、更广而且更为复杂的内容和相对的独立性，是建筑的物质和技术功能得以实现的关键，是物质技术和艺术高度完美的结合，是建筑设计的继续和深化，也是空间和环境的再创造。

一、现代设计的概况

现代设计以其前所未有的态势迅猛发展，深入到社会的各个角落，在贯穿于人们的衣食住行之中的同时，使人们享受现代设计带来的文明。设计也是连接精神文明与物质文明的桥梁，人们通过设计来实现改变世界、改善人类的生存环境，提高生活质量。设计创造了经济价值、审美价值和信誉价值，满足了人们物质生活和精神生活的要求，它不仅是一种生产力，也是一个国家综合国力的象征。一个国家要强盛，经济要发展，必须重视和加强设计教育，大力发展设计产业，推动设计理论的研究，构筑现代设计理论科学，把设计置于一个优先发展的战略地位。一些经济发达国家，把发展设计作为一项基本国策，从中小学生富有创造力的设计教育抓起，加强国际间的学术交流，大力发展设计产业和培养设计人才，为国民经济的发展提供了强劲的动力。

设计在拉丁语中的意思是"通过符号把计划表示出来"。设计也可以解释为构思、计划、草图、样本、素描等。不同的历史时期和不同的设计领域都赋予设计以不同的内涵，众说纷纭，各执一词，难以全面而准确地描述。但是在这多角度、多层面对设计的解释中也可以找到共同点：有人认为，设计是人的思考过程，是一种构想、计划，并通过实施，以满足人类的要求为最终目的；也有人认为，设计是根据一定的社会需要，运用相应科学和艺术的手段，进行有目的的创造性活动；还有人认为，设计是人类所特有的一种有目地的创作活动，是人们为了达到某种功能，对材质和形式加以组织和制作的过程。就设计的本质来讲，设计应以人为本，为人服务，在满足人的生活需要的同时又规定并改变人的活动行为和生活方式，以启发人的思维方式，体现在人类生活的各个方面。设计是人类的行为，又为人类服务，它体现着人们为了满足自己生存和发展的需要，去认识和改造自然的目的性，既要充分发挥人的主观能动性，又要受设计规律的制约。

艺术设计是设计中的一个重要组成部分，有明显的目的性和预见性，是为达到一个明确的目的性和预见性的自觉行为，包含了艺术创造的诸多成分。因此，艺术设计是人类有目的性的审美创造活动。它不仅是对物体外形的美化，也是一种创造，是有目的性的视觉创造。

艺术设计是一种问题求解的过程和行为，它需要设计者苦心寻找和选择理想的备选方案，依靠判断、直觉思考，不断寻求解决问题的最佳设计方案的过程。

现代设计是一门科学，是生产力，是物质财富和生活方式的创造，是科学技术和艺术促进经济繁荣的催化剂，是推动社会发展进步的动力。

现代设计已从产品设计拓展到环境设计，由生存意识进展到环境意识，而环境艺术设计包括了城市规划、建筑设计、园林工程、广场设计、雕塑与壁画等环境艺术品设计及室内设计，而室内设计是为满足人们生活、工作的物质要求和精神要求所进行的理想的室内环境设计。

二、室内设计的含义

室内设计是以能够满足人们物质和精神生活需要为前提，根据建筑物的使用性质、所处环境和相应标准，综合运用现代的物质、科技和艺术手段，创造出功能合理、舒适优美、性格鲜明的室内环境。

在室内设计中，应从整体把握设计对象，其依据的因素有以下几项。

使用性质——依据建筑功能要求及与其适应的室内空间；

所处环境——依据建筑物和室内空间的周围环境状况；

相应标准——依据相应工程项目的总投资和单位造价标准的控制。

现代室内设计既有很高的艺术性要求，又有很高的技术含量；室内空间既具有使用价值，满足相应的功能要求，同时又能体现建筑的文化氛围、历史文脉、风格特色等精神因素；设计者既要综合考虑使用功能、结构施工、材料设备、造价标准等组织精良的施工，又要运用各种艺术手段赋予室内空间美的享受。现代室内设计已在环境设计分支中发展成为独立的新兴学科。

三、室内设计的特征

空间性，如果说建筑设计着重表现建筑的结构和外表，那么室内设计的任务是营造室内的空间，以空间设计为核心，强调人与空间、人与物、空间与空间、物与物之间的关系，对室内的地面、顶棚和墙面进行处理，对室内的家具、设备等进行设计。

参与性，设计要以人为本，突出为人服务，强调人的参与与体验，满足人们对物质和精神的双重要求。

涵盖性，学科涵盖面广，多学科交叉性强，涉及建筑、艺术、人体工学、环境物理学、心理学、结构等。

创新性，设计理论、材料工艺创新周期很快，新的理论书籍还没有出版发行，已被现实中涌现出来更新的知识所取代。

时空性，在现代艺术和高技术的条件下，运用时间和空间的艺术手段，将不断出现新的室内设计类型。

探索性，在与科技、艺术各门类相互渗透、交融的过程中，得到独立和完善，在不断创新的过程中，探索学科的发展道路。

四、室内设计的要求

（1）满足室内物质功能的要求，根据建筑及室内的实际营造具有功能合理的室内空间组织和平面布局，提供符合使用要求的室内各项设施，满足制冷与取暖、采光与照明、给水排水系统、各种管线的配置、对声响和视听的要求，以及室内的空气环境等需求。

（2）满足室内精神功能的要求，营造优美的室内空间环境和各个界面的处理，具有宜人的光、色和材质肌理的配置，符合建筑的环境气氛，具有相应的文化氛围，满足使用者的爱好和精神需求。

（3）满足室内安全疏散、防火、卫生等设计规范，遵守与合同相应的定额标准，注意节能、节材、方便耐用，提高空间利用率，具有再次调整和更新的余地，符合可持续发展的要求。

第二节　室内设计的观念、目的和任务

一、室内设计的观念

1. 以人为本的设计观

室内设计的出发点和落脚点是通过创造室内空间环境为人服务，以满足人对室内环境精神和物质两方面的需求，确保人们的安全和身心健康，满足人和人际活动的需要，作为设计的核心。在以人为本、为人服务的前提下，综合解决好使用功能、美观实用、环境氛围等具体问题。在具体的设计过程中，需要设计者细致入微、设身处地地为人们创造美好的室内环境，深入细致地研究人体工学、环境心理学等知识，了解和掌握人们的心理特点、行为心理和视觉感受，针对不同的使用对象相应地考虑不同的要求。使营造出来的室内空间满足人和人际活动的需要，如图 1-1～图 1-3 所示。

图 1-1　卧室的一角，幽雅恬静、舒适美观

图 1-2　流水别墅楼梯旁的书架，美观实用

2. 整体性的环境观

以人为本，以环境为源。现代室内设计应着眼于对环境因素的整体考虑、全面的理解和系统的研究，把室内设计纳入整个环境关键一环。一方面，室内环境是指室内的空间环境、视觉环境、物理环境、心理环境等诸多方面，而室内环境的优劣直接体现室内设计的质量；另一方面，室内环境也是自然环境系列的有机组成部分，它们相互配合又相互制约，受整体功能特点、自然地理和气候条件、城市建设状况和所在位置及文化传统、风土人情的影响。环境设计是营造理想生活和工作空间的设计行为，对环境因素的整体把握和理解的态度体现了人们的环境观，如图 1-4 所示。

图 1-3 某机构交通厅设有残疾人专用通道

图 1-4 广州白天鹅宾馆中庭"故乡水瀑布"　　图 1-5 奥尔塞艺术博物馆展览大厅

3. 科学性和艺术性的结合观

科学技术的进步是文化与艺术发展的直接动力,在创作室内环境中,高度重视科学与艺术的结合是室内设计的一个重要理念。现代室内设计的特点是科学性与艺术性的综合越来越紧密,在充分重视技术性的同时,高度重视建筑美学原理,创造出具有艺术表现力和深刻文化内涵的室内空间环境。室内设计必须重视并积极运用当代最新的科技成果,及时掌握新型材料、结构构成、施工工艺以及设施设备,充分运用科学的设计方法和表现手段。如计算机技术的应用,大大地提高了设计的效率,使设计的效果更加直观真实,如图 1-5 所示。

4. 设计风格的继承和创新

建筑及室内的设计风格是人类经过长期创造实践所积累形成的一种文化形式。现代建筑室内设计是一项复杂的系统工程，其中"新与旧"、"传统与创新"是最敏感的问题之一。传统的室内设计风格在当今的形势下得到继承和发展，需要人们付出辛勤的劳动和进行大胆的尝试。在室内设计创作中，设计师要有较高的室内设计理论水平；对传统风格的特征有系统的认识和理解；而且还要具备现代审美意识；把握大众审美倾向，对材料及工艺详细的掌握和了解；具有创造性思维，能从历史和所在环境寻找灵感，不断探索，不断创新，在满足现代物质生活功能要求的同时，保持传统的风格与形式的精华，并对其提炼、简化和升华，从而使传统的室内风格得到继承和发扬。

5. 动态和可持续的发展观

在市场经济的大环境下，市场竞争更加激烈，建筑及室内也是同样，更新和改造的周期也越来越短，商业空间更新周期约为 2～3 年，宾馆的更新周期约为 5～7 年，随着装饰技术的进步和装饰材料的日新月异，人们对室内环境艺术风格和气氛的兴趣改变，更新周期日益缩短。由于上述原因将促使现代室内设计在空间组织、平面布局、装修构造和设备的选择安装等方面都要有一定的前瞻性和超前意识，合理地留有更新改造的余地，以动态和发展的眼光来认识和适应现代建筑室内的形势。例如，以"动态设计"的理念充分考虑给排水，供电、燃气、空调和交通线等关键因素。为以后的改造做好充分的准备。在家装中采取"轻装修，重装饰"为使用者留有更新改进的余地。

二、室内设计的目的和任务

1. 室内设计的目的

室内设计的目的是为人们的生活、生产活动创造美好的室内环境，满足人们物质和精神生活的需要。

室内设计首先要保证人们在室内生存的最基本居住条件和物质生活、生产条件，在此基础上提高室内环境的精神品位，用有限的物质条件创造出无限的精神价值来。

2. 室内设计的任务

室内设计的任务是根据建筑和室内的使用性质、所处环境和相应标准，综合运用物质技术手段和艺术处理手法，全面掌握使用功能、材料设备、结构施工和造价标准等多种因素，把室内装饰的功能和艺术美有机地结合起来，创造出满足人们使用功能要求和精神要求的室内环境，在此基础上将设计不断深化和具体，使室内环境舒适美观、方便实用、富有特色。保证人们在室内空间的安全条件、舒适条件、功能要求和心理要求，体现"为人服务"的宗旨。

3. 室内设计与相关学科

室内设计从长期被建筑学代替的状态下独立出来，成为一门专业性很强、发展迅速和充满活力的新学科。其学科涵盖面广、专业口径宽与很多学科有十分密切的联系，如哲学、美学、史学、民俗学、民族学、伦理学、心理学、物理学、化学材料学、工艺学、工程学、经济学、生态学、社会学、人类学，其中与建筑学和人体工学、美学最为密切。

随着社会的发展，多学科的相互渗透、融合使得室内设计的内容不断得到充实和完善，现代多学科的科研成果为室内设计的发展注入了新的活力。化学、材料学的发展和介入增加了材料的种类，促进了设计水平的提高。人体工学、环境学的发展，更为室内设计提出了新的要求，促进了现代装饰的发展进程。美学、心理学的发展丰富和更新了现代装饰的理念。

计算机科学的发展更新了设计的手段，极大地提高了工作效率。

现代多学科的发展渗透和融合，促进了室内设计理论的发展，改进了设计方法，发展和提高了施工工艺，为实现设计思想提供了更加有力的技术支持。使室内设计从以单纯装饰为目的转变到对人的全面关怀为目的的室内空间。

第三节　室内设计的形成史略和发展趋势

在人类发展的历史长河中，人类不仅能适应环境，而且能积极地改造自然，从原始的洞穴到现代化具有完善设施的室内空间，是人类经过漫长的岁月，对自然长期改造的结果。人的本质趋于有选择地对待现实，并按照自己的思想、愿望来加以改造和调整，以最早的洞穴内的游牧生活的壁画来看，证明人类早期就注意装饰自己的居住环境。建筑作为一种特有的存在方式不仅为人们提供了一个遮风避雨的场所，而且建筑物的形体、空间、环境都能给人们带来美的享受，室内设计作为一门独立的学科从建筑中分离出来，获得了巨大的发展空间。今天，回顾室内设计史，了解其发展脉络，总结其风格形式，探求室内设计的本质，把握室内设计的发展方向，具有重要的现实意义。

一、世界室内设计史略

1. 古埃及室内设计

古埃及拥有人类历史上最灿烂的文化之一，其中建筑和室内设计具有相当的规模和很高的艺术成就。古埃及的建筑和室内装饰的形成及发展大致经历了以下三个时期。

（1）古王国时期　纪念性建筑的特点单纯而开阔，空间的布局呈简单的长方形，室内装饰主要体现在梁柱等结构的装饰上，柱式多为简洁的方柱和圆柱，如图 1-6 所示。

（2）中王国时期　这个时期的建筑及室内设计以神庙为代表，室内空间密布着高大而粗壮的柱子，柱子上刻有条形、文字和各种人物浮雕，神庙的中部与两旁屋面高差形成了高侧采光窗，给人以阴暗、压抑和敬畏的感觉，建筑的宏大气势营造了宗教特有的震撼力，使人置身其中显得何等的渺小和卑微，如图 1-7 所示。

（3）新王国时期　这一时期现存的建筑有神庙、石窟庙、石窟墓与住宅等，其真正的艺术重点在室内，神殿内部的石柱粗大密集，天棚越往里走越低，地面却越往里越升高，光线幽暗，气氛神秘，如图 1-8 所示。

图 1-6　古埃及行政管理建筑东侧的纸草式半圆承重柱

在古埃及贵族住宅的遗址中，抹灰的墙面上绘上彩色竖直条纹，地上有草编织物，配有名贵家具和生活用品，其平面布局分为三个部分，中央是主人居室，东部和西部的侧屋是佣人住房、粮仓、浴厕、厨房等，这一时期的住宅多为木架结构，夯土为墙，墙面有简单的装饰，例如壁画等，如图 1-9～图 1-11 所示。

图 1-7　长纳克之阿蒙神庙（扩建于公元前 1530 年～公元前 323 年）

图 1-8　凯尔奈克·阿蒙神庙

图 1-9　石窟神庙内部

2. 古希腊的室内设计

古希腊的文明是欧洲文化的摇篮，它的建筑和室内设计充满着理性的光辉。

（1）古风时期　建筑及室内装饰艺术处在发展阶段，神庙中立神像，室内应用浮雕来装饰。

（2）古典时期　是希腊建筑艺术和室内装饰设计的黄金时期，有很多如帕提农神庙、雅典娜神庙等著名的神庙，如图 1-12 所示。

（3）希腊化时期　以完美的艺术形式，精确的尺度关系营造出崇高、典雅的空间氛围，雕塑作为室内陈设，风格秀丽典雅，如图 1-13 所示。

3. 古代罗马的室内设计

（1）罗马共和时期　使用壁画装饰室内是这一时期的显著特点，古罗马庞贝城的遗址中，贵族的宅邸室内墙面的壁饰是用石膏制成各种色彩的仿大理石板，镶拼成图案或景物，室内地面铺设大理石，从室内的家具和灯饰的加工制作的精细程度来看，当时的室内装饰已相当成熟，如图 1-14 所示。古罗马共和国时代，罗马人好战，反映在文化上具有朴实、严谨的风格。

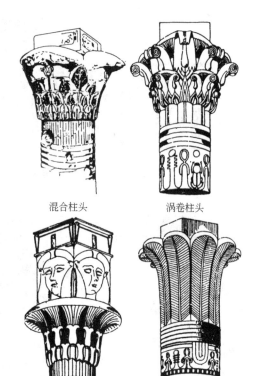

混合柱头　　　　　涡卷柱头

哈托尔柱头　　　　扇形柱头

图 1-11　埃及柱子种类

图 1-10　埃及建筑中的柱头和装饰壁画

图 1-12　帕提农神庙内的雅典娜巨像

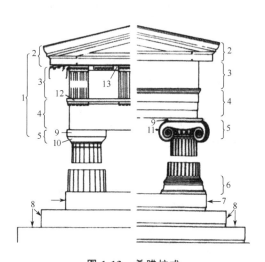

图 1-13　希腊柱式

1—檐部；2—檐口；3—檐壁；4—檐座；5—柱头；
6—柱础；7—基座；8—台阶；9—柱顶板；
10—托盘；11—卷涡；12—三陇板；13—陇间壁

图 1-14　维蒂住宅的中庭装饰

（2）罗马帝国时期　设计秩序感极强，地面多用彩色大理石镶嵌成方形或圆形的几何图案。由于物质丰富和奴隶劳动，贵族开始了奢侈的生活。典型住宅为列柱式中庭，前后二个庭院，前庭中央有大天窗接待室，后庭为家属用的多种房间，中央为祭祀祖先和家神之用，并有主人的接待室。例如罗马万神庙等，如图 1-15～图 1-17所示。

图 1-15　罗马万神庙内部

图 1-16　卡拉卡拉浴场

(a) 爱奥尼式柱头复原图

(b) 科林斯式柱头复原图

图 1-17　罗马柱头

4. 拜占庭的室内设计

拜占庭是公元 5～6 世纪的强大帝国，又称东罗马帝国，其建筑形式、结构和艺术上有很大的发展。特别是继承了罗马万神庙那样的古罗马的穹顶结构。在古罗马丰富遗产的基础上吸收了东方文化的营养形成了它独特的形式，并影响到中世纪俄罗斯和东欧国家的建筑。

拜占庭室内装饰的特点是，墙面往往用大理石铺贴，拱圈和穹顶常用马赛克或粉画铺贴，柱头呈倒方锥形，并刻有动物和植物图案，色彩多为绿色或深红色。圣索菲亚大教堂就是这一时期的突出代表。首先它创造了把穹顶支撑在 4 个独立支柱上的结构体系。教堂正中是直径 32.6 米，高 15 米的穹顶，有 40 个肋，通过帆拱架在 4 个 7.6 米宽的墩子上，从而形成高大宽敞的大厅。高度约 60 米，其次表现在它的内部灿烂夺目的色彩效果。墩子和全墙用彩色大理石贴面，有白、绿、黑、红颜色组成图案，柱子大多是绿色的，少数是红色的，柱头一律用白色大理石镶着金箔，穹顶和拱顶全用半透明彩色玻璃组成的画面作为装饰，为了保持这种大面积镶嵌画色调的统一，在玻璃后面大部分用金色做底子，使色彩斑斓的镶嵌画统一在黄金的色调中，格外明亮辉煌，如图 1-18 所示。

5. 哥特式的室内设计

由于基督教兴起，建筑以寺院为主，欧洲哥特式建筑及室内装饰产生于 12～13 世纪，是建筑史上最辉煌的时期之一。哥特式设计是在罗马式基础上发展演变而成的，是欧洲封建社会上升时期占主导地位的建筑。哥特式建筑不仅外形高直，而且外表的向上动势很强，轻灵的垂线直贯全身，顶部是锋利的直刺苍穹，小尖顶不仅所有的券都是尖的，而且所有的建筑细节上的上端也都是尖的，建筑的内部以竖向排列的柱子和柱子之间向上的细花格拱形洞口、窗口上部火焰形线脚装饰、卷幔、亚麻布、螺形放样装饰来创造宗教至高无上的严肃和神秘气氛，14 世纪以来，欧洲经济发展并富裕起来，一般室内装饰向造型华丽、色彩丰富、明亮发展，英国富裕者增多，一般市民的住宅也追求华美、鲜艳的效果和讲究装修，再配以模仿拱形线脚的家具为典型做法。教堂的空间设计同外部一样，具有强烈的向上意识，强化了基督教徒似火的宗教热情。教堂的窗户成了重点的装饰对象，用彩色玻璃镶嵌组成各种图案，当阳光透过彩色玻璃照射进教堂时，把教堂内部渲染得五彩缤纷，耀眼夺目，如图 1-19 所示。

图 1-18　圣索菲亚大教堂内景

图 1-19　米兰主教堂内部

6. 文艺复兴时期的室内设计

文艺复兴时期抛弃了哥特式风格，重新审视并体现和谐和理性的古希腊、古罗马时期的建筑精髓，以几何形式作为室内设计的母题，大量使用人体雕塑、大型壁画、锻铁图案的饰件来装饰室内空间。并将设计置于数学的原理的基础之上，创造出朴实、和谐、典雅的室内风格，充满着人文主义气息。这个时期以意大利为代表，室内空间高大，装修全是古典式，布置严格按照一定的法则，多为对称，地面用地毯，家具表面镶嵌很多，在椅子的坐面及靠背上蒙有纺织物，另外床上设有 4 根高柱，上有华丽的帷帐，称为华盖，桌子的雕刻镶嵌也极华丽，与建筑格调一致，如图 1-20 所示。

图 1-20　意大利马赛尔·巴尔巴罗别墅

7. 巴洛克室内设计

17 世纪为欧洲巴洛克盛行时期，也是对文艺复兴样式的变型时期，其艺术特点为打破文艺复兴时代整体造型形式而进行变化。强调层次和深度，追求复杂与丰富，平面布局开放多变，追求自由奔放，充满世俗情感的欢快格调，在运用直线的同时也强调线型流动变化的造型特点，使室内的空间构件与雕塑绘画有机地融为一体，具有过多的装饰华丽的厚重的效果，在室内，将绘画、雕塑、工艺集中于装饰和陈设艺术上。墙面装饰多以展示精美的法国壁毯为主，以及镶有大型镜面或大理石，线脚用重叠的贵重木材镶边板饰墙面等。色彩华丽且用金银予以协调，以直线与曲线协调处理的猫脚家具和其他各种装饰工艺手法的使用，构成室内庄重、豪华的气氛，如图 1-21 所示。

图 1-21　意大利都灵·斯图皮尼吉宫内的狩猎厅

8. 洛可可室内设计

洛可可样式是继巴洛克样式之后在欧洲发展起来的样式，把刻意美化的趋势推向极致，反映了法国封建统治者的审美趣味和及时行乐的思想。格调不高，但影响深远。洛可可以其不均衡的轻快、纤细、曲线著称，从中国和印度输入欧洲的室内装饰品曾给予影响，"洛可可"一词来自法国宫廷中用贝壳、岩石制成的假山"洛卡德"，意大利人误叫成"洛可可"而流传下来。其特点为造型装饰多运用贝壳曲线，皱折和弯曲构图分割，装饰极尽烦琐、华丽之所能，色彩绚丽多彩，有流动向外扩展以及纹样中的人物、植物、动物浑然一体的突出特点，如图 1-22 所示。

9. 印度的室内设计

反映在佛教建筑中的石窟、寺庙遗迹中有多种多样的室内组合，几何纹样圆拱向上的天

图 1-22　德国慕尼黑宁芬堡宫

花、华丽的浮雕和半圆装饰的墙面以及雕塑和壁画的结合等室内装修和陈设艺术皆显示了印度的古典风格样式，丰满、华丽、原始以及永恒性与人性结合，不惜人工的精心雕饰为其突出的艺术特色，如图 1-23 所示。

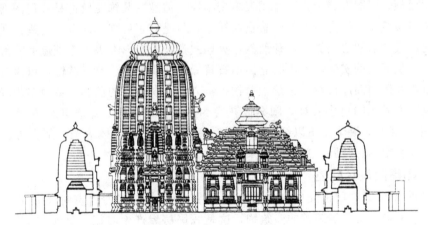

图 1-23　婆罗密希拉瓦庙

10. 日本的室内设计

日本的古代文化受中国文化全面、深刻的影响发展而来。古代住房有高床住宅和竖穴房两种，高床住宅具有高基架，人们脱履而入。隋唐时代佛教传入日本，唐风寺院兴建及高床建筑向寝殿建筑发展，在此基础上又发展成为室内推拉门扇分割空间，跪坐使用的和式建筑，如图 1-24 所示。

11. 新艺术运用于室内设计

开始于 19 世纪 80 年代比利时的布鲁塞尔。新艺术运用的目的是想解决建筑和工艺品的艺术风格问题，设计师们竭力反对历史上的形式，力图创造一种前所未有的、能适应工业时

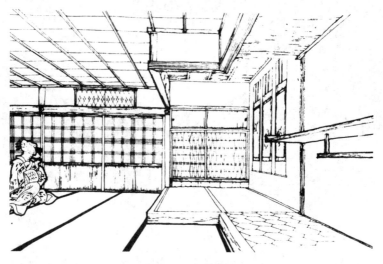

图 1-24　京都酒馆

代精神的简化装饰。新艺术运用的装饰主题是模仿自然生长繁盛草木形状和曲线，凡墙面、家具、栏杆及窗等装饰莫不如此，由于铸铁便于制作各种曲线、因此室内装饰中大量使用铁构件，如图 1-25 所示。

12. 伊斯兰风格

伊斯兰建筑普遍用有装饰性的拱券结构。其装饰有两大特点：一是券和穹顶的多种花式，二是大面积表面图案装饰。这些图案多变丰富，但这些装饰花纹都是几何图案，而非人像、动物和写实植物，因为古兰经上禁止这样做，只是到了后期，才有一些程式化了的植物装饰。券的形式有双圆心尖券、马蹄形券、火焰式券及花瓣形券等。室外墙面一般都比较简洁，墙面多半是沉重的实体，室内的立面用石膏做大面积浮雕、涂绘装饰，以深蓝、浅蓝两色为主。中亚及伊朗高原自然景色较荒芜枯燥，人们喜欢浓烈的色彩，室内多用华丽的壁毯和地毯，爱好大面积的色彩装饰，图案以花卉为主，曲线均整，结合几何图案，其内缀以《古兰经》中的经文，装饰图案以纤巧、靓丽为特征，以蔷薇、风信子、郁金香、葛蒲等植物为题材，具有艳丽、舒展、悠闲的效果，如图 1-26 所示。

二、中国室内设计简述

公元前 3000 年是中国祖先的穴居时期，至今 4500 年左右的唐虞时代开始了在地上营棚，树上构巢，进而有了筑茅盖的建筑物，这是我国房屋产生时期。公元前 1600 年的商周时代已能制造砖瓦，并用矩定方，绳定直，水定平和定圆、定方向等，这是中国建筑的黎明时期。

春秋时代（公元前 722～221 年）在出土文物中，有河南信阳楚墓中的大案、湖南长沙战国墓出土的漆案、雕花木几和木床等，色泽鲜艳、光亮、完美如新。此外，在构造上当时已采用了榫连的方式，具有凹凸榫、燕尾榫、嵌榫等之分，并沿用至今。经过商周、春秋战国至秦汉，作为独特的中国古代建筑体系已基本形成，住宅已比较成熟和完善，庭院布局主次分明，井然有序，室内设计也随着建筑的发展和生活习惯的演化而变化，睡、坐是当时主要的起居方式，故席和床榻是当时室内主要的家具陈设，在汉代人们在床上睡眠、会客。门、窗常设置帘布和帐幔，贵族往往还在床上加帐幔，以避蚊虫和避寒，并起到一定的装饰作用。

图 1-25　铁构件的应用

图 1-26　拱券样式

隋唐时期（公元581～907年）是我国建筑历史上的鼎盛时期，隋的统一促进了各民族文化、艺术的大融合，室内陈设也发生了变化，家具有了长足的发展。长凳、扶手靠椅、背椅、长桌、方桌陆续出现，床也增加了高度，屏风作为空间处理的方式与方法已出现，多置于室内后部中央，成为起居活动和室内布置的背景。此时传统的室内装饰和家具已基本齐备，体现了恢弘大度、豪放开朗的时代精神。隋唐时期佛寺建筑兴盛，建筑构件粗大，简洁有力，形成了古朴刚劲的风格，从现有的佛寺殿堂来看，其室内设计和外观形象一样古朴、凝重，大气而不乏细腻之感。在室内家具方面，当时已制作了比较成熟定型的长桌、方桌、长凳、腰鼓凳、扶手椅、三折屏风等。

明代家具在我国家具史上占有最重要的地位。其主要优点是骨架、形式简洁，靠背曲线舒适、功能合理、省工省料、不滥用装饰，家具种类齐全，充分发挥材料的性能，又充分利用材料本身色泽与纹理，使结构与造型统一。材质多采用紫檀、楠木、花梨等高密度材质。多用卯结构，工艺造型精致洗练。

清代室内及家具的特点是造型凝重，以柔和的曲线为主，装饰丰富，甚至过分而显得烦琐，雕、嵌、绘等手段同时使用，特别有富丽豪华之感。

中国传统的生活习俗，哲学观念，宗教信仰与人们的审美观念，建立起一种与西方完全不同的典型风格，并对朝鲜、日本及东南亚地区产生了极为深远的影响，逐渐形成了东方体系。在中国的传统建筑及室内装饰风格中蕴含着典雅的品质和古韵飘逸的气度。

中国传统风格在室内设计中的表现特点有以下几种。

1. 室内墙面

一般分为有门窗墙面和无门窗墙面两种。有门窗的墙面，装饰主要集中在门窗的木质造型上，窗扇和门扇有镂空的花纹图案，结构复杂，做工精细。装饰构图可以分为南北两种式样，常见的有方格、锦纹、菱花、六角、回纹等，旧时门窗镂空花纹后面镶薄板式贴纸，而现在大都改用玻璃；无门窗墙面一般比较简洁，常用字画作品为装饰，多采用对称、均衡的表现手法，如图 1-27 所示。

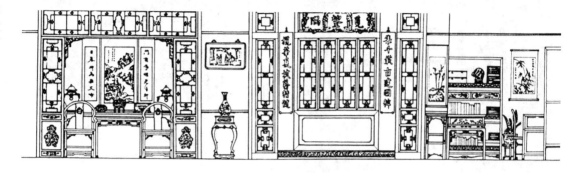

图 1-27　无门窗墙面

2. 室内顶棚

中国传统风格的室内顶面式样主要分为藻井式和天花式两种。藻井式以木板或木条架叠组合，结构繁复，多用于宫廷或寺庙。藻井一般为整个顶棚的中心，讲究均要加以五彩装饰，图案多为吉祥如意一类题材。天花则是以木条或木板组合成棋盘式的方格，上加盖木板，然后在板上雕刻或固定预先雕好的饰物，再加色彩绘制各式图案，如图 1-28 所示。

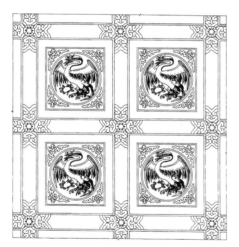

图 1-28　天花

图 1-29　隔栏

3. 室内隔栏

为划分室内不同的功能的空间范围，中国传统风格的装饰手法往往采用镂空框栏结构。这种半透式的隔栏或雕刻上各式花鸟图案；或设计成博古架，陈列上古董等观赏物，既丰富了室内环境，又保持了室内视觉的开敞，如图 1-29 所示。

4. 色彩与图案装饰

中国传统风格的室内设计特点是色彩鲜明夺目，图案精致，所谓雕梁画栋正是这种风格的写照。就色彩而论黄色多用于宫殿和庙宇，绿色用于王府，红、蓝、紫等用于民间建筑，一般民居墙面、柱子多用材料的本色，而宫廷寺庙则多漆成红色。

装饰图案可分成"殿式"和"苏式"两种主要类型。"殿式"多采用凤、云锦、如意、西番莲和菱花等图案，装饰对象以宫殿庙宇为主，表现手法较程式化。"苏式"最常见的题材有松、鹤、蝙蝠、鹿、莲花、牡丹等动物植物图案，描绘笔法为写实，装饰对象以民间为主。

三、室内设计的发展趋势

室内设计的发展是随着社会的发展和时代的进步而不断向前推进的，从现代室内设计的状况来分析具有以下的发展趋势。

（1）室内设计作为一个新兴的发展迅速的学科，从总体上看，其相对独立性日益增强，与多学科、边缘学科的联系和结合趋势也日益明显。现代建筑学、环境艺术、工艺美术和工业设计的很多理念和方法不断地被渗透到室内设计中，极大地促进了室内设计的发展。

（2）根据社会发展的要求，室内设计的发展日益明显地呈现出多层次、多风格的发展趋势，人们不仅要求室内的使用功能合理和完备，更为重视室内的精神因素的需求和环境的文化内涵。室内设计日趋多元化。

（3）室内设计师队伍日益专业化，专业设计进一步系统化和规范化，由于全民素质的提高，业主和公众对本专业的认识和了解不断深化，他们已不是绝对的外行。业主和公众的参与将不断加强，设计师要在倾听使用者的想法和要求的基础上，设身处地地为使用者考虑，与之达到沟通并达成共识，使设计更加缜密，注重实效，更加合理完善，全身心地为使用者服务。

（4）室内装饰工程的规模越来越大，分工越来越细，对设计和施工的规范化、系统化的管理日趋完善，对设计、施工、材料供应，设施与设备之间的协调和配套关系日益加强。

（5）随着市场经济的快速发展，室内环境的更新周期相应缩短，因此在设计、施工技术与工艺方面就要提高设计的效率，采用先进的施工技术和施工工艺，以及管理方法，缩短施工时间，提高施工质量，合理选用装饰材料，并且要考虑设备和装饰材料的置换与更新等。为室内设计从物质上和技术上提供了快速发展的可能性。

（6）坚持动态的可持续发展的室内设计观念，更加重视环保的重要性，杜绝各种环境污染，选用合格的装饰材料，注重节能与节省室内空间，营造功能合理、环境优美、使人身心健康的室内环境。

（7）伴随着整个社会的政治、经济、文化的发展和科学技术革命，精神文明建设和审美意识的提高，室内设计的形态也将不断变化，并且与时俱进。

（8）室内设计的走向

① 随着人们的环境保护意识的增强，向往自然，使用无污染的天然材料，置身于天然绿色环境中，趋向回归自然，实现"动态发展"。

② 室内设计采用一切高科技手段，设计中达到最佳的声、光、色、形的装饰效果，实现高功能、高效率、创造高度现代化的室内时尚。

③ 室内环境设计是空间、形体、色彩，以及虚实关系、功能组合、意境处理的整体把握和艺术创造，强调整体的艺术化。

④ 强调高度现代化与高度民族化结合的设计体现。重视文化传统的延续性和地方性的保护。

⑤ 打破千人一面的现状，通过有激情的个性化设计，给每个家庭居室以个性化的特性。

⑥ 室内设计正在向高技术、高情感方向发展，既表现科技含量，又强调人情味。

⑦ 以人为本，各种高技术的现代化服务设施给人们带来高效和方便，从而使室内设计更强调"人"这个主体，最大限度地服务消费者。

⑧ 建筑功能的日趋复杂化推动了室内设计的发展和进步。

第四节 室内设计的内容、分类和方法

一、室内设计的内容

室内设计专业涵盖面较广，内容系统而复杂，其主要内容可分为以下几个方面。

1. 室内空间环境的设计

室内空间环境设计是在建筑所给予的室内空间的基础上进行设计创意，根据建筑的性质和所提供室内空间的使用要求，在保障人们安全健康和使用功能的前提下，对空间的诸要素进行合理的处理，确定空间的形态和序列，安排各个空间的衔接、过渡和分隔等问题，创造出能够满足人们物质功能和精神功能要求的充满文化生活气息的美观实用的室内环境。

室内空间环境设计是建筑设计的延续、深化和再创造，它包括飞行器、车辆和舰船的内舱、地上和地下各种建筑物的内容。

2. 室内空间形象设计

室内空间形象设计就是对建筑所提供的室内空间进行多种手法的艺术处理，如根据建筑和室内的性质，在原建筑设计的基础上进行各种空间形态上的处理；进一步调整空间的尺度和比例，解决好空间与空间之间的整体与局部、衔接与分隔、对比与统一等问题。在满足人们物质功能的基础上着力满足精神功能的需求，充分体现空间形象的形式美和意境美，使空间形态更加丰富多彩，更加科学的利用空间，使建筑与室内更加和谐统一。

3. 室内空间界面的装修设计

室内空间界面的装修设计主要是根据空间设计的要求，对室内空间的围护界面，即对墙面、地面、天花等进行处理，包括对分隔空间的实体、半实体的处理，对建筑局部、建筑构件造型、纹样、色彩、肌理和质感的处理。

4. 室内物理环境的设计

对室内的气温、通风、干湿调节等方面的设计处理，是现代室内设计中极为重要的方面，现代室内装饰设计应充分运用当代科学技术成果，包括新材料、新工艺的运用，为提高人居环境的质量做保障。

5. 家具、陈设艺术设计

主要对室内家具、设备、装饰品、织物、陈设艺术品、照明灯具、绿化等方面的设计和处理。

6. 室内效果设计

室内的色彩设计、照明设计、装饰材料的选配和室内庭院、绿化的设计，山石水体的选用，都是最能显示装饰效果的重要环节，也最能考验设计师的能力。

室内的空间环境是由各个空间界面围合而成的，空间界面主要是由顶棚，地面墙面和各种隔断构成的。它们各自具有独特的功能和结构特点。对室内实体界面的装饰装修设计既有功能技术的要求，又有造型和美观上的要求；既有对界面材质选用和构造的处理，又有对造

型和色彩的设计，同时还包括对颜色、明暗、虚实等的艺术造型。

二、室内设计的分类

室内设计可以根据建筑类型及其功能的设计分为人居环境室内装饰设计、限定性公共性建筑及非限定性公共建筑室内装饰设计、工业建筑室内装饰设计和农业建筑室内装饰设计，如图 1-30 所示。

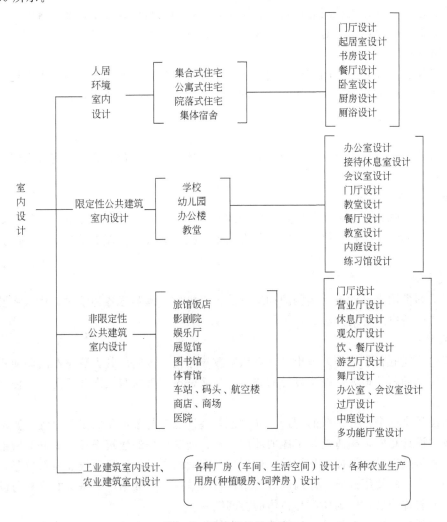

图 1-30 室内设计的分类

三、室内设计创新性思维和设计的方法

室内设计介于科学技术和艺术创作之间，因此具有综合地使用各种思维方式的特点。室内设计的对象是室内的视觉要素，其思维的结果要用三维立体的形象来表达。室内设计的能力需要观察、想象、构绘和推演这几个方面有机的结合。对室内空间的感知与探索，需要发挥创造性的想象。室内设计能力的提高，体现在创造性思维技法，进行联想、想象、类比、发散思维和收敛思维，正向思维与逆向思维等方面的思维训练。

所谓方法，是为了达到某种目的而采取的手段、方式和规律性的经验，设计方法是设计领域的世界观和方法论，它的基本问题是自始至终围绕正确地、科学地处理设计思维和设计现实之间的关系。因此，设计方法有辩证性和规律性，设计方法来自于设计实践，是设计智慧的结晶，为设计实践提供了成功的可靠保证。

室内设计应用的方法有以下几方面。

1. 智囊法，亦称脑力激荡法

由几人组成的一个设计团体相互激励思维，创造新的设计意境，这个创意方式称相互启发式的脑力思维，其作用是集思广益，排除与批评，归纳与综合各个方面的意见，以便确定设计意向，此方法对设计具有挑战性的设计内容，独特新颖的空间形式较为实用。

2. 提喻法

主要应用在设计新形式的室内空间，由数个设计人员组合而成，进行个人类比、直接类比、象征类比、幻想类比，比较属员、环境、领域、用类作品、使用者客观印象的提喻，以便获得设计基本方案。

3. 反解法

运用颠倒、表理、阴阳、调换位置等方法改变传统解决问题的途径来完成空间形式思维与形体塑造。

4. 重新排列组合法

运用分离、联合、调换等手段，将两个或两个以上相同或不相同的设计实例重新分离组合拼凑起来，同时选择符合使用功能，具有艺术与技术结合的合理因素的新例子而获取新的构思意念。

5. 代入法

代入法即借用良好的设计实例的构思方法，以模仿、借鉴等各种手法，代入将设计的新内容中，求得解决问题的方法。

6. 问题法

把室内空间的各个缺陷列举出来，以激励改善原构思方向。其方法是在阻碍使用者要求或使用者发生问题的地方，找出设计的缺点，从而把握改善这些缺点和不足，以便获得成功的构思方法。

室内设计是一个富有激情的创造，同时也是理性思考与条理化的工作过程，要求调查翔实、具体的设计意向，搞清建筑工地的环境因素、施工现场的建筑条件，做好周密细致的设计准备。从全局出发，把握好整体的风格形式、空间的构成，人流动线和材料色彩，从细部入手，根据室内的使用性质，详细调查收集资料，掌握各种数据，要解决好家具与设备的尺度，细部的装饰构造，做到局部与整体的协调统一。

室内的环境设计应与建筑的整体性质和室外所处环境相协调统一，使建筑及室内外相互有机的联系。解决好建筑与建筑、室内与室内、室内与室外的过渡、组合衔接关系。

一个好的设计构思，往往要经过反复的推敲、商讨和思考，要掌握和占有足够的资料和设计资源，正确完整地表达设计的构思和意图。

四、室内设计程序

室内设计作为一项系统工程，遵循科学合理的设计程序是保障设计质量的前提，能有效地解决设计过程中各个阶段和步骤的问题，以保证设计能高效有序的进行。但设计程序应该是灵活的，不应该是教条的，应该通过正确科学合理的程序使设计师的创造性思维得到充分的发挥。室内装饰设计的进程，通常可以分为方案阶段、初步设计阶段、施工设计阶段和施工监理阶段，详见图 1-31。

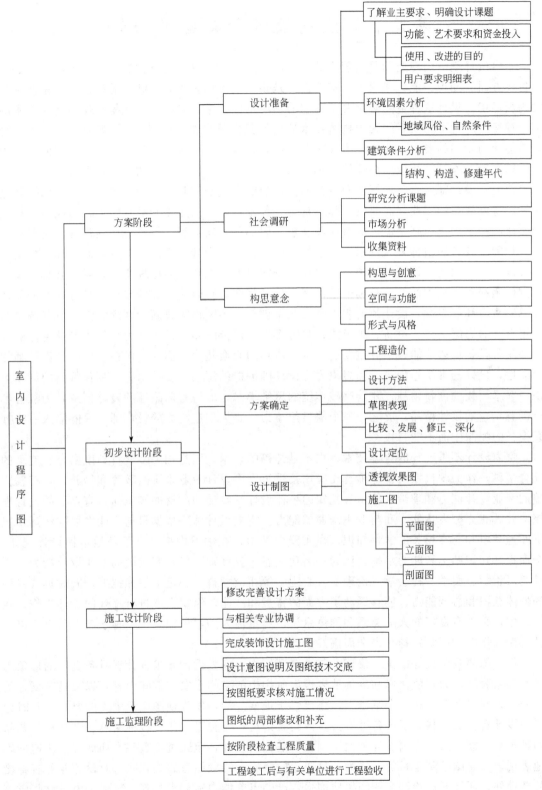

图 1-31 室内设计流程

第五节 室内设计师必备的修养

室内设计是一门专业涵盖面较广的综合性新兴学科，它的特殊性决定了室内设计师必须具备多方面的知识、能力和素养。室内设计是物质技术和艺术高度结合的产物，它是艺术化的物质环境，设计这种空间必然要了解它的物质构成技术，同时也要懂得它作为空间艺术的创造规律。那种不切实际的无视构造技术的设计只能是"纸上谈兵"，如果硬要造出来，轻者不能达到使用的要求，造成人力和物质的浪费；重者甚至危及人的生命安全。因此，室内设计师大量工作与其相应的职业修养都应该集中到艺术与物质技术的结合点上来。

首先，设计师应具备良好的职业道德，强烈的事业心和高度的社会责任感。室内设计是一种具有挑战性的职业，需要设计师对它有一种发自内心的热爱和献身精神，为此付出毕生的心血和汗水，作为终生追求的事业和理想。而那种急功近利，投机取巧的观念，与现代室内设计师应具备的精神素质是水火不容的。设计师要为设计人们的生活方式而设计，要为社会大众服务。因此，设计师必须不断提高自身的修养，注重社会伦理道德，对社会具有高度的责任感和对幸福生活的热爱和追求；其次设计师要紧跟时代发展的步伐，具有良好的创造性思维能力和前瞻性，设计师的艺术生命在于创新，不断地吸收新的观念意识，不断调整和修正自己的思维定势，更新思维模式；与时俱进，保持旺盛的设计活力。作为设计主体的设计师是否具备创造才能是十分重要的，尽管成功的因素是多方面的，但最重要的是设计师的独创性，设计的本质是创造，而想象力是设计师创造的源泉，设计师只有具备很强的创新意识，坚忍不拔的创新精神，才能突破传统的思维模式，取得有前瞻性的设计创意，为社会奉献创意卓越的设计精品；反之，一个缺乏想象力、丧失创造能力的设计师，只能陷入一味抄袭模仿的泥潭中而不能自拔。

室内设计不是纯粹的科学技术，也不是纯粹的艺术，而是相关多学科高度融合、交叉的综合学科。作为现代室内设计师首先应该接受过室内设计专业系统的教育和培养，具有较完整的专业设计能力和理论素养，有扎实的事业设计基本功和广泛的知识面，有自己的设计思想，并具有充分表达能力和与业主沟通的能力。室内设计师应根据目前行业发展的实际情况不断地学习和充实相关的学科知识，在实践中学习，在学习中提高，不断地掌握设计规律，全面提升知识结构和能力水平。作为一名现代室内设计师不仅要有过硬的专业设计能力，而且要对哲学、美学、社会学、伦理学、心理学等相应学科有一定了解和把握，同时具有良好的群体意识和协调能力，能够调动多方面的智慧和技能，组织大家进行高效的设计工作。在工作中，必须有良好的人际关系和群体意识，尊重他人的意见和思想，善于与人共事，以一种协调合作的"团队精神"来全面搞好设计工作。

设计师要具备良好的美学修养和艺术造型能力。室内设计要求设计者具备良好的形象思维和形象表现能力，能快速和准确地表现出所构想的空间形象和空间内容，以及具有良好的空间意识和尺度感。在这个基础上，还要善于观察生活，发现现实生活中美的要素，及时记录与设计有关的资料，了解各种有关室内的装饰材料、施工工艺、各种家具、灯具和工艺品的种类和性能。虽然室内设计师的绘画能力是辅助设计，但通过绘画基本功训练，快速准确地表现设计意图是基本目的。作为一种职业的修养，绘画能力的提高除了对设计业务有直接的帮助外，还能通过绘画实践间接地加强自己的审美能力和艺术修养。现代室内设计师应该有广泛的兴趣爱好，喜爱各种艺术形式，从而将与设计美学密切相关的各种艺术形式的审美

修养，转化为一种设计审美的综合优势，在设计中就能触类旁通，举一反三。

室内设计师要了解和掌握建筑结构、建筑力学以及建筑构造的知识，在实际工作中作为室内设计师接触最多的是建筑的结构和细部装修构造等问题。在掌握一般构造原理的同时，室内设计师必须深入了解建筑装饰材料的性质和结构特点，掌握传统材料和各种新型材料的性质和使用方法。在技术上，职业修养较高的室内设计师往往能从艺术的角度来处理结构与构造问题，以令人意想不到的手段创作出新颖的室内空间。

在科学技术高度发展的今天，人们对室内的音响与隔声、照明与采光、取暖与制冷、通风、防火等物理环境问题的要求越来越高。例如，在有高视听要求的内部空间，对室内混响时间的控制，对合理的声学曲线的选择等技术问题的处理会直接影响设计的质量，在一些私密性要求较高的工作、生活环境内，设计师务必处理好隔声问题。自然光和人工照明对室内艺术效果影响极大，对室内光环境的设计也包含着应予解决的功能问题，它直接与室内的色彩、气氛密切相关，因此设计师不能只限于光源、明度和照明方式等一般技术问题上，而且要博览与光效应有关的各种艺术作品。

取暖、通风、制冷技术因地区不同，要求也不同，虽说这类问题基本上由其他专业技术工种来解决，但是大体的来龙去脉与基本设备、管道的空间要求，室内设计师必须做到心中有数。

室内设计师在科技高度发展的今天，会面临越来越多的科技方面的问题，设计师对各种专业技术知识的掌握度不可忽视地成了自身的职业修养。一个合格的设计师必须熟悉各种生产工艺和材料性质，必须懂得生产的各个技术环节、工艺过程，才能使自己的设计紧密结合实际，要充分利用生产工艺和原材料的一切有利用因素来从事切实可行的设计方案，并随时注意不断出现的新材料、新工艺、创造新的设计。作为设计师要不断积累专业技术知识，提高自身的艺术修养。

设计师对空间造型的艺术处理水平，关系到空间的艺术效果、空间艺术形态不是简单的形色、材质的组合，而是在充分了解和掌握空间功能新要求的前提下，调动一切造型艺术手段综合性的处理，所以设计师又不得不从造型艺术的角度研究抽象空间形式的美学原则，同时在姐妹艺术中吸取营养，从材料、构造以及所产生的视觉效应诸方面来综合地研究与室内设计有关的形式语言。

室内设计师应具备良好的仪表风度和高超的语言表达艺术，在竞争中能够充分表达自己的设计思想及方案并使建设单位所接受，显示出较强的实力。这就要求设计观念要正确，设计目标要准确，初步方案要丰富，主要方案要精彩，语言表达要生动，设计竞争要棋高一着，要为建设单位谋取利益，在不断的竞争中逐步培养自己的实际能力，树立自信心。另外，设计师应具备强烈的创新意识，在实践中逐步确立自己的设计风格。室内设计师还要眼光开阔，思想敏锐，勇于创新，具有开拓精神，要善于吸收新的东西，不故步自封，还要有良好的心态，敢于面对挫折与失败，有勇往直前的坚毅品质。

室内设计作品要做到人人都满意是不现实的，设计师要善于把握人们审美心理的主流倾向，客观地研究包括自己在内的不同人的审美情趣，然后找出共性，提出切合实际的、为多数人所能接受的设计主张。然而任何一种健康的审美心理和审美情趣都是在建立在较完整的文化结构之上的。因此，文学、历史知识、行为科学知识、市场经济状况的调查与研究等，以及综合艺术观的培养，就成了室内设计师的必修课了。

总之，室内设计业务的技术与艺术结合与各门类学术之间渗透的综合特征，确定了室内设计师的业务修养的全部内容。室内设计师应该通过自己创造性劳动改变人们的生活，使其更加符合自然和人类的发展规律，有助于增进人的全面发展和生活质量的提高。

复习思考题

1. 室内设计的概念与原理是什么？
2. 室内设计的范围是什么？
3. 室内设计的任务是什么？
4. 试举例说明室内设计的功能在室内设计中的体现。
5. 了解室内设计的发展历程和发展趋势。
6. 室内设计师必备的基本素质主要有哪几个方向？
7. 试分析某住宅室内设计作品中关于环境心理学的运用。

第二章 室内的空间设计

　　人类对室内空间的创造经历了漫长的岁月，从原始的穴居发展到今天具有相对完善的室内空间，是人类长期改造自然的结果，也是人类劳动的产物和人类有序组织生活所需要的物质产品。人们对空间的需求是一个从简单到繁杂，从低级到高级，从物质方面的需要到精神方面的满足的发展过程，室内环境无不反映当时的政治经济、民风民俗的现状，是人类生活的一面镜子。随着生产力的发展和人们生活水平的提高，必将呈现出与时俱进的发展态势，如图2-1所示。

　　室内空间最初的主要功能是对自然有害性侵袭的防范，仅作为赖以生存的工具，由此而产生的室内外空间的区别，相对于室外空间的无限而言，室内空间是有限的，人们生活在有限的室内空间中，人的行为受到了一定的限制，室内环境对人的生理和心理起着长远而深刻的影响，室内空间的这种人工性、局限性、隔离性、封闭性和贴近性，对人的视觉、嗅觉和触觉的反映更为集中，所以室内空间是人的"第二层皮肤"，人类在自身发展的同时，必须全力保护赖以生存的自然环境。

图2-1　古代人在搭建茅屋

　　有无顶盖是区别内、外部空间的主要标志。具有地面、顶棚、墙面三要素的房间是典型的室内空间。不具备三要素的，除院子、天井外，有些可称为开敞、半开敞等不同层次的室内空间。由于内外空间不同，人们生活在室内空间中主要和人工因素产生关系，诸如，地面、顶棚和墙面等。生活在有限的空间中对人的视距、视角、方位等方面有一定的限制，同一个物体由于室内外的光照不同所显现出的大小和色彩也不尽相同。室外阳光直射受光影的影响物体显小，色彩鲜明；室内受漫射光作用，没有明显的明暗变化，物质显得大一点，其色彩略显灰暗，室内人与物体接触频繁，又察之入微，对材料在视觉上和质感上十分敏感。

　　室内空间在满足人们物质功能的基础上应着力精神功能的需求，充分体现空间形象的形式美和意境美，使人们的心灵得到升华。

第一节　室内空间的类型和特征

　　室内空间是由建筑结构和围护体形成的，建筑是由若干个基本空间单位构成的，这些单位的基本形态和组合方式形成了建筑的实体空间。建筑空间的类型可以根据不同空间构成所具有的性质特点来区分。通常的区分方法是，建筑空间有内部空间和外部空间之分，内部空间又可分固定空间和可变空间两个类型。固定空间是由建筑部分的顶、墙、地面以及相应的结构围合而形成的，被称为室内的主空间或原始空间，在固定空间内用墙、隔断、家具、绿化、水体等把空间再次划分成不同空间，就是可变空间，即二次空间。

由内部空间与外部空间的关系又可以分为封闭空间和开敞空间两大类。即和外部空间联系面较少的称为封闭空间；与外部空间联系面较大的称为开敞式空间，其主要特点是实体墙面较少，向外开放的比较多。

另外，还可以把内部空间分为实体空间和虚拟空间。实体空间的特点是空间的范围明确，各空间之间有明确的界限，每个空间私密性较强。虚拟空间的特征是空间范围不明确，私密性小，处在实体空间之中，是空间中的空间，有象征性和相对独立性，能够为人们所感觉，又称"心理空间"。

以下分别介绍几种空间形式。

一、固定空间与可变空间

固定空间是长期使用、功能明确、位置固定，而且常以固定不变的界面围隔而成的，如剪力墙结构和砖混结构的建筑物，墙体的形成是根据内部使用功能和位置关系的要求来确定的。住宅中的厨房、卫生间等；酒店里的大堂、客房、浴厕等大多也是固定空间。另外，有些永久性的纪念堂或教堂，也常作为固定不变的空间，如图2-2、图2-3所示。

图2-2　毛主席纪念堂大堂

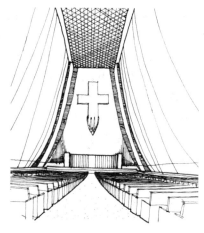

图2-3　某教堂内部

可变空间的性质则是为了能适应不同使用功能的需要而改变其空间形式，因此常采用灵活可变的分隔形式，框架结构、钢结构等大跨度空间具有空间分隔的灵活性。如多功能餐厅里的灵活隔断，展厅的布局变化，舞厅中的伸缩舞台等，如图2-4、图2-5所示。

二、开敞空间与封闭空间

空间的开敞与封闭取决于房间的使用性质和周围环境的关系，以及在视觉上和心理上的需要，空间的开敞与封闭很大程度上影响人的精神状态，处理好空间的围透关系是解决问题

图 2-4 推拉式灵活隔断

图 2-5 帷幔

的关键。

1. 开敞空间

开敞空间在空间感上是外向的、通透的和流动的，其限定程度和私密性较小，强调与周围环境的交流渗透，讲究借景，与大自然和周围的景观融合，它与同样面积的封闭空间相比，显得明亮和宽敞，空间的性格开朗而活泼，具有一定的接纳性和包容性。开敞式空间经常作为建筑与室外的过渡性空间。

开敞式空间还可以分为外开敞式空间和内开敞式空间。外开敞式空间的特点是空间的一面或几面与外部空间渗透，内开敞式空间的特点是面对内庭和天井的开敞式空间，如图 2-6、图 2-7 所示。

2. 封闭空间

封闭空间是静止的、凝滞的和私密的，有利于隔绝外来的各种干扰。封闭空间是用限定性较高的围护实体包围起来，具有很强的隔离性，其性格是内向的、拒绝的，具有较强的领域感和安全感，与周围环境的交流较差。有时根据设计的需要，在不影响特定的封闭功能的要求下，采用灯窗、人造景窗、镜面、壁画等艺术处理方法来扩大空间感和赋予室内一种艺术的氛围，开敞空间和封闭空间也有程度上的区别，有介于两者之间的半开敞和半封闭空间，它取决

图 2-6　无玻璃围护的厅堂

图 2-7　有玻璃围护的门厅

空间的使用性质和周围环境的关系。如图 2-8 所示。

三、动态空间与静态空间

1. 动态空间

　　动态空间是相对静止空间而言的。通过视觉、听觉的引导和空间内人和部分设施的运动形成了丰富动感的空间形式。

　　（1）从视听角度形成动态空间的手法　利用空间的开敞性和视觉的导向性的特点，使界面组织具有连续性和节奏性，室内空间构成形式富有变化性和多样性，通过视觉引导使人们的视线按照设计师的预想，从一点自觉地移动到另一点，空间的连续组合、贯通，自然地引导着视觉的移动，运用形式美的设计要素，如连续的曲线、折线、重复的垂线、斜线和水平线都赋予空间其节奏韵律感，使人们的视线处于不停的流动状态。在设计中采用具有动感韵律的线

图 2-8 储衣间

条，能够组织引人流动的空间序列，产生一种很强的向导作用，如图 2-9、图 2-10 所示。

图 2-9 蓬皮杜国家艺术中心的扶梯道路

图 2-10 展示厅

另外通过借助声、光的变幻给人的动态感，通过指示的标致、匾额、楹联、家具、陈设、绿化和灯箱对人们具有引导和暗示作用。

（2）合理地组织动态空间 要取得良好的空间动态效果，就必须首先从整体布局上去有机地组织、把握动态空间，使空间立意新颖、组织有序、动静分明、布局更加合理，其次是解决好具有动感效果的设计元素如流水、电梯、旋转地面，可调节的围护面、活动雕塑及各种信息展示等，如图 2-11 所示。

图 2-11　某商场电动扶梯

流动空间、共享空间、交错空间及不定空间等都是动态空间的具体表现形式。

2. 静态空间

静态空间的形式比较稳定，空间限定度较高，封闭性较强，常采用对称式（上、下、左右四面对称和圆周对称）。静态空间在建筑中所处的位置一般在尽端空间，私密性较强，静态空间内的装饰造型和谐统一，家具陈设尺度协调，色彩、材质淡雅，光线柔和，给人一种恬静、稳重的空间感觉，如图 2-12、图 2-13 所示。

图 2-12　客厅

图 2-13　接待厅

四、流动空间

流动空间可以分为两类，即单向流动空间和多向流动空间。单向流动空间方向明确，控制性强，而多向流动空间方向不确定，具有多向性的特征。流动空间是三维空间加时间因素，人们在这样相互连贯、流动的空间中随着视点的移动和位置的变化，可以得到不断变化的视觉效果和心理感受。流动空间是通畅的、连续的、交融的、积极的和富有活力的，它充满着动感，充满着空间的诱导性、透视性和对时尚空间的创造力，如图 2-14 所示。

五、共享空间

共享空间有其罕见的规模和内容，丰富多彩的室内环境，是一个运用多种空间形式处理的综合体，它的首创者是波特曼。共享空间的特点是容纳了多种空间形式，互相穿插交错，富有流动性。共享空间处于被连接的空间中心，明亮通透的空间充分满足了人们的视觉要求，并且把大自然中的景色引入室内，花木繁茂，流水潺潺，景观电梯上下穿梭，使整个空间充满生机，如图 2-15 所示。

六、交错空间

交错空间是利用各种空间形式相互交错和立体交叉的方法，促成空间在水平和垂直方向相互连接和沟通，具有强烈的层次感和动态效果，在大空间中便于人流的组织和疏散，便于空间趣味的形成，如图 2-16 所示。

七、不定空间

空间形式具有多种功能的内涵和意义，充满复杂矛盾的中性空间，称为不定空间。其主要表现在，空间的围与透之间，公共活动与个人活动之间，自然与人工之间，室内与室外之间，形状之间相互交错重叠，增加和削减之间，可测与变幻莫测之间，实际存在的限定与模糊边界之间等，如图 2-17 所示。

八、结构空间

人们通过建筑结构的外露部分的艺术处理来营造与建筑风格紧密结合的空间环境，

建筑结构都具有装饰性，有力与美的象征，给人带来力量感和质朴的装饰美感，这也是现代空间艺术的重要审美倾向，充分合理地利用结构，在建筑结构的基础上进行恰如其分的装饰，不仅能够体现建筑的特色，降低造价，使室内环境更具有表现力，如图 2-18 所示。

图 2-14　某音乐厅休息厅

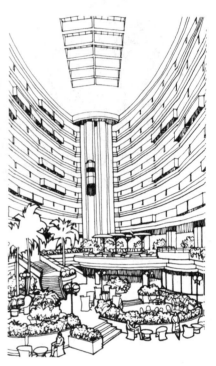

图 2-15　丰富多彩的空间形式，动静结合、
　　　　　幽美流畅、气象万千

图 2-16　交错空间

图 2-17　不定空间　　　　　　　　　　　图 2-18　结构空间

九、虚拟空间

虚拟空间是指在界定的空间内，通过界面的局部变化，而再次限定的空间，虚拟空间有一定的领域感，但无明确实体边界的空间形态，是通过人的心理感知产生的。如局部升高或降低墙或天棚，或以不同的材质、色彩图案、景观和绿化变化来限定空间等，如图 2-19 所示。

图 2-19　服装展示区

十、室内空间形态构思方法与创新途径

室内的形态是空间环境的基础，对室内空间的环境氛围，空间结构和总体效果起着关键

的作用，空间形态的创造与创新对室内环境设计的发展具有重要的意义，在室内设计中充分运用空间形式的丰富性和多样性，对不同方向不同位置的空间要素进行相互渗透和融合，借助列柱、隔断、隔墙、家具、陈设、绿化、物件等因素，通过各种围护面的凹凸、悬空楼梯及改变地面的标高和天棚的形式，进行创造性的处理，从而抓住室内空间的典型特征及其处理方法和规律。

常见的基本空间形态有以下几类。

1. 改变天花及地面高度

（1）地台空间　将室内地面局部升高，抬高的部分所形成的空间，给人的感觉是外向的，扩张和展示的效果，由于地面局部升高形成了一级或多级台座，与周围空间相比显得十分突出，引人注目。在商业空间中，一般作为新商品展示和陈列，如图 2-20 所示。

图 2-20　展示台

（2）下沉空间　将室内空间的地面局部下沉，这个空间的底面标高较周围低，有较强的围护感，给人的感觉是内向的，收缩的，因此有一种隐蔽感，保护感和宁静感，使之成为一个亲密的，具有私密性的小天地，同时随着视点降低，空间感却增大，环境四周不同凡响，如图 2-21 所示。

（3）悬浮空间　在垂直方向划分空间，采用悬吊结构，通过固定在天棚上的吊件把楼梯悬空拉起，楼梯或平台部分就形成悬浮空间，因而人们在其上有一种新鲜有趣的"悬浮"之感，也有不用吊杆而用梁在空中架起一个小空间，颇有飘浮之感。

由于底面没有支撑结构如柱子等，因而可以保持视觉空间的完整通透，使底层空间的利用更自由灵活，如图 2-22 所示。

2. 母子空间

母子空间是对空间的二次限定，即在原有空间（母空间）中用实体性或象征性手法再限定出的小空间（子空间）即能满足功能的要求，又丰富了空间层次，许多子空间，例如大餐厅中分隔出的包间，开敞式办公空间中围合起的小办公空间，大舞厅里的小包厢，往往因为有规律地排列而形成一种重复和韵律，既有一定的领域感和私密性，又与大空间有相当的沟通和联系，取得了闹中取静的效果，满足了不同人群在使用上的需求，如图 2-23 所示。

图 2-21 下沉空间

图 2-22 悬浮空间

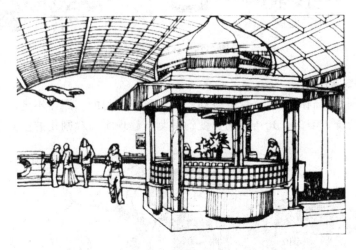

图 2-23 母子空间

3. 垂直围护界面的凹凸处理

（1）凹入空间　凹入空间是在室内某一墙面或角落局部凹入的空间，一般只有一面或两面开敞，所以受干扰较少，其领域感与私密性随凹入的深度而加强，可作为休憩、交谈、进餐、睡眠等用途的室内空间，凹入空间的顶棚较大空间的顶棚较低，具有亲切、安全、舒适之感，许多餐厅、茶室、咖啡厅都营造凹室来布置雅座，如图 2-24 所示。

（2）外凸空间　这种空间是室内凸向室外的部分，而且凹入空间的垂直围护面是外墙，并且开较大的窗洞，就形成外凸空间，外凸空间可与外空间很好地融合，视野非常开阔，这种空间形式在西方古典建筑中的运用十分普遍，如图 2-25 所示。

图 2-24　凹室

图 2-25　外凸空间

十一、迷幻空间

迷幻空间是利用人们的视觉感受或空间错觉，形成迷幻的、漂浮不定的空间形态。此空间以追求神秘、新奇、幽深、光怪陆离、变幻莫测、超现实的戏剧化的空间效果为目标，有

图 2-26　神秘幽深、变化莫测的迷幻空间

时甚至不惜牺牲实用性和功能，而利用扭曲、断裂、倒置、错位等手法，家具和陈设奇形怪状，来烘托一种人的某一种精神需求，把一些不同时代不同民族的图腾视觉元素融入其间，造成一种时空错位、荒诞诙谐之感。

通常的装饰手法是采用五光十色、跳跃变幻的光影效果；在色彩上突出浓艳妖媚，线条讲究动势；图案上注意抽象；装饰陈设品追求粗野狂放和奇光异彩的肌理效果。利用不同方位的镜面和镭射玻璃的反衬，在有限的空间里创造出无限的充满奇思妙想的空间效果，如图2-26所示。

第二节　空间设计

如果说空间是建筑的灵魂，那么对建筑空间的设计就是为之谱写壮丽的乐章。

就空间的相互组织情况可把空间分为两类，即单一空间和复合空间。单一空间是构成室内空间形状的基本单位，对单一空间的外观，如加减、错位、变形等，可以得到复杂的空间形状，而由若干单一空间加以组合、重复、分割，运用这种构成方法，可以得到多变的复合空间。

一、人与空间的关系

1. 空间的尺度与人的感受

空间的尺度感直接影响到人对空间的感受，必须按照不同情况赋予不同建筑空间的相应的尺度要求（如宏伟的人民大会堂尺度感非常大，而温馨的卧室尺度感相应较小），在满足不同的功能要求的前提下，还必须考虑到给人以某种意象感觉，根据具体情况来把握功能要求与精神感受方面的关系。

政治纪念性建筑如人民大会堂观众厅，从功能上讲要容纳万人的集会，从艺术上讲要给人以庄严、雄伟、宏大的感觉，只有营造巨大的空间尺度才能够满足，其功能与精神的要求是统一的。宗教性建筑如圣索非亚大教堂，空间高大，给人一种神秘的宗教感。住宅建筑的空间要大小适度给人造成亲切、宁静、温馨的气氛。一般性建筑，只要能根据功能来确定空间的大小，就可以获得与功能性质相适应的空间尺度感，如图2-27所示。

空间的高度对人也有很大的影响，一方面是绝对高度以人为尺度，空间过高会使人感到空旷，不亲切，空间过低使人感到压抑。另一方面是相对高度，即空间高度与面积的对倒关系，相对高度越小，在视觉上顶与地面越贴近，相对高度越大，顶与地面越高远，如图2-28、图2-29所示。

2. 空间的形式与人的感受

不同形状的空间会使人产生不同的心理感受，在选择空间形式时，必须把功能和使用要求与精神感受方面统筹考虑，高而窄的空间会使人产生向上的感觉，教堂就是利用它高而直的形式来形成宗教的神秘感，有一种与上天沟通的感觉；细而长的空间会使人产生向前的感觉，可以造成一种无限深远的遐想，如图2-30所示法国某教堂。低而宽的建筑空间会给人产生侧向延展的效果，利用这种空间可以形成一种开阔博大的气氛，如果处理不当也能产生压抑的感觉，如人民大会堂宴会厅，在现有空间高度的基础上，将顶棚四周吊顶下压而中间抬起，很好地解决了高度不足的问题，如图2-31所示人民大会堂宴会厅。另外，穹隆空间具有向心、内聚的感觉，弯曲、弧形或环形空间可以产生一种导向感，诱导人们沿着弧形方向前进，如罗马万神庙。

图 2-27　人民大会堂大礼堂（高 33 米，宽 76 米，深 60 米，气势恢弘）

图 2-28　空间过低

图 2-29　空间过高

　　在室内空间的设计中，依据室内的功能合理地确定空间的高度，把握好空间的形状、尺度的关系，以满足人们的生理和心理要求。色彩与光的运用也会对空间效果产生一定的调节作用，合理地把握室内空间比例与尺度的关系对空间造型处理起着十分重要的意义。室内空

图 2-30　哥特式教堂的空间感，充满着浓郁的宗教气氛，具有冲霄尖塔和深邃变幻的空间

图 2-31　人民大会堂宴会厅

间的大小、形状、高低、曲直、开合都影响着人对空间的整体感知，是开朗的还是压抑的，是激动的还是冷漠的等。

　　3. 行为模式与心理空间

　　人的行为模式是将人在环境中的主要行为在各个空间的行走过程、逗留时间和空间分布图形表现出来，以使其模式化，就是空间行为模式，主要分为空间的定位，人际距离和人的领域性。人在空间的定位不仅与周围环境有关，而且与其他人的活动及心理素质有关。人际距离的大小确定了双方的亲疏关系，随着不同的空间和时间的改变而改变，个人空间同样存在着领域性要求，是一种确定的心理需要。

心理空间作为一种虚幻的空间真实地表达了人的感受，它的和谐性和舒适性是室内装饰的目的和出发点，心理空间可以分为实用性空间，即以实用为目的，形成与其实用特征相一致的空间认知感和气氛，其空间功能与气氛的统一有利于和谐空间感觉的营造，并使功能得到最大限度的实现。气氛营造型空间主要包括图书馆、教堂等特殊空间，利用人对博大、神圣事物的敬畏感营造特殊的震撼性给人带来特异的心理感觉，从而达到空间营造的目的。

研究人和空间的关系对了解人在空间内的不同感受，功能和精神方面的需求，具有重要的意义。在进行室内空间设计时，应力求简洁、明确，以符合人们心灵的、有秩序的、整体的形态的要求。

二、空间的性格

空间的性格是空间环境对于人在心理和生理上反应的人格化。政治、经济、心理、意识、文化信仰、民情风俗等因素对建筑及室内风格有着深刻的影响，建筑空间随着社会的发展不断地被赋予新的内涵，而使建筑及室内具有不同的性格和多元化发展的态势。

1. 神圣空间

宫殿是历代帝王受理朝政的建筑，具有空间的神圣感和权力象征。以故宫为代表，供奉神佛的寺宇大殿称佛殿，宫殿从总体布局和建筑形式和空间结构，体现了神、封建礼教和帝王的权威或精神有崇高的尊严和至高无上的权威性，建筑及室内装饰雕梁画栋、富丽堂皇，空间形式整齐划一，推崇宗教和帝王的权威和崇尚封建礼教精神，蕴藏着封建社会的善和美，艺术经典，伦理道德，宗教信仰等文化内容，如图 2-32 和彩图 1 所示。

图 2-32 故宫太和殿

2. 幽雅空间

空间的悠闲与幽雅，追求诗情画意，模仿古典园林的雅致，引入自然的景色，陶冶田园风光，领略异国情调等。典雅古朴、自然悠闲使久居闹市的人可以得到一些自然的气息，使繁重的工作压力和生活压力在这幽雅的室内环境中得到清除，精神上得到安慰，从而提高工作效率，有利于身心健康，如图 2-33 所示。

图 2-33　田园风情，花木茂盛

3. 愉悦空间

繁华的商业营业厅、富丽堂皇的酒店大堂、五彩缤纷的歌舞厅、气势如虹的大型晚会剧场，多文化统一的共享空间。由于色彩明快，形式活泼，环境优美，喜庆祥和充满着欢快愉悦的气氛，并且运用声、光等现代化技术手段，同时伴随着人的参与，使此空间的环境得以充分的体现，如图 2-34 所示。

图 2-34　歌舞厅流光异彩

4. 模糊空间

模糊空间在建筑上表现为空间形体不定，边缘不定，空间组合叠加交错，常介于多种不同类别的空间之间而难于界定所应该归属的空间，穿插流动，模棱两可，亦此亦彼，由此而形成空间的模糊性，不定性和多义性，从而赋予空间具有含蓄性和耐人寻味。这种"灰"空间为设计师带来了无限的遐想，建筑的不定性和复杂性的探讨对理解建筑及室内空间的结构，优化布局，增加多变性和灵活性，使新的空间形式的产生具有深远的意义，如图 2-35 所示。

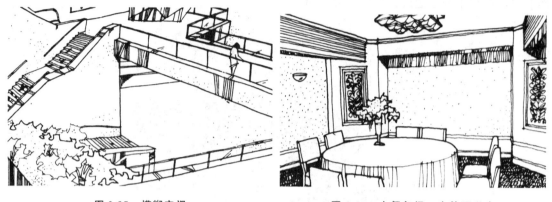

图 2-35　模糊空间　　　　　　　　　　　图 2-36　中餐包间，安静而私密

5. 亲密空间

为了拉近人际间的距离，加强情感和精神方面的交流，例如在酒店中的 KTV 包间、歌舞厅、餐厅中的雅座和包房，其特点是与周围环境相对隔离，形成私密或半私密的空间环境，为人提供约会、洽谈、聚餐或业务往来的理想空间。另外，大型晚会现场上的舞台，模特表演的 T 形台和歌舞厅的伸缩舞台，伸向观众中间，以此增加演员与观众的亲密感，开架超市使顾客与商品产生亲密感，如图 2-36 所示。

三、空间的围与透

室内空间的围透关系是由室内的功能决定的，围与透既相辅相成，又对立统一。围合程度过高使人感到闭塞，但通透程度过大，空间的感觉就会谈化，失去了室内空间的意义，在室内设计中不但要处理好室内的功能与空间的围与透的关系，还要兼顾周围的环境因素。

建筑的实墙部分遮挡视线产生阻塞的感觉，而透亮部分则有很强的吸引力，根据人的这种生理本能，可以利用这一点把人的注意力吸引到某个特定的方向和范围，如图 2-37 所示。

图 2-37　日本某教堂

四、空间的分隔与联系

室内空间的组合是根据不同的使用目的，对空间进行垂直和水平方向各种各样的分隔与联系，通过不同的分隔与联系方式，为人们提供良好的室内空间环境，从而满足人们不同的活动需要。室内空间的组合是空间设计的基础，而空间各组成部分之间的关系，主要是通过分隔的方式来解决的，空间的分隔和联系不仅是纯技术问题，单单从使用功能的角度来考虑空间的分隔与联系，同时也要从艺术的角度、从形式到内容，反映出设计的特色和风格，良好的分隔总是最贴切地体现着空间的使用功能，以少胜多，虚实相宜，组织有序，自成体系。

空间的分隔分为三个层次，即室内外空间的分隔；内部空间之间的分隔；内部装修、家具陈设对空间的再次分隔。另外，建筑的承重结构，电梯井和竖向管线井等，对空间存在着固定不变的分隔因素。

室内空间的分隔形式可分为以下四大类。

1. 绝对分隔

用限定度很高的界面分隔空间，使被分隔出来的空间具有十分明确的界限，空间是完全私密的，具有良好的隔声效果，隔光隔视线，活动性差，具有安静和抗干扰能力，如图 2-38 所示。

2. 局部分隔

空间限定程度的强弱是由界面的大小、材质、形态等来决定的，是介于绝对分隔与象征性分隔之间，对空间的界定是不明确的，如图 2-39 所示。

图 2-38　绝对分隔

图 2-39　局部分隔，以背景面进行分隔

3. 象征性分隔

利用天棚、地面的高低变化或色彩、材料质地的变化，利用片断、低矮的面、罩、栏杆、花格、物架、玻璃等通透的隔断，或者用家具、绿化、物质、光线、悬垂物、气味等因素分隔空间，使这种分隔方式空间限定度低，空间界面模糊，注重心理效应，使空间划分隔而不断，流动性强，具有象征性，空间层次丰富，如图 2-40 所示。

4. 弹性空间

利用灵活多变的隔断方式分隔空间，根据使用的要求随时移动隔断来调整空间，变换室内气氛，空间也随之或分或合，或大或小，这样的分隔方式使空间具有较大的弹性和灵活性，如图 2-41 所示。

图 2-40　地毯划分出会客区　　　　图 2-41　根据人数的多少，空间可以灵活分隔

5. 空间的对比与统一

室内空间的对比是指两种或两种以上的空间呈现出明显的差异，利用这种差异的对比作用反映出各自的特点，从而使人们从一个空间进入到另一个空间而产生情绪上的突变。空间的差异和对比通常为：动态与静态之间的对比；高大与低矮之间的对比；封闭与开敞之间的对比；规则形状与不规则形状的对比；空间的肯定性和模糊性的对比；固定空间与可变空间的对比，以及不同方向之间的对比，如彩图 2 所示。

6. 空间的重复与韵律

空间的组合形式是通过空间形式的不断重复和近似使空间产生优美的韵律感、和谐感和节奏感，通过使这一主旋律不断重复，从而丰富和加强空间的层次。如果只重复不变化空间使人感到单调乏味，如果变化过多空间缺乏统一感，重复的次数和变化的多少，根据实际情况而恰当地制定，正确处理好重复和变化的关系，能够强化设计主题的作用和使所有的空间做到多元化统一，如彩图 3 所示。

7. 空间的过渡与衔接

空间的过渡是以人的活动规律和建筑的使用要求来处理整个空间分隔和联系，相隔一定距离的两个空间，由一个空间将其连接起来，那么这个空间称为过渡性空间，过渡性空间就其本身来讲没有具体的功能要求，只不过是借以衬托和联系主要空间的辅助性的空间。空间的过渡可以分为直接和间接两种基本形式。空间的直接联系，通过隔断或其他空间分隔形式如花池、踏步等作为空间的过渡处理；另一种过渡方式则为两个空间中插入第三空间作为空间过渡形式。

室内外的衔接不能太突然，可在内外之间插进一个过渡性空间，可以通过过厅、门廊、悬挑雨篷，还可以压低门口处吊顶的高度而形成过渡性空间，在一些复杂、规模较大的建筑内部和各主要用房之间的人流动线上分别插入一系列过渡性空间，使各空间的衔接显得丰富，自然。

过渡空间作为前后空间、内外空间的媒介、桥梁、衔接体和转换点，无论是功能上还是在艺术上，都有很大的设计发挥余地，很多设计师倾心于过渡性空间的设计和研究。

由于人们的社会活动对空间过渡性的要求，出现了多种多样过渡性空间的形式，例如，在影剧院中，为了避免因光线明暗急剧变化引起的视觉上的不适，常在门厅，休息厅，过道之间设置渐次弱光线的过渡空间。另外，比如在总经理办公室前设置秘书接待室，在大型餐厅、宴会厅前设置休息室，除了实用还可以体现某种礼节，规格，档次及身份。由此可见，过渡性空间的性质包含有实用性、私密性、礼节性、等级性、安全性等多种性能，过渡性空

间常作为一种艺术手段空间起着引导作用。

8. 空间的渗透与层次

为了保持空间与空间之间的某种联系，在分隔空间时有意识地采用不同的围与透的处理方式，使被分隔空间仍保持某种程度上的连通，例如，室内外墙的延伸，地面、天花的延伸，使相邻空间之间彼此渗透，相互借用，从而丰富了空间的层次感，如图2-42所示。

在中国古典园林建筑中，对景和借景的处理手法通过门、窗和屏风等的孔洞去看另一个空间的景物，其意境之深远，层次之丰富，如图2-43所示。

图 2-42　玄关的圆形洞窗使空间有层次感　　　图 2-43　从网师园东侧水榭看远处亭子

9. 空间的引导与暗示

空间的引导与暗示是根据人的心理和行为习惯，对人流的引导和暗示。使人循着一定的路径，沿着一定的方向从一个空间依次地走进另一个空间，其常见的设计手段有如下几点。

（1）天花和地面的引导　连续的线条和图案，带有方向感的图形，对人的行进方向有引导作用，通过对地面和天花的处理，引导人们达到某个设定的位置，如图2-44所示。

（2）墙面的引导　以平面方向弯曲、波浪、锯齿状的墙面，通过特有节奏和韵律性吸引着人们的前进方向，人们希望沿着这样的方向有所发现，利用人的这种心理，将人流引导至某个确定的目标，另外墙上的线条和连续的图案同样有引导作用，如图2-45所示。

（3）楼梯的引导　多种形式的楼梯踏步本身就有一定的引导作用，将人流引导至上一层或下一层，如图2-46所示。

（4）通过空间的分隔和指示物的引导　利用一定的空间分隔形式，暗示出后面还有一些空间的存在，穿过隔断发现另一些空间，在一些交通枢纽处放置一个小雕塑、花架或指示牌，将引导和暗示此处可以通向若干个方向的空间，如图2-47所示。

在室内空间设计中，合理地运用空间的引导和暗示的设计手法，使室内空间更自然、巧妙、含蓄，充满着空间的美感，使人在不经意中沿着预定的方向或路线行进。

图 2-44　以天花的造型和地面的图案为引导

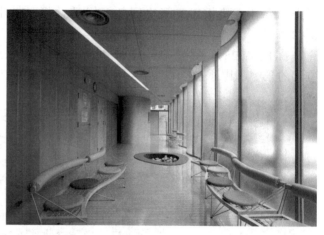

图 2-45　以波浪形的墙面为引导

图 2-46　以楼梯为引导

图 2-47　以隔断和指示物为引导

10. 空间序列的组织

　　建筑是由若干个相对独立的空间组合形成的，不同的使用功能对空间的组合形成有不同的要求。人在建筑空间中都要遵循着一定规律性的行为模式进行有目的、有组织的、有秩序的活动，其活动发生的先后顺序以及各类活动之间的相互连接，是建筑空间的组织依据，空间的序列也是时间的序列或活动的序列。由于人的行为与建筑共同形成了包括时间在内的四度空间，空间的序列就是把空间的排列和时间的连续有机地结合起来，因为人对空间认识和体验是伴随着时间和运动实现的。例如，到影剧院观看电影和戏剧，首先要了解介绍电影或

戏剧的广告，然后去买票，经过门厅、休息厅、过道，最后观看。看完后由后门或侧门疏散，看电影或看戏这个活动就基本结束。

人活动的行为模式是空间设计的客观依据，但仅仅满足行为活动的物质需要是不够的，通过空间序列的组织使人感到空间作为彼此相连，互为整体，即协调一致又有统一变化，并且从艺术的角度充分利用建筑空间在人心理和精神上的效应，从而创造出完整的动态空间的空间序列美，空间的序列设计就是把空间的组织、排列与时间先后顺序有机的统一。

空间的连续性和时间性是研究空间序列的重要内容，随着空间层次和过程的相应增加或减少，时间也随之变化。人生空间活动的时间是以运动的方式体现的，运动形式包含着时间因素，运动与时间是相互联系不可分割的，因此室内空间序列也必然是动态的。

空间序列的组织次序与特征与人流动线一致时，方向性明确，引导方向带有一定强制性的单向性，如果是形式对称规整时，则会给人带来庄严、肃穆和率直之感，如果空间序列方向不甚明确，并带有多向特征时，其空间形式往往较为轻松活泼，并富有情趣。

室内空间的序列设计，要求室内设计师运用空间设计的艺术手段、空间序列设计的全过程进行认真的构思和体验，了解和掌握空间设计规律，并根据不同的实际情况积极灵活采用不同的设计手段。

室内空间序列有如下过程。

（1）初始阶段　此阶段为序列的开端，它预示着将来展开的内容，要充分重视"开端"这个第一阶段，使它具有足够的吸引力。

（2）展开阶段　此阶段是空间序列的重要一环，它既是初始阶段后的承接阶段，又是出现高潮阶段的前奏阶段，是引起高潮的重要环节，具有引导、启示、酝酿、期待等功能，同时也表现出不同层次的空间变化。

（3）高潮阶段　高潮阶段是全序列的核心，是序列艺术的最高体现，也是精华和目的所在，是期待后心理满足和情绪激发到顶峰的阶段。

（4）终结阶段　由高潮回复到宁静，恢复到正常状态是终结阶段的任务。良好的结束使人回味无穷，追思序列全过程美妙享受。

对空间序列的设计不仅要注意空间变化的因素，也要重视时间变化的因素；不仅在静止的状态下获得良好的视觉效率；也要在运动的状态下获得良好的观感。一个幽静美妙的空间序列设计都是相应设计规律与设计法则的体现。

在空间序列的设计中，可以根据人在空间活动的要求先后顺序安排空间秩序。它强调的是空间的轴线关系，把人在空间活动与空间序列有机地结合在一起。另外可以根据人在空间的活动的相互关系安排空间序列，把不同类型的活动组织在相对独立的空间中，互不干扰，但又有一定程度的连通。

空间的序列设计借助空间的形式语言能够指导人们在行动上的方向感，利用有方向性的图案、线条、具有导示功能的色彩等，引导人们的行动。在重点部位设置雕塑、绘画等，吸引人们的视线，行进方向，形成视觉中心。在建筑和室内设计高度发展的今天，空间序列的设计没有一个固定的模式可循，打破常规的空间序列设计似乎也是艺术创作的一般做法，在掌握空间序列的普遍性的基础上，充分注意不同情况的特殊性，把握好序列长短、布局类型和高潮的选择。在空间序列设计手法上，应注意人们行动方向的建筑处理，空间的视觉中心的处理，空间的衔接、过渡、序列格局的安排以及空间构图的对比与统一关系。空间序列的组织实际上就是运用对比、重复、渐变、过渡、衔接、引导等一系列空间设计的方法，把各个相对独立的空间组成一个有秩序的，有变化的，统一完整的空间序列。

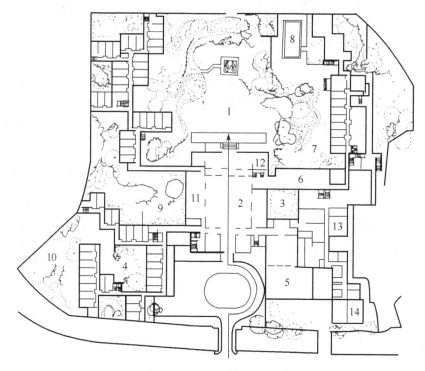

图 2-48　北京香山饭店布置图

1—流华池；2—溢香厅；3—浮翠；4—云岭芙蓉；5—宴会厅；6—西餐厅；7—海棠花坞；
8—游泳池；9—花园；10—漫空碧透；11—商品部；12—酒吧；13—职工食堂；14—锅炉房

北京香山饭店（如图 2-48）位于北京西部的香山公园内，环境优美，独具特色。香山饭店在空间序列设计上做了充分而细致的考虑，设计了一条短而重要的中轴线，游客由上山的公路通过入口进入开阔的前院，再沿弧形的路径，经这座建筑的大门进入形式简洁而空间较小的门厅，绕过中间圆形镂空并用于对景的影壁墙进入规模宏大的"阳光中庭"，这个贯穿于轴线被贝氏称为"四季庭院"的中庭是建筑的核心和高潮阶段，先抑而后扬又豁然开

图 2-49　阳光中庭

朗，在这里人的视线在四面八方都有对景，中庭中最关键的组成部分是：阳光、粉墙、翠竹、景窗和对景。南方园林的因素被融入其中（如图 2-49），沿轴线由中庭进入南厅，这里设有酒吧和画家赵无极创作的"香山印象"室内屏风（如图 2-50）。出南门踏上观景台，一池碧绿的秋水和水中的方形小岛，在林木和山石的环抱之中，显得生机勃勃，如图 2-51 所示。

图 2-50　南厅的室内屏风

图 2-51　观景台

复习思考题

1. 室内设计的类型有哪些？各有什么特征？
2. 静态与动态、封闭与开阔、流动与虚拟空间的联系与区别是什么？
3. 构思几种不同形状的空间（曲面、斜面、三角形），分别给出透视草图。
4. 构思几种室内空间的分割手法，分别做出透视草图。
5. 简述室内空间的构图法则。

第三章　室内设计与人体工程学

第一节　人体工程学概述

一、人体工程学简介

尽管人类从开始制造工具、营造居所时就开始考虑产品的尺度、效率等人机因素，但作为一门独立的学科也只有近50年历史。英国是世界最早开展人体工程学研究的国家，但学科的奠基性工作实际上是在美国完成的。所以，人体工程学有"起源于欧洲，形成于美国"之说。两次世界大战是人体工程学发展的重要刺激因素，尤其是在第二次世界大战中，飞机、航空母舰等大量新装备的投入使用，其操作控制的复杂程度也是空前的。由于没有很好地解决人机的适应问题，导致了大量的安全事故与效率低下的问题。美国空军从实验心理学的角度出发进行人类知觉分析，并将研究成果应用到装备中，收到了良好的效果。军事领域中对"人的因素"的研究和应用，使科学人体工程学应运而生。

人体工程学在其自身的发展过程中，逐步打破了各学科之间的界限，并有机地融合了各相关学科的理论，不断地完善自身的基本概念、理论体系、研究方法以及技术标准和规范，从而形成了一门研究和应用范围都极为广泛的综合性边缘学科。因此，它具有现代各门新兴边缘学科共有的特点，如学科命名多样化、学科定义不统一、学科边界模糊、学科内容综合性强、学科应用范围广泛等特点。

二、人体工程学的定义

人体工程学是一门充满人性化考虑的学科。由于该学科研究和应用的范围极其广泛，它所涉及的各学科、各领域的专家、学者都试图从自身的角度来给本学科命名和下定义，因而世界各国对本学科的命名不尽相同，即使同一个国家对本学科名称的提法也很不统一，甚至有很大差别。

国际人体工程学会对人体工程学的定义是：研究人在某种工作环境中的解剖学、生理学和心理学等方面的因素，研究人和机器及环境的相互作用，研究在工作中、生活中和休假时怎样统一考虑工作效率、人的健康、安全和舒适等问题的学科。《中国企业管理百科全书》将人体工程学定义为：研究人和机器、环境的相互作用及其合理结合，使设计的机器与环境系统适合人的生理、心理等特点，达到在生产中提高效率、安全、健康和舒适的目的。

综上所述可以认为：人体工程学是以人的生理、心理特性为依据，应用系统工程的观点，分析研究人与机械、人与环境以及机械与环境之间的相互作用，为设计操作简便省力、安全、舒适，人-机-环境的配合达到最佳状态的工程系统提供理论和方法的科学。因此，人体工程学可定义为：按照人的特性设计和改善人、机、环境系统的科学。

三、人体工程学具体含义说明

（1）人、机、环境的含义：人指操作者或使用者。

机泛指人操作或使用的物，可以是机器，也可以是用具、工具或设施、设备等；在室内

设计中则主要指各类家具及与人关系密切的建筑构件，如门、窗、栏杆、楼梯等。

环境是指人、机所处的周围环境，如作业场所和空间、物理化学环境和社会环境等。

人、机、环境系统是指由共处于同一时间和空间的人与其所使用的机以及它们所处的周围环境所构成的系统，简称人-机系统。

（2）人、机、环境之间的关系：相互依存，相互作用，相互制约。

（3）人体工程学的特点：学科边界模糊，学科内容综合性强，涉及面广。

（4）人体工程学的研究对象：人、机、环境系统的整体状态和过程。

（5）人体工程学的任务：使机器的设计和环境条件的设计适应于人，以保证人的操作简便省力、迅速准确、安全舒适，心情愉快，充分发挥人、机效能，使整个系统获得最佳经济效益和社会效益。

四、人体工程学与室内设计

通过对人体的正确认识，以人为中心，根据人的生理结构、心里形态和活动需求等综合因素，使室内环境达到最优化组合。

（1）为确定人和人际在室内活动所需空间提供依据。解决不同性别的成年人与儿童的尺度、动作域、心理空间以及人际交往的空间等空间范围和尺度。

（2）为确定家具、设施的形体、尺度及其使用范围提供依据。家具设施的主要功能是实用，因此它们的形体、尺度必须以人体尺度为主要依据；同时，为了方便使用这些家具和设施，其周围也必须留有活动和使用的必要余地，这些要求都由人体工程科学地予以解决。

（3）为适应人体的室内物理环境提供科学标准。室内物理环境主要有室内热环境、声环境、光环境、重力环境、辐射环境等。人体工程学通过计测得到的数据，对室内光照设计、色彩设计、视觉最佳区域等都是必要的。

第二节　人体的尺度

室内设计的服务对象是人，室内环境中的每一设施都是由人使用的，因此室内设计要掌握人在各种状态下的人体尺度，了解人体的构造以及构成人体活动的主要组织系统。

一、人体基本知识

人体是由骨骼系统、肌肉系统、消化系统、血液循环系统、呼吸系统、泌尿系统、内分泌系统、神经系统、感觉系统等组成的。这些系统像一台机器那样互相配合、相互制约地共同维持着人的生命和完成人体的活动，在这些组织系统中与室内设计有密切关联的是骨骼系统、肌肉系统、神经系统和感觉系统。

（1）骨骼系统　骨骼是人体的支架，是室内设计测定人体比例、人体尺度的基本依据，骨骼中骨与骨的连接处是关节，人体通过不同类型和形状的关节进行着屈伸、回旋等各种不同的动作，由这些局部动作的组合形成人体各种姿态。室内物品要适应人体活动及承托人体动作的姿态，就必须研究人体各种姿态下骨关节运动与室内物品的关系。

（2）肌肉系统　骨肉的收缩和舒展支配着骨骼和关节的运动。在人体保持一种姿态不变的情况下，肌肉则处于长期的紧张状态而极易产生疲劳，因此人们需要经常变换活动的姿态，使各部分的肌肉收缩得以轮换休息；另外肌肉的营养是靠血液循环来维持的，如果血液循环受到压迫而阻断，则肌肉的活动就将产生障碍。因此家具设计中，特别是坐卧性家具，要研究家具与人体肌肉承压面的关系。

（3）神经系统　人体各器官系统的活动都是在神经系统的支配下，通过神经体液调节而实现的。神经系统的主要部分是脑和脊髓，它和人体的各个部分发生紧密的联系，以反射为基本活动的方式，调节人体的各种活动。

（4）感觉系统　激发神经系统起支配人体活动的机构是人的感觉系统。人们通过视觉、听觉、触觉、嗅觉、味觉等感觉系统所接受到的各种信息，刺激传达到大脑，然后由大脑发出指令，由神经系统传递到肌肉系统，产生反射式的行为活动，如晚间睡眠在床上仰卧时间久后，肌肉受压通过触觉传递信息后产生反射性的行为活动——人体翻身做侧卧姿态。

二、人体的尺度

它是通过测量人体各个部位的尺寸来确定个人之间和群体之间在尺寸上差别的学科。人体尺度是室内设计最基本的资料。从室内设计的角度来看，合理地依据人体一定姿态下的肌肉、骨骼的结构来设计，能调整人的体力损耗、减少肌肉的疲劳，从而极大地提高工作效率。因此在室内设计中对人体动作的研究显得十分必要。

1. 静态尺度

是指人体处于固定的标准状态下测量的尺寸。它对与人体有直接关系的物体有关，主要为人体各种装具设备提供数据。

常用的 10 项构造尺寸：身高，体重，坐高，臀部至膝盖长度，臀部的高度，膝盖高度，膝弯高度，大腿厚度，臀部至膝弯长度，肘间宽度。

立：人体站立是一种最基本的自然姿态，是由骨骼和无数关节支撑而成的。

坐：人体的躯干结构是支撑上部身体重量和保护内脏不受压迫，当人坐下时，由于骨盆与脊椎的关系推动了原有直立姿态时的腿骨支撑关系，人体的躯干结构就不能保持平衡，人体必须依靠适当的坐平面和靠背倾斜面来得到支撑和保持躯干的平衡，使人体骨骼、肌肉在人坐下来时能获得合理的松弛形态，为此人们设计了各类坐具以满足坐姿状态下的各种使用活动。

卧：卧的姿态是人希望得到最好的休息状态，不管站立和坐，人的脊椎骨骼和骨肉总是受到压迫和处于一定的收缩状态，卧的姿态，才能使脊椎骨骼的受压状态得到真正的松弛，从而得到最好的休息。因此从人体骨骼肌肉结构的观点来看，卧不能看做站立姿态的横倒，其所处动作姿态的腰椎形态位置是完全不一样的，只有把"卧"作为特殊的动作形态来认识，才能理解"卧"的意义。

2. 动态尺度

是指人在进行某种功能活动时的人体尺度。人体的动作形态是相当复杂而又变化万千，蹲、跳、旋转、行走等等都会显示出不同形态并具有的不同尺度和不同的空间需求，如图3-1、图 3-2 和图 3-3 所示。单位为 mm。

三、百分位的概念

由于人的人体尺寸有很大的变化，它不是某一确定的数值，而是分布在一定的范围内。如亚洲人的身高是 151～188cm 这个范围，而设计时只能用一个确定的数值，而且并不能像一般理解的那样用平均值。百分比表示具有某一人体尺寸和小于该尺寸的人占统计对象总人数的百分比。大部分人体测量数据是按百分比表达的，把研究对象分成 100 份，根据一些指定的人体尺寸项目，从最小到最大顺序排列，进行分段，每一段的截至点即为一个百分位。

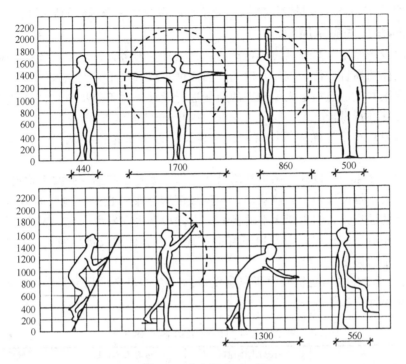

图 3-1　动态尺度（一）

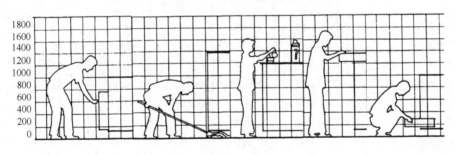

图 3-2　动态尺度（二）

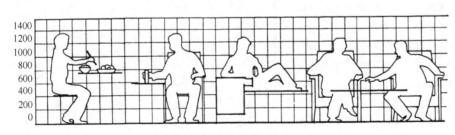

图 3-3　动态尺度（三）

　　以身高为例：第 5 百分位的尺寸表示有 5％的人身高等于或小于这个尺寸。换句话说就是有 95％的人身高高于这个尺寸。第 95 百分位则表示有 95％的人等于或小于这个尺寸，5％的人具有更高的身高。统计学表明，任意一组特定对象的人体尺寸，其分布规律符合正态分布规律，即大部分属于中间值，只有一小部分属于过大和过小的值，它们分布在范围的两端，在设计上满足所有人的要求是不可能的，但必须满足大多数人。所以必须从中间部分取用能够满足大多数人的尺寸数据作为依据，因此一般都是舍去两头，只涉及中间 90％、

95％或99％的大多数人，只排除少数人。应该排除多少取决于排除的后果情况和经济效果。

四、人体尺度的应用原则

（1）极限设计原则　主要内容包括设计的最大尺寸参考人体尺寸的低百分位；设计的最小尺寸参考人体的高百分位。例如，对于门洞高度、栏杆扶手高度、床的长度等，应取男性人体高度的上限并且适当加上人体动态的余量进行设计；对于踏步高度、挂钩高度应按女性人体的平均高度进行设计。

（2）可调原则　设计优先采用可调式结构。一般调节范围应从第5百分位到第95百分位。

（3）平均尺寸原则　设计中采用平均尺寸计算（多数专家不主张按平均尺寸设计）。

在我国，由于幅员辽阔、人口众多，人体尺度随年龄、性别、地区的不同而有所变化，同时随着时代的进步、人们生活水平的提高，人体尺度也在发生变化，因此只能采用平均值作为设计时的相对尺度依据，而且也不可能依此作绝对标准尺度，对尺度也要有辩证的观点，它具有一定的灵活性。

表3-1是1962年中国建筑科学研究院发表的《人体尺度的研究》中有关我国人体的测量值作为家具设计的参考。

表 3-1　不同地区人体各平均尺寸　　　　　　　　单位：mm

编号	部　位	较高人体地区 （冀、鲁、辽）		中等人体地区 （长江三角洲）		较低人体地区 （四川）	
		男	女	男	女	男	女
A	人体高度	1690	1580	1670	1560	1630	1530
B	肩宽度	420	387	415	397	414	386
C	肩峰到头顶高度	293	285	291	282	285	269
D	正立时眼的高度	1573	1474	1547	1143	1512	1420
E	正坐时眼的高度	1203	1140	1181	1110	1144	1078
F	胸廓前后径	200	200	201	203	205	220
G	上臂长度	308	291	310	293	307	289
H	前臂长度	238	220	238	220	245	220
I	手长度	196	184	192	178	190	178
J	肩峰高度	1397	1295	1379	1278	1345	1261
K	1/2(上肢展开全长)	867	795	843	787	848	791
L	上身高度	600	561	586	546	565	524
M	臀部宽度	307	307	309	319	311	320
N	肚脐宽度	992	948	983	925	980	920
O	指尖至地面高度	633	612	616	590	606	575
P	上腿长度	415	395	409	379	403	378
Q	下腿长度	397	373	392	369	391	365
R	脚高度	68	63	68	67	67	65
S	坐高	893	846	877	825	850	793
T	腓骨头的高度	414	390	407	382	402	382
U	大腿水平长度	450	435	445	425	443	422
V	肘下尺寸	243	240	239	230	220	216

第三节　人体工程学与家具功能设计

　　良好的家具设计可以减轻人的劳动，节约时间，使人身体健康，心情愉悦，而良好的家具设计得益于正确地使用人体工程学原理。在漫长的家具发展历程中，对于家具的造型设计，特别是对人体机能的适应性方面，大多仅通过直觉的使用效果来判断，或凭习惯和经验来考虑，对不同用途、不同功能的家具，没有一个科学的定性分析的衡量依据，不少家具在设计上都是不舒适甚至是违反人体机能的。现代家具设计是建立在对人体的构造、尺度、体感、动作、心理等人体机能特征的充分理解，及研究的基础上来进行系统化设计的，是基于人本性的设计开发，将技术与艺术诸要素加以完美的综合。

　　根据家具与人和物之间的关系，可以将家具划分成以下三类。

　　第一类为与人体直接接触，起着支承人体活动的坐卧类家具，如椅、凳、沙发、床榻等。

　　第二类为与人体活动有着密切关系，起着辅助人体活动、承托物体的凭倚家具，如桌台、几、案、柜台等。

　　第三类为与人体产生间接关系，起着贮存物品作用的贮存类家具，如橱、柜、架、箱等。

　　家具是构成室内环境的基本要素。根据人体活动及相关的姿态，人们设计生产了相应的家具，将其分类为坐卧性家具、凭倚性家具及贮藏性家具。

一、坐卧性家具

　　按照人们日常生活的行为，人体动作姿态可以归纳为从立姿到卧姿的不同势态，其中坐与卧是人们日常生活中占有的最多动作姿态，如工作、学习、用餐、休息等都是在坐卧状态下进行的，因此坐卧性家具与人体生理机能关系的研究就显得特别重要。

　　坐卧性家具的基本功能是满足人们坐得舒服、睡得安宁、减少疲劳和提高工作效率。这四个基本功能要求中，最关键的是减少疲劳，如果在家具设计中，通过对人体的尺度、骨骼和肌肉关系的研究，使设计的家具在支撑人体动作时，将人体的疲劳度降到最低状态，也就能得到最舒服的最安宁的感觉，同时也可保持最高的工作效率。

　　然而形成疲劳的原因是一个很复杂的问题，但主要是来自肌肉和韧带的收缩运动。肌肉和韧带处于长时间的收缩状态时，人体就需要给这部分肌肉持续供给养料，如供养不足，人体的部分机体就会感到疲劳。因此，在设计坐卧性家具时，就必须考虑人体生理特点，使骨骼、肌肉结构保持合理状态，血液循环与神经组织不过分受压，尽量设法减少和消除产生疲劳的各种条件。

　　1. 坐具的基本尺度与要求

　　（1）坐高　坐高是指坐具的坐面与地面的垂直距离，椅子的坐高由于椅坐面常向后倾斜，通常以前坐面高作为椅子的坐高。

　　坐高是影响坐姿舒适程度的重要因素之一，坐面高度不合理会导致不正确的坐姿，并且坐的时间稍久，就会使人体腰部产生疲劳感。高度小于380mm，人的膝盖就会拱起引起不舒适的感觉，而且起立时显得困难；高度大于人体下肢长度500mm时，体压分散至大腿部分，使大腿内侧受压，下腿肿胀等。

对于有靠背的坐椅，其坐高就不宜过高，也不宜过低，它与人体在坐面上的体压分布有关。坐高不同的椅面，其体压分布也不同，所以坐高是影响坐姿舒适的重要因素。坐面过高，两足不能落地，使大腿前半部近膝窝处软组织受压，久坐时，血液循环不畅，肌腱就会发胀而麻木；如果椅坐面过低，则大腿碰不到椅面，体压过于集中在坐骨节点上，时间久了会产生疼痛感；另外坐面过低，人体形成前屈姿态，从而增大了背部肌肉的活动强度，而且重心过低，使人起立时感到困难。因此，设计时必须寻求合理的坐高与体压分布。根据坐椅面体压分布情况来分析，椅坐高应略小于坐者小腿脚窝到地面的垂直距离，即坐高等于小腿轻微受压，小腿有一定的活动余地。但理想的设计与实际使用有一定差异，一张坐椅可能为男女高矮不等的人所使用，因此只能取用平均适中的数据来确定较优的合适坐高。

（2）坐深　主要是指坐面的前沿至后沿的距离。坐深的深度对人体坐姿的舒适影响也很大。如坐面过深，超过大腿水平长度，人体挨上靠背将有很大的倾斜度，而腰部缺乏支撑点而悬空，加剧了腰部的肌肉活动强度而致使疲劳产生；同时坐面过深，使膝窝处产生麻木的反应，并且也难以走立。因此在坐椅设计中，坐面深度要适中，通常坐深应小于人坐姿时大腿的水平长度，使坐面前沿离开小腿有一定的距离，保证小腿一定的活动自由。根据人体尺度，我国人体坐姿的大腿水平长度平均：男性为445mm，女性为425mm，然后保证坐面前沿离开膝窝一定的距离约60mm，这样，一般情况下坐深尺寸在380～420mm之间。对于普通工作坐椅来说，由于工作，人体腰椎与骨盆之间成垂直状态，所以其坐深可以浅一点。而作为休息的靠椅，因其腰椎与骨盆的状态呈倾斜钝角状，故休息椅的坐深可设计得略为深一些。

（3）坐宽　椅子坐面的宽度根据人的坐姿及动作，往往呈前宽后窄的形状，坐面的前沿宽度称坐前宽，后沿宽度称坐后宽。

坐椅的宽度应使臀部得到全部支撑并有适当的活动余地，便于人体坐姿的变换。坐宽不小于380mm，对于有扶手的靠椅来说，要考虑人体手臂的扶靠，以扶手的内宽来作为坐宽的尺寸，按人体平均肩宽尺寸加一适当的余量，一般不小于460mm，但也不宜过宽以自然垂臂的舒适姿态肩宽为准。

（4）坐面倾斜度　从人体坐姿及其动作的关系分析，人在休息时，人的坐姿是向后倾靠，使腰椎有所承托。因此，一般的坐面大部分设计成向后倾斜，其人斜角度为3°～5°，相对的椅背也向后倾斜。而一般的工作椅则不希望坐面有向后的倾斜度，因为人体工作时，其腰椎及骨盆处于垂直状态，甚至还有前倾的要求，如果使用有向后倾斜面的坐椅，反而增加了人体力图保持重心向前时肌肉和韧带收缩的力度，极易引起疲劳。因此，一般工作椅的坐面以水平为好，甚至可考虑椅面向前倾斜的设计，如通常使用的绘图凳面是向前倾斜的。近年来由奥地利罗利希特产品研制中心设计的工作凳具有根据人体动作可任意转动方向与倾角的特性。凳子底部为一充满沙子的袋子，凳子可在任一角度得到限定。另由挪威设计师设计的工作"平衡"椅，也是根据人体工作姿态的平衡原理设计而成的，坐面作小角度的向前倾斜，并在膝前设置膝靠垫，把人的重量分布于骨支撑点和膝支撑点上，使人体自然向前倾斜，使背部、腹部、臀部的肌肉全部放松，便于集中精力，提高工作效率。

（5）椅靠背　前面坐凳高度测试曾提到人坐于半高的凳上（400～450mm），腰部肌肉的活动强度最大，最易疲劳，而这一坐高正是坐具设计中用得最普遍的，因此要改变腰部疲劳的状况，就必须设置靠背来弥补这一缺陷。椅靠背的作用就是使躯干得到充分的支撑，特别是人体腰椎（活动强度最大部分）获得舒适的支撑面，因此椅靠背的形状基本上与人体坐

姿时的脊椎形状相吻合，靠背的高度一般上沿不宜高于肩胛骨。对于专供操作的工作用椅，椅靠背要低，一般支持位置在上腰凹部第二腰椎处。这样人体上肢前后左右可以较自由地活动，同时又便于腰关节的自由转动。

（6）扶手高度　休息椅和部分工作椅需要设有扶手，其作用是减轻两臂的疲劳。扶手的高度应与人体坐骨结节点到上臂自然下垂的肘下端的垂直距离相近。扶手过高时两臂不能自然下垂，过低则两肘不能自然落靠，此两种情况都易使上臂引起疲劳。根据人体尺度，扶手上表面坐面至坐面的垂直距离为 200～250mm，同时扶手前端略为升高，随着坐面倾角与基本靠背斜度的变化，扶手倾斜度一般为±10°～20°，而扶手在水平方向的左右偏角在±10°，一般与坐面的形状吻合。

至于沙发类尺寸，国标规定单人沙发座前宽不应小于 480mm，小于这个尺寸，人即使能勉强坐进去，也会感觉狭窄。座面的深度应在 480～600mm 范围内，过深则小腿无法自然下垂，腿肚将受到压迫；过浅，就会感觉坐不住。座面的高度应在 360～420mm 范围内，过高就像坐在椅子上，感觉不舒服；过低，坐下去站起来就会感觉困难。

2. 卧具的基本尺度与要求

床是供人睡眠休息的主要卧具，也是与人体接触时间最长的家具。床的基本要求是使人躺在床上能舒适地尽快入睡，并且要睡好，以达到消除一天的疲劳、恢复体力和补充工作精力的目的。因此床的设计必须考虑到床与人体生理机能的关系。

（1）卧姿时的人体结构特征　从人体骨骼肌肉结构来看，人在仰卧时，不同于人体直立时的骨骼肌肉结构。人直立时，背部和臀部凸出于腰椎有 40～60mm，呈 S 形。而仰卧时，这部分差距减少至 20～30mm，腰椎接近于伸直状态。人体起立时各部分重量在重力方向相互叠加，垂直向下，但当人躺下时，人体各部分重量相互平行垂直向下，并且由于各体块的重量不同，其各部位的下沉量也不同，因此床的设计好坏以能否消除人的疲劳为关键，即床的合理尺度及床的软硬度能否适应支撑人体卧姿，使人体处于最佳的休息状态。

人体在卧姿时的体压情况是决定体感舒适的主要原因之一。人体在柔软程度不同的床上的体压分布也不相同。如果人体睡在过于柔软的床面上，由于床垫过软，使背部和臀部下沉，腰部突起，身体呈 W 形，形成骨骼结构的不自然状态，肌肉和韧带处于紧张的收缩状态，人体感觉敏感的与不敏感的部位均受到同样的压力，时间稍长就会产生不舒适感，需要通过不断的翻身来调整人体敏感部分的受压面，使人不能熟睡，也就影响了正常的休息。

因此，为了使体压得到合理分布，必须精心设计床的软硬度。现代家具中使用的床垫是解决体压分布合理的较理想用具。它由不同材料搭配的三层结构组成，上层与人体接触部分采用柔软材料；中层则采用较硬的材料；下层是承受压力的支撑部分，用极具弹性的钢丝弹簧构成。这种软中有硬的三层结构做法，有助于人体保持自然的良好的仰卧姿态，从而得到舒适的休息。

（2）卧姿人体尺度　人在睡眠时，并不是一直处于一种静止状态，而是经常辗转反侧，人的睡眠质量除了与床垫的软硬有关外，还与床的大小尺寸有关。

① 床宽　床的宽窄直接影响人睡眠的翻身活动。日本学者做的试验表明，睡窄床比睡阔床的翻身次数少。当床宽为 500mm 时，人睡眠翻身次数要减少 30％，这是由于担心翻身掉下来的心理影响，自然也就不能熟睡。试验表明，床宽自 700～1300mm 变化时，作为单人床使用，睡眠情况都很好。因此，可以根据居室的实际情况，单人床的最小宽度为 700mm。

② 床长　为了能适应大部分人的身长需要，床的长度应以较高的人体作为标准进行设计，《家具　床类主要尺寸》（GB/T 3328—1997）规定，成人用床床面净长不小于1900mm，对于宾馆的公用床，一般脚部不设床架，便于特高人体的客人需要。

③ 床高　床高即床面距地高度。一般与椅坐高取得一致，使床同时具有坐卧功能。另外还要考虑到人的穿衣、穿鞋等动作。一般床高在400～440mm之间。双层床的层间净高必须保证下铺使用者在就寝和起床时有足够的动作空间，但又不能过高，过高会造成上下的不便及上层空间的不足。《家具　床类主要尺寸》（GB/T 3328—1997）规定，双层床的底床铺面离地面高度为400～440mm，层间净高不小于980mm。

二、凭倚性家具

凭倚性家具是人们工作和生活必需的辅助性家具。如就餐用的餐桌、看书写字用的写字桌、学生上课用的课桌、制图桌等；另有为站立活动而设置的售货柜台、账台、讲台和各种操作台等。这类家具的基本功能是适应在坐、立状态下，进行各种活动时提供相应的辅助条件，并兼作放置或贮存物品之用。因此，这类家具与人体动作产生直接的尺度关系。

1. 高度

桌子的高度与人体动作时肌体的形状及疲劳有密切的关系。经试验测试，过高的桌子容易造成脊柱的侧弯和眼睛的近视，从而降低工作效率，另外桌子过高还会引起耸肩、肘低于桌面等不正确姿势而引起肌肉紧张，产生疲劳；桌子过低也会使人体脊椎弯曲扩大，造成驼背、腹部受压，妨碍呼吸运动和血液循环等弊病，背肌的紧张收缩，也易引起疲劳。因此，正确的桌高应该与椅坐高保持一定的尺度配合关系。设计桌高的合理方法是应先有椅坐高，然后再加按人体坐高比例尺寸确定的桌面与椅面的高度差，即

桌高＝坐高＋桌椅高差（坐姿态时上身高的1/3）

根据人体不同使用情况，椅坐面与桌面的高差值可有适当的变化。如在桌面上书写时，高差为1/3坐姿上身高减20～30mm，学校中的课桌与椅面的高差为1/3坐姿上身高减10mm。

桌椅面的高差是根据人体测量而确定的。由于人种高度的不同，该值也就不一，因此欧美等国的标准与我国的标准不同。1979年国际标准（ISO）规定桌椅面的高差值为300mm，而我国确定值为292mm（按我国男子平均身高计算）。由于桌子定型化的生产，很难定人使用，目前还没有看到男人使用的桌子和女人使用的桌子，因此这一矛盾可用升降椅面高度来弥补。《家具　桌、椅、凳类主要尺寸》（GB/T 3326—1997）规定桌面高度为680～760mm，级差10mm。即桌面高可分别为700mm、710mm、720mm、730mm等规格。在实际应用时，可根据不同的使用特点酌情增减。如设计中餐用桌时，考虑到中餐进餐的方式，餐桌可略高一点；若设计西餐桌，同样考虑西餐的进餐方式，使用刀叉的方便，将餐桌高度略降低一些。

2. 桌面尺寸

桌面的宽度和深度应以人坐姿时手可达的水平工作范围，以及桌面可能置放物品的类型为依据。如果是多功能的或工作时需配备其他物品、书籍时，还要在桌面上增添附加装置，对于阅览桌、课桌类的桌面，最好有约15°的倾斜，能使人获得舒适的视域和保持人体正确的姿势，但在倾斜的桌面上除了书、本外，其他物品就不易摆放。

《家具　桌、椅、凳类主要尺寸》（GB/T 3326—1997）规定了以下标准。

双柜写字台宽为1200～2400mm；深为600～1200mm；

单柜写字台宽为 900～1500mm；深为 500～750mm。

宽度级差为 100mm；深度级差为 50mm；一般批量生产的单件产品均按标准选定尺寸，但对组合柜中的写字台和特殊用途的台面尺寸，不受此限制。

餐桌与会议桌的桌面尺寸以人均占周边长为准进行设计。一般人均占桌周边长为 550～580mm，较舒适的长度为 600～750mm。

3. 桌面下的净空尺寸

为保证坐姿时下肢能在桌下设置与活动，桌面下的净空高度应高于双腿交叉叠起时的膝高，并使膝上部留有一定的活动余地。《家具 桌、椅、凳类主要尺寸》（GB/T 3326—1997）规定，桌子中间净空高不小于 580mm，净宽大于 600mm。

4. 立式用桌（台）的基本要求与尺度

立式用桌主要指售货柜台、营业柜台、讲台、服务台及各种工作台等。站立时使用的台桌高度是根据人体站立姿势的屈臂自然垂下的肘高来确定的。按我国人体的平均身高，站立用台桌高度以 910～965mm 为宜。若需要用力工作的操作台，其桌面可以稍降低 20～50mm，甚至更低一些。

立式用桌的桌台卜部不需留出容膝空间，因此桌台的下部通常可作贮藏柜用，但立式桌台的底部需要设置容足空间，以利于人体靠紧台桌的动作之需。这个容足空间是内凹的，高度为 80mm，深度在 50～100mm。

三、贮存性家具

贮存性家具是收藏、整理日常生活中的器物、衣物、消费品、书籍等的家具。根据存放物品的不同，可分为柜类和架类两种不同贮存方式。柜类贮存方式主要有大衣柜、小衣柜、壁柜、被褥柜、书柜、床头柜、陈列柜、酒柜等；而架类贮存方式主要有书架、食品架、陈列架、衣帽架等。贮存类家具的功能设计必须考虑人与物两方面的关系；一方面要求贮存空间划分合理，方便人们存取，有利于减少人体疲劳；另一方面又要求家具贮存方式合理，贮存数量充分，满足存放条件。

1. 贮存性家具与人体尺度的关系

家庭橱柜应适应女性使用要求。我国的国家标准规定柜高限度在 1850mm 以下的范围内，根据人体动作行为和使用的舒适性及方便性，可划分为几个区域。为了正确确定柜、架、搁板的高度合理分配空间，首先必须了解人体所能及的动作范围，以我国成年妇女为例，其动作活动范围如图 3-4 所示。

第一区间是站立时手可以任意拿取物品。

第二区间是站立时取物品时必须将手举于肩的上方。

第三区间是前屈或下蹲取拿物品。

第四区间是必须尽量伸手才能取拿物品。再高就要站在凳子上存取物品，是经常存取和偶然存取的分界线。

第五区间是必须下蹲才能取拿物品。

挂衣柜类的高度方面，国家标准规定，

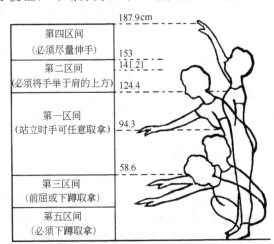

图 3-4 贮存性家具与人体尺度的关系示意

挂衣杆上沿至柜顶板的距离不小于 40mm，大了浪费空间；小了则放不进挂衣架。挂衣杆下沿至柜底板的距离，挂长大衣不应小于 1400mm，挂短外衣不应小于 900mm。衣柜的深度主要考虑人的肩宽因素，一般为 600mm，不应小于 530mm，否则就只有斜挂才能关上柜门。

在上述贮存区域内根据人体动作范围及贮存物品的种类可以设置搁板、抽屉、挂衣棍等。在设置搁板时，搁板的深度和间距除考虑物品存放方式及物体的尺寸外，还需考虑人的视线，搁板间距越大，人的视域越好，但空间浪费较多，所以设计时要统筹安排。

至于橱、柜、架等贮存性家具的深度和宽度，是由存放物的种类、数量、存放方式以及室内空间的布局等因此来确定，在一定程度上还取决于板材尺寸的合理裁割及家具设计系列的模数化。

2. 贮存性家具与贮存物的关系

贮存性家具除了考虑与人体尺度的关系外，还必须研究存放物品的类别与方式，这对确定贮存性家具的尺寸和形式起重要作用。

一个家庭中的生活用品是极其丰富多彩的，从衣服鞋帽到床上用品，从主副食品到烹饪器具、各类器皿，从书报期刊到文化娱乐用品，以及其他日杂用品，这么多的生活用品，尺寸不一，形体各异，要力求做到有条不紊，分门别类地存放，促成生活安排的条理化，从而达到优化室内环境的作用。

电视机、组合音响、家用电器等也已成为家庭必备的用具设备，它们的陈放和贮存性家具也有密切的关系，一些大型的电气设备如洗衣机、电冰箱等是独立落地放置的，但在布局上尽量与橱柜等家具组合设置，使室内空间取得整齐划一的效果。

针对这么多的物品种类和不同尺寸，贮存家具不可能制作得如此琐碎，只能分门别类地合理确定设计的尺度范围。《家具 柜类主要尺寸》（GB/T 3327—1997）对柜类家具的某些尺寸有如下限定，如表 3-2 所示。

表 3-2 柜内空间尺寸

单位：mm

柜体空间深		挂衣棍上沿至顶板内表面间距离 H_1	挂衣棍上沿至底板内表面间距离 H_2	
挂衣空间深（T_1）或宽（B_1）	折叠衣物放置空间深 T_1		适于挂长外衣	适于挂短外衣
≥530	≥450	≥40	≥1400	≥900

第四节 人与空间

建筑的空间不只是物理的空间，它更重要的是人的空间，"社会性"的空间。建筑环境引起人的许多行为变化，如生活方式、社会态度、满意程度、心理健康状态、工作成绩等。因此，室内设计要从人的视角去理解空间。

一、个人空间

心理学家做过这样一个试验：在一个刚刚开门的大阅览室里，当里面只有一位读者时，心理学家就进去拿椅子坐在他或她的旁边。试验进行了整整 80 人次。结果证明，在一个只有两位读者的空旷的阅览室里，没有一个被试者能够忍受一个陌生人紧挨自己坐下。更多的人很快就默默地远离到别处坐下，有人则干脆明确表示："你想干什么？"

这个试验说明，任何一个人都需要在自己的周围有一个自己把握的个人空间。个人空间

是"属于"个体的一个心理空间，个人空间是随个体移动而移动。当另一个闯入者"侵犯"个体的个人空间时，个体感到心理上的不适、不安，甚至主动撤离，避免心理冲突。个人空间是弹性的、情境性的，就是说个人空间可以随不同情境而发生扩张或收缩的种种变异。例如在拥挤的公共汽车上，人们无法考虑自我空间，因而也就容忍别人靠得很近，这时已没有亲密距离还是公众距离的界限，自我空间很小。然而，若在较为空旷的公共场合，人们的空间距离就会扩大，如公园休息亭和较空的餐馆，别人毫无理由挨着自己坐下，就会引起怀疑和不自然的感觉。

个体空间具有明显的显性行为表现形式。人们走路、谈话、乘车都表现出相互尊重个人空间的行为。发生个人空间冲突时，个体也会明显表示出不快，甚至恼怒起来。

二、个人地域

个人地域与个人空间不同，个人地域不是随个体运动的，而是更加固属于个人的某一空间范围。个人地域包含了许多与人的行为相关的意义，如空间、防御、占有、自我、符号、个性、控制等。个人地域是人的精神世界的一部分，构成人的空间意识。动物的地域表现在它对闯入者的攻击性行为上。人的地域则与建筑环境密切相关。一栋住宅本身就圈定了一个个人地域。人们以街道、围墙、门、篱笆、花台等等作为个人地域的"标记"。因此，从文化意义上理解，"门"、"墙"是构成人的心理结构的、物化的形式标记，艺术家和设计师无一不是在描绘它、理解它、赞叹它。

三、防御空间

防御空间是一个关于寓所单元的地域的概念，它用一定的建筑形式表达不许闯入的防御意识，划定空间保护自我。防御空间的表现形式，有助于空间内的居住者产生社区意味，建立个人的责任感，共同维护一个有秩序、安全的生活空间。防御空间的边界是通过建筑表达的。

四、隐私性

隐私不是空间问题，隐私性是人的独立自在、单独活动的行为趋向。是个人选择在不同情境下，选择交流对象和交流内容的权利。建筑环境应该具有隐私性，以维持个体的心理平衡和健康。

五、人际距离

美国人类学家爱德华·霍尔博士研究发现，46～61cm属私人空间，女友可以安然地呆在男友的私人空间内。若其他女人处在这一空间内，她就会显得不高兴，甚至会大发雷霆。私人空间可以延长到76～122cm。不同国家、不同民族，文化背景不同，其人际距离也不同，这种差距是由于人们对"自我"的理解不同造成的。社会地位不同，交往的自我空间距离也有差异。一般说来，有权力有地位的人对于个人空间的需求相应会大一些。到办公室找领导办事，最佳的空间距离为122～213cm。领导人的办公桌较为宽大，就告诉了你这一空间信息。我国古代的皇帝，坐在高高的龙椅上，与大臣们拉开了较大的距离，独占较大的空间，这些都表现了皇帝至高无上的权力与地位。当人们接触到有权力有地位的人时，不敢贸然挨着他坐，而是尽量坐到远一点儿的地方，这都是为了避免因侵犯他的自我空间而惹他生气。366cm以上的距离，是演讲者与听众或两人愉快谈话的有效空间。

人们确定相互空间距离的远近不仅取决于文化背景和社会地位，还有性格和具体情境等因素。例如，性格开朗、喜欢交往的人更乐意接近别人，也较容易容忍别人的靠近，他们的自我空间较小。而性格内向、孤僻自守的人不愿主动接近别人，宁愿把自己孤立地封闭起来，对靠近他的人十分敏感，他们的自我空间受到侵占，最易产生不舒服感和焦虑感。

▋复习思考题

1. 人体工程学根据什么对家具进行分类？这种分类方法有何优点？

2. 人体测量学的立姿和坐姿分别指什么？

3. 作业面高度确定的依据是什么？坐姿用桌桌面的高度确定受哪两个因素的影响？

4. 桌面尺寸的确定取决于哪些因素？

5. 站立作业工作面的高度如何确定？并举例说明。

6. 举例说明什么是视错觉。

第四章 室内的界面设计

室内的空间环境是由各个空间界面围合而成的。空间界面主要是由顶棚、地面、墙面和各种隔断构成的，它们各自具有独特的功能和结构特点，人们在室内空间中通常直接看到或感觉到的是界面实体，室内界面的设计对室内空间整体气氛的形成有重要的影响，在同一室内空间对界面进行不同的装饰处理，会产生不同的空间效果。室内的界面设计既有功能技术要求，也有造型和美观上的要求。对实体界面有对界面的材质选用和构造的处理，也有对线型和色彩的设计，同时包括对颜色、明暗、虚实等艺术造型。从空间的整体出发，来确定空间界面的装饰材料与装饰做法。另外，现代室内环境的界面设计要求与室内的设施、设备相配合，如通风口的位置及尺度，界面与嵌入的灯具或灯槽的设置，界面与消防喷淋、报警、音响、监控等设施。

第一节 室内空间界面的处理

一、室内空间界面的要求和功能特点

室内空间是由各个界面按照一定的形式围合而成的。各个界面之间有其共同的要求，同时由于各界面的用途不同，与人的关系也不同，所以在使用功能上又各有不同的个性和要求。

1. 室内各界面的共同要求

（1）耐久性 具有较长的使用期限。

（2）阻燃性 材料不易燃烧或燃烧时不释放有毒气体。

（3）环保性 材料的有害物质散发的气体所含毒物质和放射物质低于核定剂量，对人体和环境无伤害。

① 实用性 易于制作安装和施工，便于操作和更新。

② 保暖性 保持室内的温度在适用于人生活的范围内。

③ 隔声性 防止噪声干扰。

④ 美观性 界面的装饰要体现环境和意境美。

⑤ 经济性 材料的档次和价格要符合经济要求。力求节约，以相对最低的经济投入取得最好的装饰效果。

⑥ 人文性 以人为本为人服务，强调室内环境和装饰作用。

2. 各类界面的功能特点

满足不同使用性质空间的功能有如下要求。

（1）地面 满足防滑、防水、防潮、防火、防静电、耐磨、耐腐蚀、隔离、易清洁的功能要求。

（2）墙面、隔断 具有挡视线、隔声、吸声、保暖、隔热的功能要求。

（3）顶面 满足重量轻、光反射率高、较高隔声、吸声、保暖隔热的功能要求。

二、室内空间界面的装饰用材

室内装饰材料的选用是室内设计的重要组成部分，是实现设计成果的重要环节，而且与室内设计整体的实用性、经济性、美观性、环境气氛密切联系。为此设计师熟悉材料质地、性能特点、价格产地、了解材料施工工艺的技术与工艺要求，善于运用先进的物质技术特点，为使设计构思成为实实在在的装饰设计产品提供可靠的物质技术保障。

室内界面装饰材料的选用应考虑以下几方面的要求。

1. 装饰材料应与室内空间的功能性质相适应

根据不同功能性质的室内空间，需要由相应类别的界面装饰材料来体现和烘托室内特定的环境氛围。例如居家环境的温馨、快乐要求所选用的材料的色彩、光泽、纹理等与室内环境相适应。

2. 适合建筑装饰的相应部位

不同的建筑部位，对装饰材料的观感、物理化学性能有不同的要求，因此需要根据实际需要选择不同的装饰材料。例如大理石由于宜受侵蚀，一般不用在外装饰和门厅的地面，而是多用在门厅、大堂等公共空间的室内墙壁上，而质地坚硬的花岗岩却适用在外墙装饰和地面。

3. 符合更新、时尚的发展要求

由于现代室内设计的不断发展，设计装修后的环境并非"一劳永逸"，原有的装饰必然为更加环保的、更为时尚的、更为经济实用、美观的装饰所代替。

室内界面装饰材料的选用应当"高材精用、中材普用、低材巧用、旧材新用"，以优良的设计、精良的施工体现环境之美和工艺之美。

三、室内界面的处理及其感受

人们对室内环境气氛的感觉是综合的、整体的。视觉感受界面的主要因素有室内的采光、照明、材料的质地与色彩，界面的形状、线脚、图案肌理等。室内界面的设计与形成空间的特征有着密切的联系。在具体的设计和施工中应根据室内环境的要求和装饰材料的特点，采用相应的施工方法，运用特定的处理方法。如突出体现界面材料的质地与纹理，显露结构体系与构件构成，强调界面的图案、色彩与重点装饰，突出凹凸造型特点与光彩效果等，如图4-1所示。

1. 材料的性质

（1）材料的质地　　根据装饰材料的质地和特征可以大致分为：天然材料和人工材料；硬质材料与柔软材料；精致材料与粗犷材料。化学成分不同，建筑材料可分金属材料、非金属材料和复合材料三大类。如果按装饰部位的不同分类，装饰材料可以分为外墙装饰材料、内墙装饰材料、地面装饰材料和顶棚装饰材料四大类。

天然材料的石材、木材、竹、藤、棉等材料给人以亲切感，自然的纹理和质感粗犷自然或细腻柔和，给人以美的享受。

（2）界面的线型　　界面的线型是指界面边缘、交接处的线脚以及界面本身的形状。

（3）界面的图案　　为了满足室内环境气氛，运用抽象或具体的，有彩或无彩的，有主题的或无主题的，凹的或凸的，线状或面状的，与界面同质材料的或异质材料的等，起到烘托、加强室内精神功能的作用。

（4）界面的不同处理与视觉感受　　室内界面由于线型、图案、色彩和材料质地的不同，都会给人不同的视觉感受。

图 4-1　上海新锦江饭店大堂休息处

图 4-2　椭圆形的金属框架发光天棚使空间显得集中，关系明确

2. 室内界面处理

（1）顶面　由于受建筑结构和形式的制约，顶面与墙面成 90°直角关系。而建筑的空间形态是多种多样的，要将顶面和墙面作为一个整体来考虑。如现代建筑中的球行、隧道型和曲面型顶部空间。在室内设计中，室内的顶面的处理直接体现着空间的形式和顶面与其他界面的关系。可以使空间的性质更加明确，突出重点和中心的目的。分清主从，克服散乱，建立秩序。就一般而言，室内顶面的设计与装饰代表着室内的档次、风格与形式，如图 4-2、图 4-3 所示。

图 4-3　汤姆逊音乐厅演奏厅

（2）墙面　由于墙面与人的视线垂直，对视觉影响较大，如何处理好墙面的空间形状、质感、纹理及色彩因素之间的关系，是空间设计的重要组成部分。

室内墙面的线型与纹理对人的视觉有很大的影响，水平线条和纹理可使空间向水平方向延伸，给人以安定之感，竖直线条和纹理，可以在视觉上增加现有的空间高度，调整空间的高低比例关系，消除压抑感。

装饰照明对墙面的艺术效果起着重要的作用，各种照明方式如传统的壁灯、射灯 、暗藏式灯槽、发光灯带、局部放光的墙面都是常用的设计手法。电视背景墙和沙发背景墙对居室空间的个性与风格有着极为重要的影响，成功的背景墙设计能够恰如其分地衬托电器 、家具和饰品，在客厅中具有视觉中心的装饰效果，对客厅的整体风格起主导作用，并能够协调天棚地面和相邻墙面的构图关系，能满足客厅的视听效果。

墙面的类型有平面墙面、立体墙面、浮雕墙面、肌理墙面和声学墙面等类型。

墙面上的花饰和图案，会给人不同的视觉感受，大图案使空间界面前移，使人感觉空间缩小，小图案可使空间界面后退，空间也有扩大的感觉。

在墙面的处理中，注意虚实关系的处理，例如门、窗、龛、洞和花墙等。实中有虚，虚中有实，相互配合，相得益彰。通过对墙面的处理创造出空间优美的节奏感、韵律感和尺度感，如图 4-4、图 4-5 所示。

图 4-4　带有纹理的墙面在壁灯的照射下产生的效果

（3）地面　地面是与人和人的活动直接接触最多的一个界面，无论是从视觉上还是触觉上最先被人所感知，所以地面的质地、色彩、图案和构成形式直接影响着室内环境气氛。地面是影响室内空间特征的重要元素，以不同高度和材料组合来取代平淡的地面；以光带或水体来分隔地面；以色彩与质地变化来丰富地面的艺术效果。是近年来常用的设计手法。如图 4-6 所示。

地面选用不同质地和表面加工的材料，能给人不同的感觉。

石材类——光滑、整洁、精密、坚硬、纹理清晰。

木材类——自然、亲切、冬暖夏凉。

图 4-5 大堂墙面上的线型、柱面上的浮雕，加强了室内精神方面的作用

图 4-6 花园酒店大堂地面

地毯类——柔软、有弹性、图案丰富、高贵华丽。

清水砖——传统、多土多情。

PVC 卷材类——柔软、光滑、方便使用。

室内空间界面的不同处理与视觉感受，如图 4-7 所示。

A.线型划分与视觉感受

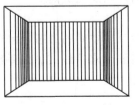

垂直划分感觉空间紧缩增高

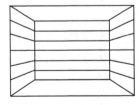

水平划分感觉空间开阔降低

图 4-7

B.色调深浅与视觉感受

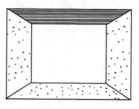 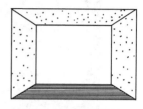

顶面深色感觉空间降低　　　　　　　　　顶面浅色感觉空间增高

C.花饰大小与视觉感受

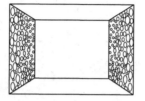 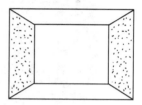

大尺度花饰感觉空间缩小　　　　　　　　小尺度花饰感觉空间扩大

D. 材料质感与视觉感受

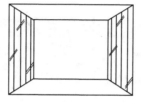 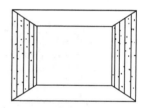

石材、面砖、玻璃感觉挺拔冷峻　　　　　木材、织物较有亲切感

图 4-7　室内空间界面处理的视觉感受

第二节　空间的界面装饰与艺术处理

室内空间界面包括天花、地面、墙面、各个墙壁等，各自都有自身的功能和结构特点。在大部分的空间中，空间的各个界面之间的边界是分明的，但由于功能和艺术的需要，边界区别不够明确，甚至浑然一体。

不同界面的艺术处理都是对形、色、光、材质等造型因素的恰当应用，通过对风格和氛围的协调统一，室内各要素相互衬托和对比，突出设计重点。

下面分别从形状、图案和质感方面对室内空间界面的艺术处理进行探讨。

一、形状

室内空间的形状是由点、线、面的有序组织构成的。

1. 线

构成室内空间界面的线，其作用可以反映空间的形态，体现装饰的静态和动态感，调整空间感，增加装饰的精美程度。主要有直线（水平线或斜线垂线）、曲线（自由曲线几何曲线）、分格线、锯齿线等。

2. 面

构成室内空间面的是指墙面、地面、顶面以及面的各种表现形式。面的种类和性格分别是：直线具有安定、简洁、井然有序的感觉；曲线华美而柔软、富有肌理的秩序感；自由曲线富有个性优雅和魅力，富有人情味的温暖情调。

二、图案

图案是空间界面的重要装饰元素，由于选用了不同的图案，使得室内空间的内涵更加丰富多彩。运用图案设计的二方连续可以得到线状的图案组合，如卫生间的腰线。运用图案的四方连续可以获得上下左右无限伸展的图案组合，图案可以调节色彩差别过大或过小所带来的不协调，运用图案还可以调节空间感。抽象的几何图案有序排列可以使办公空间更明快。活泼的动物图案也可以使儿童房充满童趣，热烈的大花图案可以使宴会厅更加喜庆，装饰图案具有烘托气氛，表现设计主题的作用。

1. 图案的作用

色彩鲜明的大图案能使界面前移、空间有缩小的感觉，色彩淡雅的小图案则可以使界面后退、空间扩大。

带有水平方向的图案在视觉上使立面显宽。

带有竖直方向的图案在视觉上使立面显高。

图案可以使空间富有动感和静感，网状图案比较稳定，波浪线则有运动的趋势。

图案可以给空间带来很多种丰富多彩的变化和某种特定的气氛和情趣，例如，具有反光性质的壁纸，由于某些图案反光显现出多彩反光的视觉效果；退晕壁纸由于图案的多次重复看似连绵的山峦、翻滚的波涛，立体的壁纸有凹凸感能够使空间富有多样性。

2. 图案的选用

根据空间的大小、形状、用途和性格，进行针对性的选择和运用图案进行装饰，使装饰图案与空间的使用功能和精神功能一致。例如一个建筑选用的图案应与这个建筑的性格相吻合，以一种图案为主，配合与之近似的图案，形成同一风格的图案系列，以追求整体风格的统一。另外，根据不同性格的空间选用相应图案，如色彩鲜艳、图案活泼的儿童房，给人一个天真烂漫的童话世界；色彩淡雅图案稳定和谐的成人用房，给人一种高雅和大气的感受。

三、质感

材料的质感是材质给人的一种综合的感觉与印象，它包括材质的粗糙与光滑、软与硬、冷与暖、光泽与透明度、弹性、肌理等。根据材料的形成又分为自然质感和人工质感两种，它们都是经过视觉和触觉处理后产生的心理现象，不同的质感能够使人产生出不同的联想。

（1）材料与空间的性格相吻合，装饰材料的不同性格，对室内空间气氛的形成影响很大。装饰材料的选用应最贴切地体现空间的性格，使两者和谐统一。如庄严的空间可选用石材、金属和木材的组合，休闲的空间适合选用织物、竹、木等软质材料的组合。

（2）应充分展示材料的内在美，使天然材料的色彩纹理、图案在设计中得到最大程度的利用和发挥。

（3）应注重材料的质感与面积和形状的搭配关系，如镜面的金属其平面的面积不宜过大，大面积会造成凹凸不平的感觉。如果做成曲面或弧面效果会好些，如果把表面抛光的金属和表面亚光的金属搭配使用，并且以较好的形状和比例配合，效果就会更加卓越。

（4）材质要与使用的功能相统一，不同使用性质的空间，必须使用与之相适应的材质、性能的材料。

（5）要讲究用材的经济性，要以最低的成本取得最佳的装饰效果，追求"低价高效"，装饰用材应注意不同档次用材的合理搭配，不能一味的使用高档材料，而成为高档材料的堆砌。从另一个角度来讲，装饰材料的材质就像色彩学中的色相没有好坏和高低贵贱之分，只有合理的搭配才能出现满意的装饰效果。

第三节　室内空间界面设计原则与要点

一、室内空间界面设计的基本原则

室内空间是由地面、顶面、墙面围合限定而成，从而确定了室内空间的尺度、形态，形成了室内环境。室内各个界面装饰材料的选用，细部处理，色彩肌理应用等，对室内的环境氛围有很大的影响。如何处理好室内的各个界面，营造功能合理，美观实用的室内环境，在室内设计中需要注意下列几点。

1. 风格与形式的统一性

室内的各个界面虽然各有不同的方式和特点，其功能也有差异，但整体的装饰设计风格必须保持一致。风格的统一性是室内空间界面设计的一个最基本的原则。但是，在统一风格的前提下，也可以适应的在一些局部变化一点风格样式，在统一中有变化，做到室内多元化的统一。否则，不同的风格不加协调地装饰同一界面往往互相矛盾、不伦不类。

2. 功能的一致性

各种使用功能的室内空间要有相应的室内装饰设计。如居住空间的室内设计要求室内形态和界面设计无论是在形状、尺度、色彩、材质上，都能体现体现亲切安静，富有生活气息的室内环境。

3. 氛围的一致性

不同使用功能的空间具有不同的空间性格和环境氛围的要求，设计时必须针对室内空间的氛围做出相应的处理。例如，歌舞厅要求浪漫、激情四射的感觉，会议室则要严肃庄重、风格简约。因此，不同功能的使用功能，对装饰处理的需要也不相同。

4. 背景的衬托性

如果把舞台背景制作得过分出彩，势必给演员帮了倒忙。室内空间界面在处理上切忌过分突出，室内空间作为室内环境的背景，对家具和陈设这个"主角"起到烘托的作用，一般以淡雅、简约、明快为主，但对特殊需要的空间（如歌舞厅、KTV）则可以重点处理以加强装饰效果。

5. 整体性效果

室内空间的墙面，顶面，地面之间的装饰设计应根据使用的要求统一考虑。同时在整体中还应考虑门、窗、通风口和电源开关等对室内整体效果也有很大的影响。

6. 实用性与经济性的统一

恰当地选择装饰材料，充分展示材料的质感。室内装饰材料的选用，是界面设计的重要环节，它最为直接地影响到室内设计整体的实用性、经济性和装饰效果，界面装饰材料的选用本着"高材精用、中才普用、低材巧用"的原则，以最少的投入，取得最好的效果。

二、室内空间界面设计要求

① 充分满足耐久性及使用期限的要求。

② 满足耐燃及防火性的要求，尽量采用不然及难燃性的装饰材料，避免使用燃烧时释放大量浓烟及有害气体的材料。

③ 选用无毒、无害的装饰材料，材料中含有有毒有害物质的量不超过有关标准。

④ 施工简单，质量有保障，便于更新。

⑤ 满足隔热、保暖、隔声、防火、防水的要求。

⑥ 满足功能要求，既美观，又合理。

▎复习思考题

1. 室内界面装饰材料的选用应注意哪些方面？
2. 简述室内空间设计的要求与功能特点。
3. 简述墙面装饰设计的方法。
4. 简述顶棚设计的方法。
5. 室内空间界面的设计原则与要点是什么？
6. 举例说明空间界面的处理方法在实际设计中的应用。

第五章　室内采光与照明设计

　　光照是人们对外界视觉感受的前提，正是由于有了光，才使人眼能够分清不同的建筑形体和细部，才能有空间的视觉感受。恰当的光照不仅是视觉空间环境的必要条件，也是表达空间形态，营造环境氛围和情调的基本元素。合理的光照系统设计非常重要，已经成为现代室内设计的特色之一。

　　室内光照分为天然采光和人工照明两个部分。光照除了能满足正常的工作生活环境的采光、照明要求外，光影效果还能有效地起到烘托室内环境气氛的作用。

第一节　室内采光控制

一、天然采光形式

　　天然采光是指通过窗口获取室外自然光线。自然光又叫日光，实际上夜晚的月光和星光也属于自然光范围。根据光的来源方向以及采光口所处的位置，分为侧面采光和顶部采光两种形式。

　　侧面采光有单侧、双侧及多侧之分，而根据采光口高度位置不同，可分为高、中、低侧光。侧面采光可选择良好的朝向和室外景观，光线具有明显的方向性，有利于形成阴影，但侧面采光只能保证有限进深的采光要求（一般不超过窗高的两倍），更深处则需要人工照明来补充。一般采光口置于1m左右的高度，有的场合为了利用更多的墙面（如展厅为了争取多展览面积）或为了提高深处的照度，将采光口提高到2m以上，称为高侧窗。除特殊原因外（如房屋进深太大，空间太广外），一般多采用侧面采光的形式。

　　顶部采光是自然采光利用的基本形式，光线自上而下，照度分布均匀，光色较自然，亮度高，效果好。但上部有障碍物时，照度会急剧下降，由于垂直光源是直射光，容易产生眩光，不具有侧向采光的优点，如图5-1所示。

二、多种多样的现代采光形式

　　室内的自然采光并不完全由天气所左右，同时依靠窗口的大小、玻璃的种类、窗外遮挡物的状况、室内装饰材料的反射系数等发生变化的量。另外室内饰面明亮（反射系数高），间接照度就高，采光系数也就会变大。但现代室内装饰中，由于大型规格钢化玻璃的出现和工艺技术的进步，使得现代装饰出现了多种采光形式，这些形式并不完全依赖于窗的形式。其采光大致有如下几种形式。

　　1. 玻璃幕墙

　　玻璃幕墙又称单反玻璃，在建筑中它既可为室内采光，又可作为建筑的墙体装饰。从建筑美学上来看，将天空的云彩与街道风光映于单反玻璃中，这是现代建筑与现代室内采光的一个重要形式，也是现代建筑与室内采光的一个特征。同时玻璃幕墙反射刺眼的阳光也会造成光污染如图5-2所示。

　　2. 落地玻璃墙采光

　　在室内设计中，为了让自然优美的风光与室内融为一体，往往采用大玻璃墙采光的形

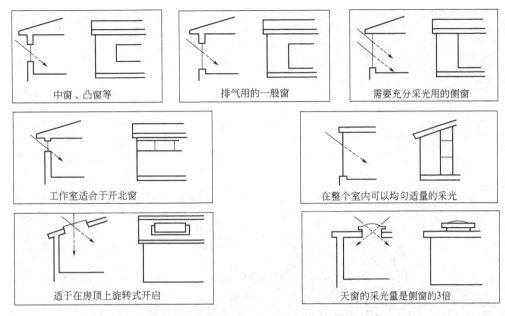

图 5-1　不同采光形式的窗户

(a)　　　　　　　　　　　　　　　(b)

图 5-2　不同形式的玻璃幕墙

式，这种形式被广泛地应用于门厅、银行、商场与餐厅等商业场所，它既可采光又可使人们看到室内商业的气氛，如图 5-3 所示。

(a)

(b)

图 5-3　落地玻璃采光

3. 玻璃天棚采光

许多复杂的建筑，采自然光于室内时，经常采用玻璃（或其他透明材料）天棚等形式，该形式可将室内各区域中的共享空间同时采光。它广泛使用于门厅，各商业区的进门处，以及现代办公室与图书馆、医院、课室等场所如图 5-4 所示。

　　(a)　　　　　　　　　　　　　　　　　　　　(b)

图 5-4　玻璃天棚采光

　　4. 窗式采光

　　主要依靠窗户来采光的形式，称为窗式采光。对于窗式采光，从功能上来看，它并非单一采光的功能，它还有通风换气的功能。由于它具有双功能的特点，因此，这种形式在人们住宅、办公室、客房等场所应用最广，是人们生活中接触最多的一种形式。在窗式采光中，大致有如下几种方式。

　　（1）天窗采光　该方式是在建筑顶部设天窗口采光，这种形式被图书馆、画室、阶梯课室等广泛采用。如图 5-5 所示。

图 5-5　天窗采光

（2）斜面窗采光　斜面窗采光是一种特殊的建筑形式下产生的采光方法，一般出现在顶楼的角楼上，但目前在装饰设计中，一些餐厅等公共场所也用钢架结构作龙骨进行斜面窗的设计，也有将斜面窗与大玻璃来同步考虑，使其成为斜面窗与玻璃墙连为一体的特殊形式，斜面窗造型别致，窗帘不能采用垂直吊挂式，而是两头吊挂的特殊形式。如图5-6所示。

图5-6　斜面窗采光

（3）平行墙面的窗式采光　平行于墙面的窗式采光，这种窗是日常生活中最常见的形式。这种形式除了考虑其窗的造型之外，还应考虑窗的大小。在住宅设计中，大窗虽然采光通风好，但隐私性、防噪音、防日晒等相应差。在寒冷地区，窗口越大，室内的保温性就相应差一些，在炎热地区、窗口越大室内的热辐射就越多，因此，综合考虑各种因素来决定室内窗口的大小是十分必要的。如图5-7所示。

图5-7　平行墙面的窗式采光

室内采自然光，并不完全局限于以上几种形式。这些采光的形式，有时在建筑设计中完成，有时则需与其配合完成，有时则由室内设计师独立完成，不管怎样，在室内采自然光是室内设计的一大任务。室内采自然光给人一种温和、自然感，同时也使得空间与自然环境相连，使室内设计步入一个人与自然环境相融的境界。

三、室内采光的计算

光和影对装饰具有润色作用。光和影的变幻，可以使室内充盈艺术韵味和生活情趣。一般住宅室内利用自然光大都采用侧面采光的方式。影响侧面采光的因素，主要是窗子开口的面积。窗子开口过小，室内光线必然过弱，使人在工作、学习时容易身心疲劳，产生吃力之感。窗子开得过大，则光线太强，也会使人心绪不宁，产生烦躁。通常情况下，为了求得合适的窗口面积，常用采光系数来进行估算确定。采光系数是指窗口面积和室内面积之比，其数值在有关规范中有明确规定，按照国家建筑标准，居室窗口面积与地面面积之比，不能小于$1:6\sim1:8$。卫生间窗口面积与地面面积之比，不能小于$1:10$。居室面积乘采光面积系数则得到采光口面积。如一个$16m^2$的卧室，按采光系数$1:8$计算，它的采光口面积为：

$$16m^2 \times \frac{1}{8} = 2m^2 \text{（采光口面积）}$$

但由于窗框、窗扇材料还会遮挡一部分光线，所以用采光系数算出的采光面积还应除以因不同窗框、窗扇材料遮挡而得到的采光系数的百分比，才是采光口面积。

另外，开窗位置的高低也会对室内光线产生影响。开窗太低时，光线集中于某一部位，不利于光线的扩散。开窗高，光线均匀，利于产生柔和的匀质光线效果。除此以外，影响室内采光的因素还有房间的朝向和光线射入角度。例如东西向房间，光直接射入的机会多，采光强度大，但不稳定，变化大。朝北的房间，采光相应弱一些，但光线稳定，光线变化不大。向南的房间，冬暖夏凉，光线也较稳定。因此，在室内采光中需要根据室内射入的光的角度用窗帘进行调节。

第二节　室内照明设计基础

采光是对自然光而言，使用人工光源确保亮度被称为照明，就是"灯光照明"或"人工照明"。它是夜间的主要光源，同时又是白天室内光线不足时的重要补充。

一、照明与室内装饰

人工照明环境具有功能和装饰两方面的作用，从功能上讲，建筑内部的天然采光要受到时间和场合的限制，所以需要通过人工照明来补充，创造一个人为的光环境，满足人们视觉工作的需要；从装饰角度讲，除了满足照明功能之外，还要考虑美观和艺术上的需求，两方面是相辅相成的。根据建筑功能不同，两者比重各不相同，比如学校、图书馆等工作场所需从功能考虑，而在休息、娱乐场所，则强调艺术效果。如图5-8所示。

对于室内设计中的照明，其与室内装饰的关系大致如下：

① 合理控制光照度，给人们工作、学习、娱乐、休息时各种不同的照明；

② 调节室内空间的深度、大小等关系；

③ 调节室内冷暖色调的关系；

④ 根据各功能区的要求与人们的生理、心理要求来布光，创造空间气氛。

这些是照明设计的基本要求与内容，合理的光线照明，不但能使人们有效地观察物体，

图 5-8　富有艺术表现力的照明形式

感觉到空间的舒适与美感，还可以保护视力，提高工作效率，平衡情绪，有利于身心健康。

二、照明光的现象与种类

1. 光的现象

照明是光作用的结果，而光是直接进行照射的。在不同的材料上，它产生了光的各种现象，其大致如下：

（1）光的穿透　光穿透现象，主要是指利用能让光穿透的材料让光透过产生照明。例如人们采用自然光于室内就使用玻璃等制作窗来采光，照明中利用这同一原理来制作各种灯具，在室内天花装饰中为了让光均匀地照射，同时不让光管与灯泡露出来则经常用毛玻璃和有机玻璃等材料来制作用光棚等，这些都是利用光穿透的原理来进行设计的。

（2）光的反射　不同的材料对光的穿透有很大影响，如果将前面所提到的居室吊灯换成铁制的灯罩，光就无法向上穿透。天花上的光则是通过居室的墙和地面等的反射光，这种反射光由于具有光线柔和的特点，故人们依照这原理在装饰设计中和灯具设计中广泛使用，例如常见的一些壁灯，装饰设计中的二次光源的设计等都是利用光的反射这一现象的原理进行设计的。

（3）光的吸收　在许多情况下，光既无法穿透又很难反射，却容易被吸收。例如深色厚丝绒窗帘布、地毯等都是容易吸收光的材料。故室内装饰中往往用容易吸收光线和光线无法穿透与半穿透的材料来遮挡阳光和保持室内的隐私。

（4）光的曲折与扩散　当光通过一些特殊材料时会出现曲折与扩散的现象，这些原理已广泛应用于舞台灯具。

2. 光的种类

照明用光随灯具品种和造型不同，会产生不同的光照效果。所产生的光线，可分为直射光、反射光、漫射光三种。如图 5-9 所示。

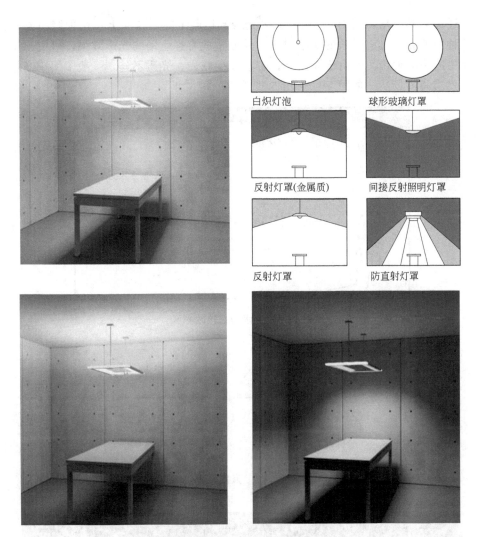

白炽灯泡　　　　　球形玻璃灯罩

反射灯罩(金属质)　间接反射照明灯罩

反射灯罩　　　　　防直射灯罩

图 5-9　不同灯具的光照效果

（1）直射光　是光源直接照射到工作面上的光，直射光的照度高，电能消耗少。为了避免光线直射人眼产生眩光，通常需要灯罩相配合，把光集中照射到工作面上，其中直接照明有广照型、中照型和深照型。

（2）反射光　反射光是利用光亮的镀银反射罩作定向照明，使光线受下部不透明或半透明灯罩的阻挡，光线的全部或一部分反射到天棚和墙面，然后再向下反射到工作面。这类光线柔和，视觉舒适，不易产生眩光。

（3）漫射光　漫射光是利用磨砂玻璃罩、乳白灯罩或特制的格栅使光线形成多方向的漫射，或者是由直射光、反射光混合的光线。漫反射的光质柔和，而且艺术效果很好。

在室内照明中，上述三种光线有不同的用处，由于它们之间不同比例的配合而产生了多种照明方式。

三、照明的不同形式

根据光通量的空间分布状况，照明方式可分为以下五种。

1. 直接照明

光线通过灯具射出，其中 90%～100% 光线到达假定的工作面上，这种照明方式为直接照明。此种照明方式具有强烈的明暗对比，并能造成有趣生动的光影效果，可突出工作面在整个环境中的主导地位。但由于亮度高，容易产生眩光，光质不佳，一般多用于商场、办公室等照度要求高的场所。如图 5-10～图 5-12 所示。

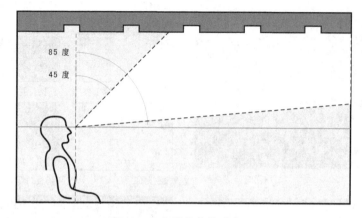

图 5-10　人眼的直接眩光区

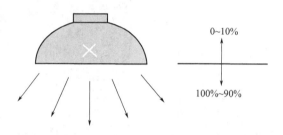

图 5-11　直接照明

图 5-12　采用直接照明的室内空间

2. 半直接照明

半直接照明方式是半透明材料制成的灯罩罩住灯泡上部，使 60%～90% 的光源以扩散光的方式，直接照射到工作面上，而 10%～40% 的光源则经过半透明灯罩扩散而向上漫射，其光线比较柔和。这种灯具常用于较低的房间的一般照明。由于漫射光线能照亮房顶，使房间顶部高度增加，因而能产生较高的空间感。如图 5-13、图 5-14 所示。

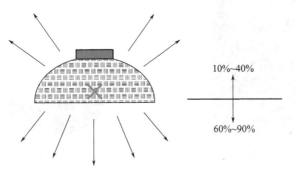

图 5-13　半直接照明

图 5-14　采用半直接照明的室内空间

3. 间接照明

间接照明是将光源遮蔽而产生的间接的照明方式，指 90%～100% 的光线通过天棚或墙面反射作用于工作面，10% 以下的光线则直接照射工作面。通常有两种处理方法，一是将不透明的灯罩装在灯的下部，光线射向平顶或其他物体上反射成间接光线；另一种把光源放在灯槽内，光线从平顶或墙面反射到室内形成间接光线。它光质极佳，但光线不足，通常和其他照明方式配合使用，才能取得特殊的艺术效果。如图 5-15、图 5-16 所示。

4. 半间接照明

半间接照明是指光源有 60%～90% 的光线是经过反射照射在物体上，10%～40% 的光线则直接照射于物体上照明的方式。这种方式能产生比较特殊的照明效果，使较低矮的房间

图 5-15　间接照明

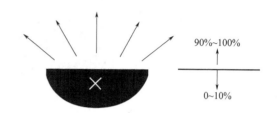

图 5-16　采用间接照明的卫生间

有增高的感觉。也适于住宅中的小空间部分，如门厅、过道等，通常在学习的环境中采用这种照明方式最为适宜。如图 5-17、图 5-18 所示。

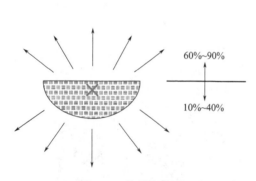

图 5-17　半间接照明

图 5-18　半间接照明效果

漫射照明方式，是利用灯具的折射功能来控制眩光，使光源中的 40%～60% 的光线向四周扩散漫射，照射到工作面上，而有 40%～60% 的光线是反射后再投射在被照物上的照明方式。这种照明大体上有两种形式。一种是光线从灯罩上口射出经平顶反射，两侧从半透明灯罩扩散，下部从格栅扩散。另一种是用半透明灯罩把光线全部封闭而产生漫射。这类照明光线性能柔和，视觉舒适，但光线亮度较差，适合于卧室。如图 5-19、图 5-20 所示。

在装饰设计中，许多设计师将直接照明和扩散照明称为一次光源，而将间接照明和半间接照明称为二次光源。总之，熟悉这些照明方式并充分发挥和利用这些方式，将对照明设计十分有益。

四、照明机能的划分

根据各功能区的要求，机能性照明分为如下几种。

1. 一般照明

一般性照明主要指给室内一个均匀的照明。例如商场、教室、图书室、候车室等公共场所以及家庭中用来待客、交谈时的客厅。如图 5-21 所示。

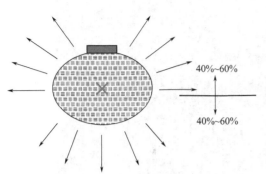

图 5-19 漫射照明　　　　　　　　　　图 5-20 漫射照明效果

图 5-21 一般性照明效果

2. 局部照明

局部性照明是指配合特定活动区域的需要，使光线集中投射在某一范围内的采光形式。适用于家庭住宅的餐厅、卧室和书房以及橱窗和舞厅强调集中光线以利工作和娱乐的场合。如图 5-22 所示。

3. 装饰照明

装饰性照明是为创造视觉上的美感而采取的特殊采光形式。通常是为了增加人们活动的情调，或者为了加强某一被照物的效果。例如 KTV 内部空间，所用的光不仅要满足照明的要求，还要体现房间的休闲趣味，给人一种美的享受，同时也不会产生刺眼的眩光。如图 5-23 所示。

五、照度与照度标准

光源在单位时间内向周围空间辐射出去的并使人眼睛产生光感的能量称为光通量，光通量单位为流明（lm）。

图 5-22 局部照明效果

图 5-23 某 KTV 装饰性照明效果

1. 照度及照度计算

照度（E）是指在每一平方米所通过的光通量，因此它是对一个明亮的值的大小单位而言。照度单位为勒克斯（lx），照度的计算，也是根据光源功率（瓦数）、光源与被照面所形成角度，光源与被照面的距离，来进行计算的。

$$照度（E）= \frac{光源功能（P）\times 光源与被照面所形成的角度（\cos\theta）}{光源与被照面距离的平方（d^2）}$$

2. 照度标准

人们在长期的探索中经过反复实验，总结出室内的气氛不是简单的越亮越好，人眼能适应相当范围的亮度状态，如图（5-24）如果进行精细工作，就需要一定的照度；如

果仅仅判断物体的有无，即使相当暗的条件下也可以，只有符合这一照度标准，才能使人在工作、学习和娱乐活动时感到实用，不致影响健康和情绪，这一标准也为室内设计中的照明计划拟定了一个基本的参数。它对设计达标与节约用电方面都有很重要的意义。见表5-1。

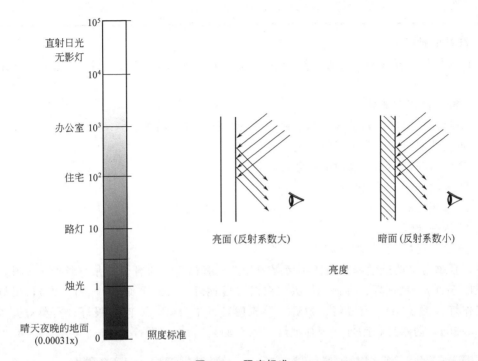

图 5-24　照度标准

表 5-1　不同功能区照度标准

环　　境	照度/lx	环　　境	照度/lx
超市收款台	500	建筑物外部(有活动)	50
理发店	1000	建筑物外部(无活动)	10
会议室	300	室外篮球场	200～1500
阅览室	700	舞厅	50
医院走廊(夜间)	30	吧台、走廊、楼梯间	50～100
医院走廊(白天)	200	厨房、洗衣房	300～500
医院手术室	10000	化妆	300～500
学校教室	700	起居室(团聚、娱乐)	150～300
停车场	10	起居室(精细制作)	1000～5000
装货平台	200	禽蛋检验	500

六、灯具与照明

1. 不同照明光源的特征

在日常生活中的灯具有许多种，从人工光源的角度来说有白炽灯、日光灯、水银灯、金属卤化灯、高压钠灯等，这些灯各有自身的特点，在颜色、使用寿命、光通量、成本、效率、功率上都有不同。其大致情况见表5-2。

表 5-2　不同照明光源的特性

特　　性	白炽灯	日光灯	水银灯	金属卤化灯	高压钠灯	钨卤灯
颜色	较好	很好	尚好	很好	尚好	较好
寿命/小时	900～2500	25000	24000	8000	10000	2000
光通量/lm		2740	19100	26900	43700	4620
效率/(lm/W)	14～13	69	48	67	109	20
功率/W	60～100	40	400	400	400	250

2. 灯具的种类

灯具的种类十分繁多，外形千变万化，性能千差万别，它可以从以下几个方面来进行分类。

(1) 根据使用功能分类

① 一般性照明灯，如家庭、办公室、商场、餐厅的照明等。

② 防热性照明灯，特殊工作之用。

③ 防水照明灯，如喷水池中的彩灯等。

④ 防虫用灯（如捕虫灯）。

⑤ 防爆照明灯。

⑥ 特殊装饰灯。

⑦ 舞厅专用灯。

(2) 根据灯具的造型和安装使用情况来分类　有吊灯（拉杆灯、吊杆筒灯）（图 5-25），壁灯（图 5-26），吸顶灯、可移动灯具（台灯、落地灯、夹式工作灯）（图 5-27），吊灯、筒灯、工作灯（图 5-28），霓虹灯、射灯（导轨射灯、牛眼灯、万向牛眼灯、石英灯）（图 5-29，图 5-30），防水灯、路灯、园林地灯（图 5-31），台灯（图 5-32）。

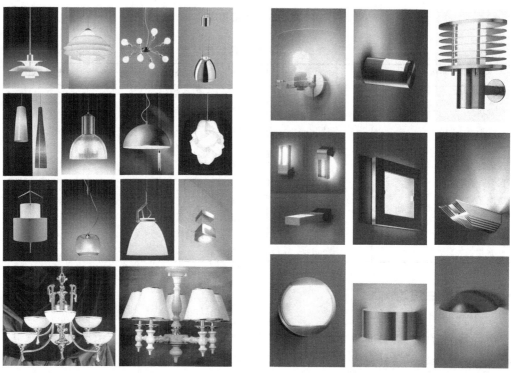

图 5-25　吊灯　　　　　　　　　　　　　　　图 5-26　壁灯

图 5-27 吸顶灯、可移动灯具

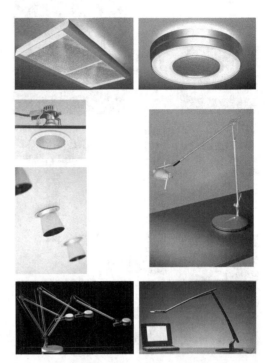

图 5-28 吊灯、筒灯、工作灯

图 5-29 射灯

图 5-30 导轨射灯

图 5-31　防水灯、路灯、园林地灯　　　　　　　　**图 5-32　台灯**

（3）按照使用场所分类　有民用灯、建筑灯、工矿灯、舞台灯、车用灯、船用灯等大类。

（4）综合应用分类　先按灯具的使用范围分大类，再对每一大类按灯具安装在建筑物的部位或灯具的性能分小类。如对民用灯具按其安装部位的不同可分为吊灯、吸顶灯、嵌入式灯具、壁灯、落地灯、台灯、床头灯、门灯等小类，再按灯具的性能归成室内固定式灯具、室内移动式灯具、室外灯具三方面。

七、室内照明计划

照明计划，就是指灯光的布置。在具体设计时可按实际需要，选择露式、隐藏式和半隐藏式配置。除注意实用与气氛性配合外，还需注意选用造型美观、高雅的灯具。不能忘记灯具是室内装饰的重要组成部分，是点缀室内气氛的主要手段。此外，还要根据功能照度的要求和特点来配光。同时也要考虑光的冷暖、光的扩散、相聚、直接、反射、扩射等多种因素。

1. 常见室内灯光配置方式可依实际需要使用

（1）商场、办公室、候车室、银行、图书馆、演讲厅、居室中的厨房、书房以日光灯和扩散光为主，间接照明为辅，并应配置部分白炽灯以调节冷暖关系。如图 5-33。

（2）展览厅、橱窗、墙面壁画景点装饰，应以聚光灯为主，一般使用聚光的灯，如射灯、万向牛眼灯、导轨射灯等，进行直接照射，或增加部分暗藏光作装饰。如图 5-34。

（3）门厅与居室的客厅多采用豪华吊灯以显示其豪华，天花内并配有暗藏光，墙面一般

图 5-33　以扩散光为主间接照明为辅的书房设计

图 5-34　采用聚光灯照明的橱窗设计

在景点中布光，以替代壁灯。如图 5-35。

（4）餐厅、酒吧多采用吊杆筒灯和石英筒灯来照射，以加强照度便于工作，同时也增加餐厅气氛。如图 5-36。

图 5-35　利用奢华吊灯提升品位的门厅设计

图 5-36　利用吊杆筒灯烘托气氛的酒吧设计

（5）儿童房宜多利用全面性扩散照明。

（6）旋转餐厅的天花布灯不宜太豪华，一般用一些散点性筒灯，让人注意力放在欣赏外景。

（7）咖啡厅宜以暖光为主，多使用白炽光或烛光，不宜照度太强，太冷，这样可加强交谈气氛，增加隐私性。如图 5-37。

图 5-37　暖光调的咖啡厅设计

（8）餐厅中的单间或带有卡拉 OK 的单间，可配有一些彩色光管藏于天花中，这样可增加娱乐的气氛。如图 5-38。

图 5-38　充满娱乐气氛的彩色光照

（9）高档宾馆的装饰应多采用光质较好的暗藏光、反射光等，同时应配有许多暖光——白炽光，这样容易给人一种亲切感。

（10）霓虹灯容易给人产生商业的气氛，适合在商业性场面中使用。

（11）光束本身就是一种装饰，因此，很适宜在餐厅、咖啡厅、卧室中装饰，利用聚光灯从天花上将光射向墙面，让室内照明以反射光为主。

（12）在离地面较低之处的花槽与门厅服务台面暗藏日光灯，可以加强其形态感，并给人一种特殊的美感。

（13）别墅和宾馆的楼梯弯角处应使用长杆吊灯和其他形式的吊顶，它既可给楼梯照明，又可美化室内装饰。如图5-39。

（14）室外花园与被绿化的凉台等地可布置一些园林用灯，一方面夜间作为照明，另一方面又可美化环境。

（15）喷水池应考虑布防水灯、以增加夜间水池的美感。

图5-39　采用长杆吊灯的楼梯间

（16）天花布光中，可采用光棚式、光带式，散点式、假梁式、满天星式等多种艺术造型的布光，让布光与天花艺术造型融为一体。如图5-40。

图5-40　满天星式吊顶

2. 照明设计应注意的事项

（1）室内装饰性的照明设计多数情况下是一个配合设计，该设计由室内设计师与电器工程师共同合作完成。室内设计师的职责除了考虑美化室内装饰因素之外，还应充分考虑有关的电器安装、灯具种类、特性等，并由此提出设计的意向与方案，而电器安装与施工图则需由电器工程师来完成，这种配合设计应考虑相互间的交流、沟通，以便设计达到理想的境界。

（2）注意布光中的冷暖问题。灯光中分为冷光与暖光，日光灯为冷光，白炽灯、石英灯等为暖光，当室内空间全部为冷光时，给人一种寒冷之感。全部使用白炽灯时，在同样用电情况下，虽然给人一种温暖感，但照度将明显不够，同时室内的艺术效果也缺乏对比，一般公共场所与家庭的客厅等都应注意布光中的冷暖关系。如图5-41。

图 5-41　冷调灯光设计

（3）根据天花造型布光。在室内装饰设计中，有适形造型的原理，这是根据建筑形状来考虑天花造型的原理而提出的。同样，布光也应依天花造型来布光。天花中布光应结合天花的叠级以及天花平面造型等将光暗藏、明装、或半暗藏，让一次光源与二次光源等多种光相互作用，保证室内高质量的光源。如图5-42。

（4）注意日光灯与白炽灯的照度。在室内设计中应用日光灯与白炽灯最多，从照度方面来看，40W的日光灯相当于100W的白炽灯。因此，从节约用电出发，则应多考虑日光灯，但日光灯一次性投资大于白炽灯，且光线冷，它不适合客房、餐厅等地方过多使用。

（5）注意尽可能多的采用自然光。自然光与人工光相比，自然光显得更为舒适，因此，应尽可能地多使用自然光，许多商场、大酒店的门面也是尽可能地使用大玻璃墙来采自然光，避免白天使用人工光，在特殊的环境下才使用灯光。

（6）以功能区的要求来配光。以功能区要求来考虑布光，是关系到空间划分、组合的一个因素，例如一个餐厅，有龙凤厅区、酒吧区、雅座区、舞台区、休息区、玄关（进门处）、

图 5-42　依据吊顶造型的照明设计

单间区、卫生间区、走廊区等，这些区域是平面设计方案的组成部分。布光是为平面设计方案服务，并完善其功能区的特点。像雅座、龙凤厅区的布光就有相当大的区别，龙凤厅区照度要求高，雅座区照度相对低一点，前者讲究气派，后者讲究温馨。

（7）注重照度的比差。设计讲究对比，照度有对比将更显趣味性。例如在一个咖啡厅中，酒吧工作区的照度高，座位区照度低，这种比差高达 8：1。又如在墙面照射牛眼灯（半聚光形），光与影的比差为 6：1。这种比差关系在现实中是采光与阴影的关系。该关系如果是 2：1，则显得平淡，但不宜超过 6：1，这一采光对比手法，对墙的设计显得十分重要。它在卡拉 OK 厅应用十分广泛。如图 5-43。

（8）尽量多使用均匀照度。在商场、办公室等地的布光，首先要考虑的是均匀照度。除要求特殊的气氛外，应尽可能多使用均匀照度，这样可减少眼睛的疲劳。局部地方则可使用正常的照度比差来突出陈列或其他。

（9）分清主次来布光。室内装饰布光应首先分清主次关系，不要喧宾夺主。如果到处是重点就没有重点，全部都突出反而都不突出。因此，布光应在分清主次后来考虑主光源与辅助光源的关系。例如酒吧区、门厅中央花灯为主光源，其它画廊，茶座等用光为辅助光源，辅助光源应该衬托主光源，使其突出，形成一个中心。

（10）注重布光中平淡与高潮关系。在室内设计中布光也需要讲究整体的关系，这个整体关系除它含有主次、风格、对比等之外，还包含着平淡与高潮的关系。假如以餐厅围柱来做光棚，其它为筒灯等，这就是主次的关系。"主"是一个主题，"次"则是实现主题的过

图 5-43　照度的对比

程。只有把平淡与高潮的关系处理好，室内才会洋溢一派生机。

（11）仿物造型布光。在室内设计布光中，经常有仿窗于墙面而布光或仿天窗于天花内而布光。这种仿造型布光给人一种亲切自然感，让人仿佛有一种采自然光的错觉，这种仿物造型的布光已广泛应用于现代商场、咖啡厅、卧室等场所。

（12）注重灯具材料的使用。一般室内装修要保证使用5～8年，故注意灯具材料的使用是保证室内装饰质量的一个重要环节。同样一个筒灯，在制作上有铝制品和铜制品之分，在镀钛上也有质量好坏之分，许多装修人员为了降低成本，选择了质量差的灯具，造成不过两年天花仍然完好无损，而灯具已是锈斑很多，开始脱落表皮。这种严重影响装饰外观的现象，应引起注意，设计师应在灯具设计时标明所选用的质量较高的灯具，以保证工程质量。

（13）提高审美，选择适宜美观的灯具。室内装饰布光美感问题，主要是靠各种暗藏光和半暗藏光。但许多情况下灯具是外露来照明的，因此，设计者应选择价格适宜而又美观的灯具来美化室内。

第三节　居住空间照明设计

当前的照明艺术已经不仅仅局限于商业领域，更是为家居装饰起到了烘托作用，也点缀了装饰的艺术造型，当夜幕降临时，喧闹一天的城市，便进入了灯的世界，万家灯火，光彩夺目。灯饰在居室的整体包装中起到了画龙点睛的作用。住宅照明根据空间功能不同，选择不同的照明方式。

一、客厅照明

客厅是家庭成员活动的中心，也是接待亲朋好友的场所，他的照明装饰应该具有开阔性、宁静感、亲切感。一般采用整体照明、局部照明和装饰照明相结合的方式，即一盏主灯，配多种辅助灯。灯饰的数量与亮度都可调，有光有影，以展现家庭装饰风格。

　　客厅的主灯具要与天花造型和装饰风格浑然一体，可选用吊花灯，空间高度地域 2.7m 时应采用吸顶式吊灯，按不同要求调整亮度。为了创造出温暖、热烈的气氛，应采用白炽灯作光源。若考虑明亮和经济也可采用日光灯。为了营造气氛和情调，可在适当的位置装设款式潮流的台灯、落地灯、壁灯，以起辅助照明作用，也减弱厅内明暗反差。切忌为提高光照度而使整个天花处处都亮堂堂的。如图 5-44。

图 5-44　以辅助照明为主的客厅照明效果

二、餐厅照明

　　餐厅照明的焦点是餐桌，食物需要较好的显色性，灯饰是否合理，直接影响人们的食欲。因此，常采用显色性好的下照白炽灯，使食物色泽鲜美，有助于增进食欲（如图 5-45），切忌使用绿色、紫色等冷色系灯光，否则会使食物看起来发霉变质。一般灯具悬吊在距餐桌面高度 1～2m 的正上方，辅助以柔和的间接光照，使器具光彩夺目，天花线条更显简洁（如图 5-46）。

图 5-45　餐厅白炽灯照明

图 5-46　柔和的餐厅照明效果

三、厨房照明

厨房是个高温和容易污染的环境，厨房照明应简朴大方，可采用较高照度的吸顶荧光灯或光棚作照明；面积较大时，还可增加局部照明。灶台上方一般利用抽油烟机内的白炽灯作照明。由于厨房多油污，不宜使用吊灯，可将灯光暗藏在柜内及柜底。见图 5-47、图 5-48。

图 5-47　烟机内置照明　　　　　　　　　　图 5-48　柜底隐藏照明

四、楼梯和走廊照明

楼梯灯和走廊灯是以导向性和装饰性为主题的照明，一般采用一开即亮的白炽光源，灯具开关宜设双控开关，以方便使用和节能。若休息平台有装饰造型时，应加设聚光灯以加强装饰效果，但光影不宜太强烈，以免产生眩光（如图 5-49、图 5-50）。

图 5-49　具有装饰效果的楼梯灯具　　　　　图 5-50　走廊光照效果

五、书房照明

书房的主要功能是阅读、书写，环境应文雅幽静，简洁明快。书桌面上的照明效果好坏直接影响学习的效率和眼睛的健康。整体照明可采用直接或半直接照明，台面的局部照明可采用悬臂式台灯或调光艺术台灯，所需照度是环境照度的 3～5 倍（如图 5-51）。

图 5-51　书房照明效果

六、卧室照明

卧室作为居住空间的一个重要内容，已经并不单纯是个睡觉的地方，照明应以营造怡静、温馨的气氛为主，借助间接或漫射的手法，制造柔和、优美的灯光，把卧室创造成罗曼蒂克或富有魅力的小天地。如图 5-52。

图 5-52　柔和、优美的卧室光照

图 5-53 不同灯具配合的卧室照明效果

图 5-54 卫生间照明设计

一般照明应避免产生眩光，可采用吸顶灯、小型吊灯、壁灯。局部照明可采用台灯、床头灯。若习惯坐在床上读书、看报，可在床头墙壁上方安装一只带开关的壁灯或聚光灯。灯具的位置应避免造成头影或手影，最好采用调光器，照明的范围不宜太大，以免影响他人休息。梳妆台灯具的照明范围小但照度高，最好选用显色性好的照明，照射时避免眩光的同时还应注意避免使人的面部产生阴影。在较大面积的卧室中，除了床头灯、镜前灯的局部照明外，天花上嵌上稀疏的低照度的牛眼射灯，更富幻想（如图5-53）。

七、浴室及卫生间照明

家庭浴室与盥洗室、厕所常集为一体，由于环境比较潮湿，浴场采用防潮性的柔和的白炽灯，以享受宁静，卫生间则可使用天花筒灯、光棚、壁灯、镜前灯作较明亮的照明（如图5-54）。

第四节　建筑及商业艺术照明

一、建筑艺术照明的目的

艺术照明是人们人活中必不可少的，也是文明社会所必需的。近年来，艺术照明在建筑美化中的作用与日俱增，为了提供良好的工作和生活视觉条件，体现建筑艺术美，使环境空间更符合人们心理和生理上的要求，从而得到美的享受。当夜幕降临，喧闹一天的城市，进入了灯的世界，满城灯火、万紫千红，将整个城市打扮得辉煌壮丽，光彩夺目，在城市每个角落都会看到夜空在灯具照耀下，画出一幅幅巨大画像，五光十色的霓虹灯，投光灯在声控、光控、电控、程控下，每个建筑物在跳跃，使整个城市在跳跃，整个世界都在美的动态之中，这就是艺术照明。艺术照明反映城市的经济繁荣、文化高雅、生活富裕、精神高尚。人们离不开艺术照明，艺术照明满足现代人们美化生活的需求。如图5-55。

图5-55　美丽的城市夜景照明

二、建筑艺术照明的要求

艺术照明设计是建筑与装饰设计的一个重要组成部分，又是最后为建筑增"彩"的一个

重要手段。灯光照明设计的最重要任务就是根据消费者的视觉需求，借助光与影的巧妙调动，修饰和美化建筑物，为人们创造美丽、舒适的视觉环境。

（1）艺术照明有利于人的活动安全、舒适和正确识别周围环境，防止人与光环境之间失去协调性。重点照明可引发人对某一点的兴趣，并帮助人在一个空间中体察环境。如图5-56。

图 5-56　突出重点的酒店夜景照明

（2）艺术照明要重视空间清晰度，消除不必要的阴影，控制光热和紫外线辐射对人和物产生的不利影响。

（3）艺术照明要创造适宜的亮度分布和照度水平，限制眩光，可减少烦躁不安。在设计一个工作环境的照明条件时，应着重考虑最佳的视觉舒适性。

（4）艺术照明应处理好光源色温与显色性的关系，处理好一般显色指数与特殊显色指数的色差关系；避免产生心理的不平衡、不和谐感。

（5）应有效利用天然光，合理的选择照明方式，控制照明区域，降低电能消耗。为减少能源的消耗，应将工作区域的自然采光以及人工照明相结合。

（6）根据照明质量要求合理选择光源。白炽灯和卤钨灯用于对辉度、颜色、质量以及调光性能有高度要求的情况，紧凑型荧光灯及高强放电光源则用于强调节能及减少维修的场合，处理好照度、光色、立体感、质感、闪光、眩光限制等各项指标要求。如图5-57。

（7）在建筑照明中，人工照明与日光具有同等重要的意义，环境的亮度感觉，可由墙面的立面照明或天花板的间接照明来达到。日光可以通过人工照明加以补充，人工照明既可以补充日光的不足，还可以制造完全有别于日光效果的气氛。

（8）根据不同的工作环境选择相应的照明水平，在保证照明质量的同时也考虑照明效果。即便在室内照明设计时，也应考虑到夜晚外部的照明效果。

三、建筑照明设计中商业照明种类

1. 商场立面照明

商业建筑都有它的一般商业性特征和各自特有的特征。对于商场的各立面照明，除如何

图 5-57　配置不同光源的酒店夜景照明

将它的一般性和特有特征展现得更有艺术性之外，还应有意识地将临街的立面和门厅照的更明亮、更具艺术性、令路人对商场产生深刻印象。更重要的是使人在看到商店外形美的同时，联想到商店购物环境的舒适、商品的丰富、接待的周到。令人们看到商店，就想到里面走一走。如图 5-58。

图 5-58　增强商场临街立面照明的灯光设计

2. 广告照明

（1）商场广告照明　上述的商场立面照明是商场最有效的广告，但各个商场还有其名称和标志。对于名称和标志，常采用下列方式。

① 采用霓虹灯将名称或标志，逐笔逐画圈起来，霓虹灯或长明、或多种颜色轮换闪烁或卷地毯式闪烁，使人们很远就能看见商业标识。如图 5-59。

② 商场的名称或标志是实体的艺术雕塑，用支架离墙，在其后面，依其形状布灯，让灯光将名称或标志浮现起来。多用长明的霓虹灯。

（2）商品广告照明

① 用霓虹灯造出商品名称、形状、商标。或勾边、或沿广告形状制造，灯光或长明，或闪烁。有的广告底层尚配以卷地毯式的闪烁的霓虹灯衬托。

② 透明广告画、图片制成灯箱，在画或图片后面用光管列照射，使画面色彩透射出来。

③ 不透明广告画面，用投光灯照射，将画面的色彩和层次显现出来。

3. 商场的一般照明

（1）选用高光效的光源灯具，如节能灯、高效荧光灯或其他高效灯具。

（2）光源的光色，既要与商场空间协调，又能将商品质感最确切、最真实地显示给顾客。此外，还要围绕商品周围的光环境（如装修材料及其色泽等）和商品内容确定。

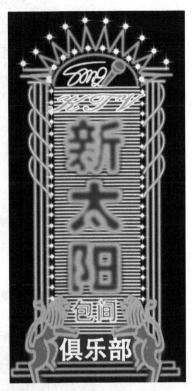

图 5-59　霓虹灯招牌设计

（3）根据商场所在地区的经济与电力供应环境，确定合适照度。若一般照度偏高，为了使顾客对一些商品的注目，使用重点照明的照度会随着增加几倍，增加了耗电量，在有空调的商场也增加了空调耗电量，因此照度高低，必须慎重分析，适合当地条件。

（4）除水平照度，还应合理设计垂直照度。一般选用宽光束或蝙蝠型配光曲线的灯具。

（5）一般照明的照度，主要是均匀度，以适应商品陈列方式和陈列场所的变动。若货架为长条式排列，则宜采用高效荧光灯具，灯具应沿两货架中间布置，避免主光束投射到货架顶上。

4. 商场的重点照明

重点照明是为了重点地把主要商品或主要场所照亮，以突出商品，激发顾客的购买欲望。照度应随商品种类、形状、大小、展出方式而定。同时必须和商场内一般照明相平衡的良好的照度。在选择光源及照明方式时，不能忽视商品的立体感、光泽及色彩等。重点照明的要点如下。

（1）照度和一般照度比例一般是 3～5 倍。具体取值随商品种类的特征而定，如金银首饰、工艺品取上限，一般大件、色泽一般、立体感不必加以突出的取下限，如床上用品等。如图 5-60。

（2）以高强光束突出商品表面光泽，如饰物、工艺品、金银首饰等，多用石英灯。

（3）以强烈的定向光束突出商品的立体感和质感，货柜（架）上的多用 T4 光管、节能灯、石英灯、个别也用金卤灯。如图 5-61。

图 5-60　不同照度设计的专卖店

图 5-61　定向光束设计

（4）利用光色突出特定部位或特有色泽的商品，如超市中的肉食和鲜果用偏红色光线照射，显其更鲜美。而服装，特别是儿童、青少年及女性服装，用相同光色照射，会增强其色泽和鲜艳感。

（5）商场某些主要场所，需要造成某种气氛，或用灯具本身、或灯具排列和内部装修协调地组合，使这些场所产生富有生气而又热烈的理想光线，对商品造成良好的照明效果，或创造室内的某种气氛效果。

5. 商场特定用途照明

（1）疏散照明　除专用疏散通道、疏散楼梯、消防前室等设专用疏散照明外，一般商场疏散照明兼作一般照明或兼作警卫照明，照度按国家规范为 0.5lx，但更高一些（如 2lx）更为合适。原因之一，商场人员高度密集；原因之二，顾客对商场疏散路线完全不熟悉；原因之三，万一有灾害发生，比其余场所更易发生商品展品掉下，造成故障。因此多用白炽灯泡的筒灯。

（2）疏散指示标志照明　疏散指向标志灯和出口标志灯，人站在商场任何位置，至少能看到（除柱遮挡外）一个。灯具宜沿疏散路线或出口处高位布置，如《应急照明设计指南》中定为 2～2.5m，避免高货架的遮挡。

（3）安全照明　在收款处，贵重商品处和必要部位，设带蓄电池的应急灯，主要照明熄灭后，能小于 0.5 秒之内亮起来。

（4）警卫照明　商场营业清场后，为确保安全，应设警卫照明，警卫照明多与疏散照明兼用。

总之，人类生于大自然，又在利用与改造大自然，人类发明了电，并让其为人类本身造福，室内设计师也是利用自然环境与现代的科学技术，来创造一个美好舒适的人类生活空间，这个空间应该充满阳光与光明。

复习思考题

1. 谈谈室内设计中照明因素考虑的要点是什么。

2. 室内采光分哪些形式？谈谈它们对室内使用者、对环境的影响。

3. 分析一或两个照明实例，归纳出用光的优与劣。

4. 观察自己生活的环境，将你认为有特色的室内环境拍摄下来，图文并茂地分析灯光照明的特点及处理手法。

第六章　室内的色彩设计

人们在感受空间环境的时候，首先是注意色彩，然后才会注意物体的形状及其他因素。色彩的魅力举足轻重，影响着人们的精神感觉。只有室内色彩环境符合居住者的生活方式和审美情趣，才能使人产生舒适感、安全感和美感。

第一节　色彩原理与室内设计

色彩原理包括色彩基础、色彩混合、色彩对比、色彩功能、色彩属性。在此重点分析一下色彩基础及色彩在室内设计中的应用。

一、色彩基础

色彩可分为无彩色和有彩色两大类。前者如黑、白、灰，后者如红、黄、蓝等七彩。有彩色就是具备光谱上的某种或某些色相，统称为彩调。与此相反，无彩色就没有彩调。无彩色有明有暗，表现为白、黑，也称色调。有彩色表现很复杂，但可以用三组特征值来确定。其一是彩调，也就是色相；其二是明暗，也就是明度；其三是色强，也就是纯度、彩度（明度、彩度确定色彩的状态）。色相、明度和彩度称为色彩的三属性。明度和色相合二为一的色彩状态，称为色调。明度和色调是两个不同的概念，要注意区分。

1. 明度

说到明度，人们直接会想到无彩色，其中最容易想到黑和白两色。最亮是白，最暗是黑，以及黑白之间不同程度的灰，都具有明暗强度的表现。如果按照一定的间隔划分，就构成明暗尺度。有彩色既靠自身所具有的明度值，也靠加减灰、白调来调节明暗。有彩色的明暗，其纯度的明度，以无彩色灰调的相应明度来表示其相应的明度值。

2. 色相

有彩色就是包含了彩调，即红、黄、蓝等几个色族，这些色族便叫色相。

最初的基本色相为红、橙、黄、绿、青、蓝、紫。在各色中间插一两个中间色，其头尾色相，按光谱顺序为红、橙红、黄橙、黄、黄绿、绿、绿蓝、蓝绿、蓝、蓝紫、紫、红紫。红和紫中再加个中间色，可制出十二基本色相。

这十二色相的彩调变化，在光谱色感上是均匀的。如果进一步再找出其中间色，便可以得到二十四个色相；如果再把光谱的红、橙、黄、绿、青、蓝、紫诸色带圈起来，在红和紫之间插入半幅，构成环形的色相关系，便称为色相环。基本色相间取中间色，即得十二色相环。再进一步便是二十四色相环。

3. 彩度

一种色相彩调，也有强弱之分。拿正蓝来说，有湛蓝无杂质的纯蓝色，有发暗绿的湖蓝，也有很浅的浅蓝色。它们的色相都相同，但强弱不同。彩度常用高低来表示，彩度越高，色越纯正，也越艳丽；彩度越低，越混浊黯淡。纯色的级别最高。

4. 立体色度

把在白光下混合所得的明度、色相和彩色组织起来，由下而上，在每一横断面上的色标都相同，上横断面上的色标较下横断面上色标的明度高。再由黑、白、灰作为中心轴，中心而外，同一圆柱上，色标的纯度都相同，圆柱外侧上的比圆柱内侧上的纯度高。再从中心轴向外，每一纵断面上色标的色相都相同，使不同纵断面的色相不同的红、橙、黄、绿、青、蓝、紫等色相自环中心轴依时针顺序而列，这样就把数以千计的色标严整地组织起来，成为立体色标。

5. 色彩的功能

顾名思义，色彩的功能是指色彩对人所产生的作用，通过视觉传达给人内心的感受。也就是说眼睛通过对色彩的明度、色相、纯度等的物理作用，从而对其心理和感情所产生的影响力。

同一色彩和同一对比的调和效果，都可能产生多种功能；多种色彩及多种对比的调和效果，也可能产生类似的功能。

色彩以其千变万化的功能，在人们的家居生活中扮演着越来越重要的角色，色彩的应用也日益成为许多设计中的重头戏了。那么怎么样让色彩在居室中发挥更大的作用，已经成了许多室内设计师不可回避的话题。

二、色彩在室内设计中的应用

（1）必须充分考虑到居住功能要求　室内色彩主要的目的是迎合人们的心理和视觉需要，以让人产生愉悦快乐为宗旨，但是，也不能盲目为了追求感官上的感受力而忽略了空间的使用性质。如儿童居室与起居室、老年人的居室和新婚夫妇的居室，由于居住对象或使用功能有显著的区别，空间色彩的设计就必须有所区别，如彩图 4 所示。

（2）力求符合空间构图需要　室内色彩配置必须符合空间构图原则，充分发挥室内色彩对空间的美化作用。要正确处理协调和对比，统一和变化，主体与背景的关系。在室内色彩设计时，定好空间色彩的主色调是最基本的一步，也是最关键的。因为色彩的主色调可以起到室内格调的主导作用，同时，也起着陪衬、烘托的作用。

有很多因素可以影响室内色彩主色调的形成，但最基本的是室内色彩的明度、色度、纯度和对比度，其次是统一与变化的关系的处理。只有统一但缺乏变化，会让人觉得呆板，缺乏生气，也达不到美化室内的作用。因此，在统一的基础上要求有一定的变化。为了达到统一和变化的协调，大面积的色块颜色不宜过分鲜艳，小面积的色块应适当提高色彩的明度和纯度。此外，室内色彩设计要体现稳定感、韵律感和节奏感。为了达到空间色彩的稳定感，通常会考虑采用上轻下重的色彩关系。室内色彩的起伏变化，应形成一定的韵律和节奏感，注重色彩的规律性，切忌杂乱无章，如彩图 5 所示。

（3）充分利用室内色彩改善空间效果　充分利用色彩的物理性能和色彩对人心理和情感的影响，可在一定程度上改变空间尺度、比例等达到改善空间的效果。例如居室空间过高时，可用近感色，提高亲近感，弱化空旷和不安全感；墙面过大时，采用收缩色；柱子过细时，适合用浅色调，扩散视觉感受；柱子过粗时，则用深色，以减缓粗笨感，如彩图 6 所示。

（4）不可忽视民族、地区和气候差异　符合多数人的审美要求是室内设计基本规律。但是，由于生活习惯、文化传统和民俗风情的不同，其审美要求也会有一定的差异。还有，南北方气候差异明显，对室内着色要求也有一定的影响。所以，室内设计时，要在掌握一般规律的基础上，尽可能详尽地了解不同民族、不同地区的特殊风俗和气候差异，如彩图 7

所示。

第二节　色彩、材质与照明

　　室内的设计效果是由不同的色彩、材质和各种照明方式来体现的。在室内元素中材料本身所具有的质感（肌理）不仅有其特殊的美感，同时与人体直接接触具有舒适的触感，在光的照射下呈现出不同的立体效果。室内的色彩、材质和照明要经过巧妙的设计相互配合，才能达到理想的效果。

一、材质的特征

　　1. 粗糙与光滑

　　未加工的或者是经过粗加工的石材、原木和粗砖等材质表面都很粗糙，而抛光的金属、玻璃、釉面砖和丝绸给人光滑的感觉。同样是光滑和粗糙的表面，不同材质有不同的质感。例如红色的铝塑板与红色的丝绸给人的感觉就是不一样的，再如同一色的毛石与地毯给人有很大的差别，前者冰冷坚硬，后者柔软温暖。

　　2. 冷与暖

　　在室内设计中与人体密切接触的部分，如坐面、扶手、躺卧之处，要采用柔软温暖的材质。触觉的冷暖与色彩的冷暖必须合理搭配，才能获得触觉与视觉的和谐统一。

　　3. 软与硬

　　纤维织物、皮毛等无论质地光滑还是粗糙，都给人以温暖和柔软的质感。坚硬的砖石、金属、玻璃等，质地坚硬，不易变形、线条挺拔、棱角分明，给人冷峻的感觉。

　　4. 光泽与透明

　　抛光金属、石材、瓷砖、和木材等，材质都有很好的光泽度，有光泽的材料通过表面反射可以使室内空间扩大，特别是镜面材料是活跃室内氛围、增强艺术表现力的材料。常见的透明材料有各种玻璃、塑料等，包括透明材料和半透明材料，透明材料使空间显得通透明亮，半透明材料既有透光也有私密性。

　　5. 肌理

　　肌理是材料本身表现出的纹理结构，各种材料表现出肌理效果各不同，同一材料不同的肌理效果，所表现出的质地效果也有那很大的差别。在室内设计中要合理选用和组织各种肌理不同的材料，特别注意其相互关系，既有协调又有对比，已达到统一和谐的效果。

二、照明、色彩和材料的关系

　　相同的材料在不同的光照下其效果也有很大的区别，在选色时，一定要结合材料的质感效果和不同质地和在光照下的不同效果来进行设计选材。

　　1. 不同类型的光源以光源色对物体色彩与质地的影响

　　（1）不同性质、类型的光源如白炽灯、荧光灯、高压放电灯的显色性各有不同。

　　（2）不同色彩的光源可以加强或改变色彩的效果。

　　2. 光照位置的不同对材料质地与色彩的影响

　　（1）正面受光　物体在顺光的条件下，光起到强调该色彩的作用。

　　（2）侧面受光　对强调材料质地、加强立体感和增加色彩效果起着重要的作用。

　　（3）背面受光　物体处于较暗的阴影之下，能加强其轮廓线成为剪影，其色彩和质地相互模糊不明显。

3. 光照对表面光滑的材料显示出复杂的环境效果

（1）光照加强亮度提高，彩度下降，反光增强，室内的光环境和色彩效果明快。

（2）通过充分的镜面效应，对人们的视觉判断有不利的影响。

（3）黑色的表面较少有影子，它们的质地不像明亮物体的表面那么明显。

三、营造室内良好的色彩与照明环境

室内采光主要有自然光源和人工光源两种。由于现代人经常处在繁忙的生活节奏中，所以白天真正在家的时间非常少，在家的多数时间在夜里，而且可能由于房型和房间的朝向问题，房间更多的时间都可能受不到光照。所以室内设计人工光源是必不可少的。

（1）室内灯光设计先要考虑为人服务，还要考虑各个空间的亮度。

① 起居室是人们经常活动的空间，所以要亮点，色彩的明快为主。

② 卧室是休息的地方，亮度要求不太高，多采用素雅的色彩和质地柔软的材质。

③ 餐厅要综合考虑，一般只要中等的亮度就够了，但桌面上的亮度应适当提高，否则连菜都看不清，餐厅的配色多采用暖色调，但是也有采用冷色调的冷饮店等。

④ 厨房不但要有足够的亮度，而且应设置局部照明，色彩的选用趋于多样化。

⑤ 卫生间要求照明充足，墙面以亮色不同纹理的内墙砖为主，也可以选用深色的墙面，白色的洁具，但如果有特殊要求，如化妆等就要有足够的亮度了，并且应配置局部照明；

⑥ 书房则以功能性为主，为了减轻长时间阅读所造成的眼睛疲劳，采用明度较高，色彩淡雅的色调，应考虑色温接近早晨和太阳光不闪的照明。

（2）设计灯光还要考虑不同房间的照明形式，是采用整体照明（普照式），还是采用局部照明（集中式）或者是采用混合照明（辅助照明）。

（3）设计灯光要根据室内家具、陈设、摆设，以及墙面来设置，整体与局部照明结合使用，同时考虑功能和效果。

（4）设计灯光要结合家具的色彩和明度。

① 各个房间的灯光设计既要统一，又要营造出不同的气氛。

如卧室照明，光源尽可能用暖色调，室内整体照度要低，而且要尽可能采用局部照明。如安装壁灯或台灯，也可以利用壁灯向上照射，再由天花板折射的光间接照明，使卧房更加温馨和睦。在夏季，可以采用冷光源使人心理上感觉到几丝凉意。现代家庭也常用一些彩色装饰灯来点缀起居室、餐厅，以增加欢乐气氛。

② 结合家具设计灯光，可加强空间感和立体感，从而突出家具的造型。

例如在摆设柜前或摆设柜内设计灯光，这样更能突出摆设物，从而形成视觉重点。

（5）设计灯光也要根据采用的装饰材料以及材料表面的肌理，考虑好照明角度，尽可能突出中心，同时注意避免对人造成眩光与阴影。

总而言之，设计灯光要首先考虑功能性，要根据室内空间分隔形式的特殊性来布置，而灯具本身的装饰功能，在选择灯具时要根据室内设计的风格来设计灯光和选用灯具，千万不要让家变成灯具超市。

第三节　色彩对人的作用和影响

色彩刺激对人的生理产生影响。每个人都或多或少地被周围的色彩影响着。这是因为，人不仅能识别色彩，对色彩的和谐还有一种本能的需求。和谐的色彩使人积极、明朗、轻

松、愉快；不和谐的色彩则相反，它使人感到消极、抑郁、沉重、疲劳。

色彩对人心理的影响是不容忽视的。曾有人做过这样的训练：把一间餐厅，墙壁涂上不同的颜色请顾客光临。第一天的餐厅是黑色的，几乎没人来；第二天是红色的，顾客寥寥无几，即使有人来，没坐几分钟也就走了；第三天是淡绿色的，结果高朋满座，顾客用餐后，还闲坐长聊，久久不肯离去。

人对色彩的认识依靠眼睛的作用，这是生理现象，但透过感觉的冲击也能影响心理。色彩本身是没有灵魂的，它只是一种物理现象，但人们却能感受到色彩的情感，这是因为人们长期生活在一个色彩的世界中，积累着许多视觉经验。一旦经验与外来色彩刺激发生一定的呼应时，就会在人的心理上引出某种情绪。不少色彩理论中都对此做过专门的介绍，这些经验明确地肯定了色彩对人心理的影响。

色彩又分为冷色与暖色，这是依据心理错觉对色彩的物理性分类，波长长的红光和橙、黄色光，本身有暖和感，一般称为暖色；相反，波长短的紫色光、蓝色光、绿色光，有寒冷的感觉，也就是通常说的冷色。冷暖色调并非来自物理上的真实温度，而是与人们的视觉与心理联想有关。总的来说，人们在日常生活中既需要暖色，又需要冷色，在色彩的表现上也是如此。例如，冬日采用暖色调，会让人产生温暖的感觉，夏天采用冷色调，会让人觉得凉爽。

冷色与暖色还会让人们感受到重量感、湿度感等。例如，暖色偏重，冷色偏轻；暖色有厚重感，冷色有稀薄的感觉；两者相比较，冷色的透明感更强，暖色则容易产生混浊感；冷色显得湿润，暖色显得干燥；冷色产生疏远的感觉，暖色则有逼迫感。

在狭窄的空间中，一般使用明亮的冷调，使室内显得宽敞。由于暖色有前进感，冷色有后退感，可在细长的空间两壁涂以暖色，近处的两壁涂以冷色，就会让人从心理上感到更接近方形。

除去冷暖色系具有明显的心理区别以外，色彩的明度与纯度也会引起对色彩物理印象的错觉。一般来说，颜色的重量感主要取决于色彩的明度，暗色给人以重的感觉，明色给人以轻的感觉。纯度与明度的变化给人以色彩软硬的印象，淡淡的亮色让人觉得柔软，暗的纯色则有坚硬之感。

总结起来色彩对人产生的作用和影响如下几点。

(1) 色彩可以使人产生温度感；

(2) 色彩可以产生重量感；

(3) 色彩也可以造成体量感；

(4) 色彩可以在人心理上产生远近感；

(5) 色彩可以给人产生软硬感。

第四节　室内色彩设计的方法和应用

一、室内色彩的基本要求

在进行室内色彩设计时，应首先了解和色彩有密切联系的以下几个问题。

(1) 空间的使用目的　不同的使用目的，如会议室、病房、起居室，显然在考虑色彩的要求、性格的体现、气氛的形成各不相同。

(2) 空间的大小、形式　色彩可以按不同空间大小、形式，来进一步强调或削弱。

（3）空间的方位　不同方位在自然光线作用下的色彩是不同的，冷暖感也有差别，因此，可利用色彩来进行调整。

（4）空间的使用对象　如老人、小孩、男、女、夫妻等，对色彩的要求是不一样的，色彩应考虑使用者的身份和喜好。

（5）空间的使用目的及使用时间　教室、生产车间、娱乐场所等不同使用目的，要求不同的光线条件，以达到安全和舒适的目的。长时间使用的空间，色彩对视觉的作用，要比短时间使用的房间强得多。色彩的色相、彩度、对比度等的考虑也存在着差别，对长时间活动的空间，主要应以不产生视觉疲劳为考虑重点。

（6）不可忽略周围环境　色彩和环境有密切联系。对室内来说，色彩的反射可以影响其他颜色。同时，室外的自然景物也能影响室内色彩，室内色彩还需与周围环境相协调。

（7）使用对象对于色彩的特殊喜好　一般说来，在符合原则的前提下，应该满足不同使用者的爱好和个性，才能满足使用者心理要求。

必须在符合色彩的功能要求原则下，才可以更好发挥色彩在构图中的作用。

二、室内色彩的设计方法

1. 色彩的协调问题

配色是室内色彩设计的根本问题。室内色彩设计效果优劣的关键，就在于色彩的搭配。任何颜色，都可以用来烘托不同的室内效果，而关键却在于配色的合理。所以说任何颜色都没有高低贵贱之分，只有不恰当的配色，而没有不可用之颜色。色彩效果取决于不同颜色之间的相互关系，同一颜色在不同的背景条件下，其色彩效果可以迥然不同。因此，如何处理好色彩之间的协调关系，就成为配色的关键问题。

如前所述，色彩与人的心理、生理、感情有密切的关系。当人们注视红色一定时间后，再看白色或闭上眼睛，仿佛就会看到绿色。此外，以同样明亮的纯色作为底色，色域内嵌入一块灰色，如果纯色为绿色，则灰色色块看起来带有红色的感觉，反之亦然。这种现象，前者称为"连续对比"，后者称为"同时对比"。而视觉器官按照自然的生理条件，对色彩的刺激，本能地进行调节，以保持视觉上的生理平衡，并且只有在色彩的互补关系建立时，视觉才得到满足而趋于平衡。如果在中间灰色背景上去观察一个中灰色的色块，那么就不会出现和中灰色不同的视觉现象。因此，中间灰色就同人们视觉所要求的平衡状况相适应，这就是考虑色彩平衡与协调的客观依据。

色彩协调的基本概念是由白光光谱的颜色，按其波长从紫到红排列的，这些纯色彼此协调。例如米色和绿色、红色与棕色不协调，海绿和黄接近纯色是协调的。在色环上处于相对地位并形成一对补色的那些色相是协调的，将色环三等分，造成一种特别和谐的组合。色彩的近似协调和对比协调在室内色彩设计中都是需要的，近似协调固然能给人以统一和谐的平静感觉，但对比协调在色彩之间的对立、冲突，所构成的和谐关系却更能动人心魄，关键在于正确处理和运用色彩的统一与变化规律。和谐就是秩序，一切理想的配色方案，所有相邻光色的间隔是一致的。

2. 室内色彩构图

色彩在室内构图中常可以发挥特别的作用。

（1）使人对某物引起注意，或使其被忽视。

（2）可以使目的物变得最大或最小。

（3）可以强化室内空间形式，也可破坏其形式。例如，为了打破单调的六面体空间，采用超级平面美术方法，它可以不依天花、墙面、地面的界面来区分和限定，自由地、任意地突出其抽象的彩色构图，模糊和破坏了空间原有的构图形式。

（4）可以通过反射来修饰。

由于室内物件的品种、材料、质地、形式和彼此在空间内层次的多样性和复杂性，室内色彩的统一性就居于首位，一般可归纳为下列各类色彩部分。

（1）背景色。如墙面、地面、天棚，它占有极大面积并起到衬托室内一切物件的作用，因此，背景色是室内色彩设计中首要考虑和选择的问题。

（2）不同色彩在不同的空间背景上所处的位置，对房间的性质、心理知觉和感情反应，可以造成很大的不同。一种特殊的色相，虽然完全适用于地面，但当它用于天棚上时，则可能产生完全不同的效果。

① 红色　天棚：干扰，重；墙面：进犯的，向前的；地面：留意的，警觉的。纯红除了作为强调色外，实际上是很少用的，用得过分会增加空间复杂性，应对其限制更为适合。

② 粉红色　天棚：精致的，愉悦舒适的，但过分甜蜜，取决于个人爱好；墙面：软弱，如不是灰调则太甜蜜；地面：或许过于精致，较少采用。

③ 褐色　天棚：沉闷压抑和重；墙面：如为木质是稳妥的；地面：稳定沉着的。褐色在某些情况下，会唤起糟粕的联想，设计者需慎用。

④ 橙色　天棚：发亮，兴奋；墙面：暖和与发亮的；地面：活跃，明快。橙色比红色更柔和，有更可相处的魅力，反射在皮肤上可以加强皮肤的色调。

⑤ 黄色　天棚：发亮，兴奋；墙面：暖，如果彩度高，易引起不舒服；地面：上升、有趣的。因黄色的高度可见度高，常用于有安全需要之处，黄比白更亮，常用于光线暗淡的空间。

⑥ 绿色　天棚：保险的，但反射在皮肤上不美；墙面：冷、安静的、可靠的，如果是眩光，引起不舒服；地面：自然的，柔软、轻松、冷。绿色与蓝绿色系，为沉思和要求高度集中注意的工作，提供了一个良好的环境。

⑦ 蓝色　天棚：如天空，冷、重和沉闷；墙面：冷和远，促进加深空间；地面：容易引起运动的感觉，结实。蓝色趋向于冷、荒凉和悲凉。如果用于大面积，淡浅蓝色由于受人眼晶体强力的折射，因此使环境中的目的物和细部变模糊弯曲。

⑧ 紫色　天棚：除了非主要的面积，很少用于室内，在大空间里，紫色扰乱眼睛的焦点，在心理上它表现为不安和抑制。

⑨ 灰色　天棚：暗的；墙面：令人讨厌的中性色调；地面：中性的。像所有中性色彩一样，灰色没有多少精神治疗作用。

⑩ 白色　天棚：空虚的；墙面：空，枯燥无味，没有活力；地面：似告诉人们，禁止接触。

白色过去一直认为是理想的背景，然而缺乏考虑其在装饰项目中的主要性质和环境印象，并且在白色和高彩度装饰效果的对比，需要极端地从亮至暗的适应变化，会引起视力疲劳。此外，低彩度色彩与白色相对布置看来很乏味和平淡，白色对老年人和恢复中的病人都是一种悲惨的色彩。因此，从生理和心理上，不用白色或灰色，作为在大多数环境中的支配色彩，是有一定道理的。但白色确实能容纳各种色彩，作为理想背景也是无可非议的，应结合具体环境和室内性质，扬长避短，巧于运用，以达到理想的效果。

⑪ 黑色　天棚：空虚沉闷得难以忍受；墙面：不祥的，像地牢；地面：奇特的，难以

理解的。

3. 室内的色调的类型

（1）单色调 以一组色相相同而明度、彩度有一定变化的色彩组成室内色彩的主调，称为单色调。偏冷的单色调可产生宁静、安详的效果，室内有一种开阔感；偏暖的单色调可以取得温馨亲切感，空间有一种紧缩感，不同明度、彩度和冷暖的单色调应注意对比和变化。利用不同的质地、图案及家具形状，来丰富室内的效果，单色调中适当加入黑白灰和金银等无彩色系列使得室内效果更加优美，如彩图8所示。

（2）近似色调 这种配色是在色环上相互接近的颜色所组成的配色关系，所以十分宁静、和谐和清新。这些颜色因在明度和彩度上的变化而显得十分丰富。这些近似色与黑白灰相结合会产生很强的表现力，如彩图9所示。

（3）互补色调 又称对比色调，是运用色环上的相对位置的色彩，如红与绿、黄与紫的补色关系。对比色使室内生动而鲜亮，引人入胜，但应用时必须慎重，其中一色应始终占支配地位，同时利用明度和彩度的变化，使对比关系更加丰富。互补色调也意味着同一房间中有互补的冷暖两种颜色，应以一种为主，如彩图10所示。

（4）三色对比调 在色环上成等边三角形的三个颜色组成的三色对比调，具有强烈的对比效果，在设计中适当改变它们的明度和彩度，可以组成非常新奇的效果，如彩图11所示。

（5）无彩色调 由黑白灰组成的无形系列是十分高雅而又富有吸引力的色调，采用此色调，可以最大限度地突出周围环境的表现力，与环境融合，不与景色争高低，已成为一种时尚，如彩图12所示。

运用黑色要注意面积一般不宜太大，如某些天然的黑色花岗石、大理石，是一种稳重的高档材料，作为背景或局部地方的处理，如使用得当，能起到其他色彩无法代替的效果。

4. 组成室内各部分的色彩

（1）装修色彩 如门、窗、通风孔、博古架、墙裙、壁柜等，它们常和背景色彩有紧密的联系。

（2）家具色彩 不同品种、规格、形式、材料的各式家具，如橱柜、梳妆台、床、桌、椅、沙发等，它们是室内陈设的主体，是表现室内风格、个性的重要因素，它们和背景色彩有着密切关系，常成为控制室内总体效果的主体色彩。

（3）织物色彩 包括窗帘、帷幔、床罩、台布、地毯、沙发、坐垫等蒙面织物。室内织物的材料、质感、色彩、图案五光十色，千姿百态，和人的关系更为密切，在室内色彩中起着举足轻重的作用，如不注意可能成为干扰因素。织物也可用于背景，也可用于重点装饰。

（4）陈设色彩 灯具、电视机、电冰箱、热水瓶、烟灰缸、日用器皿、工艺品、绘画雕塑，它们体积虽小，但常可起到画龙点睛的作用，不可忽视。在室内色彩中，常作为重点色彩或点缀色彩。

（5）绿化色彩 盆景、花篮、吊篮、插花、不同花卉、植物，有不同的姿态色彩、情调和含义，和其他色彩容易协调，它对丰富空间环境，创造空间意境，加强生活气息，软化空间肌体，有着特殊的作用。

5. 室内色彩的层次

首先，作为大面积的色彩，对其他室内物件起衬托作用的背景色；其次，在背景色的衬托下，以在室内占有统治地位的家具为主体色；还有作为室内重点装饰和点缀的面积小，却非常突出的重点或称强调色。以什么为背景、主体和重点，是色彩设计首先应考虑的问题，同时，不同色彩物体之间的相互关系形成的多层次的背景关系，如沙发以墙面为背景，沙发上的靠垫又以沙发为背景，这样，对靠垫说来，墙面是大背景，沙发是小背景或称第二背景。另外，在许多设计中，如墙面、地面，也不一定只是一种色彩，可能会交叉使用多种色彩，图形色和情景色也会相互转化，必须予以重视。色彩的统一与变化，是色彩构图的基本原则。所采取的一切方法，均为达到此目的而作出的选择，应着重考虑以下问题。

（1）主调　室内色彩应有主调或基调，冷暖、性格、气氛都通过主调来体现。对于规模较大的建筑，主调更应贯穿整个建筑空间，在此基础上再考虑局部的、不同部位的适当变化。主调的选择是一个决定性的步骤，因此，必须和要求反应空间的主题十分贴切，即希望通过色彩达到怎样的感受，是典雅还是华丽，安静还是活跃，淳朴还是奢华。用色彩语言来表达不是很容易的，要在许多色彩方案中，认真仔细地去鉴别和挑选。主调一经确定为无彩系，设计者绝对不应再迷恋于市场上五彩缤纷的各种织物、用品、家具，而是要大胆地将黑、白、灰这种色彩用到平常不常用该色调的物件上去。这就要求设计者摆脱世俗的偏见和陈规，所谓创造也就体现在这里。

（2）大部位色彩的统一协调　主调确定以后，就应考虑色彩的施色部位及其比例分配。作为主色调，一般应占有较大比例，而次色调只占很小的比例。

上述室内色彩的分类，在室内色彩设计时，决不能将其作为考虑色彩关系的唯一依据。分类可以简化色彩关系，但不能代替色彩构思。因为，作为大面积的界面，在某种情况下也可能作为室内色彩重点表现对象。例如，在室内家具较少或周边布置家具的地面，常成为视觉的焦点，而予以重点装饰。因此，可以根据设计构思，采取不同的色彩层次或缩小层次的变化来突出视觉中心。

在做大部位色彩协调时，有时可以仅突出一两件陈设，即用统一顶棚、地面、墙面、家具来突出陈设，如墙上的画、书橱上的书、桌上的摆设、座位上的靠垫以及灯具、花卉等。由于室内各物件使用的材料不同，即使色彩一致，由于材料质地的区别，还是显得十分丰富的。因此，无论色彩简化到何种程度也决不会单调。

色彩的统一，还可以采取选用材料的限定来获得。例如，可以用大面积木质地面、墙面、顶棚、家具等。也可以用色、质一致的蒙面织物来用于墙面、窗帘、家具等方面。某些设备，如花卉盛具和某些陈设品，还可以采用套装的办法来获得材料的统一。

（3）加强色彩的魅力　背景色、主体色、强调色，三者之间的色彩关系绝不是孤立的、固定的，如果机械地理解和处理，必然千篇一律，变得单调。解决的办法有以下几方面。

① 色彩的重复或呼应　也就是将同一色彩用到关键性的几个部位上去，从而使其成为控制整个室内的关键色。例如相同色彩的家具、窗帘、地毯，使其他色彩居于次要的、不明显的地位。同时，也能使色彩之间相互联系时，形成一个多样统一的整体。例如白色的墙面衬托出红色的沙发，而红色的沙发又衬托出白色的靠垫，这种在色彩上的互换性，既是简化色彩的手段，也是活跃色彩关系的一种方法。

② 色彩有规律的布置　也就是色彩的韵律感，色彩韵律感不一定用于大面积，也可用于位置接近的物体上。当在一组沙发、一块地毯、一个靠垫、一幅画或一簇花上都有相同的色块而取得联系时，从而使室内空间物与物之间的关系，显得更有凝聚力。墙上的组画、沙发的靠垫、瓶中的花等，均可作为布置韵律的地方。

③ 用强烈对比　色彩由于相互对比而得到加强，一经发现室内存在对比色，也就使得其他色彩退居次要位置，视觉很快集中于对比色。通过对比，各自的色彩更加鲜明，从而加

强了色彩的表现力。提到色彩对比，不要以为只有红与绿、黄与紫等，色相上的对比，实际上采用明度的对比、彩度的对比、清色与浊色对比、彩色与非彩色对比，色相的对比要常用一些，或哪些色彩再减弱一些，来获得色彩构图的最佳效果。不论采取何种加强色彩的力量和方法，其目的都是为了达到室内的统一和协调。

　　总之，解决色彩之间的相互关系，是色彩构图的中心。室内色彩可以统一划分成许多层次，色彩关系随着层次的增加而复杂，随着层次的减少而简化，不同层次之间的关系可以分别考虑为背景色和重点色。背景色作为大面积的色彩，宜用灰调，重点色作为小面积的色彩，在彩度、明度上比背景色要高。在色调统一的基础上，可以采取加强色彩力量的办法，即重复、韵律和对比，强调室内某一部分的色彩效果。室内的视觉重点，同样可以通过色彩的对比等方法来加强它的效果。通过色彩的重复、呼应、联系，可以加强色彩的韵律感和丰富感，使室内色彩达到多样统一，统一中有变化，不单调、不杂乱，色彩之间有主、有从、有中心，形成一个完整和谐的整体。

▍复习思考题

1. 简述色彩对人的生理心理的影响。
2. 简述照明、色彩与材质之间的关系。
3. 简述室内色彩的基本要求。
4. 简述室内色彩的设计方法。
5. 简述室内色彩的色调类型。
6. 简述室内色彩的层次。

第七章 室内的材料设计

第一节 装饰材料概述

室内装饰材料是指在室内装饰工程中起装饰作用的材料，主要包括室内墙面、顶棚、地面等所需要用的材料。

装饰材料应用的好坏直接影响到室内空间的使用功能、装饰效果以及装饰的耐久性等方面，同时还直接关系到施工的成败。室内装饰的从业人员必须熟悉装饰材料的种类、规格、性能、用途等，并且正确、合理、恰当的运用材料才能完美的表达和实现设计意图。

一、室内装饰材料的装饰性质

1. 色泽

色泽包括装饰材料的颜色、光泽度以及透明度三个方面。

（1）颜色　是装饰材料对光谱的选择性吸收的反映，不同颜色给人以不同的感觉。装饰材料除了要根据设计要求选择颜色之外，还要注意选用耐日照，不易褪色的材料。

（2）光泽度　是材料表面对光线反射的性能，一般表面越光滑光泽度越高。装饰材料表面不同的光泽度，可以改变其明暗程度。

（3）透明度　是光线能够穿透材料的程度，根据其程度可以分为不透明、半透明、透明三种。装饰材料的透明度不同，可以对光线的明暗进行调整甚至隔断。

2. 规格和形状

每种装饰材料都有其特定的规格尺寸，如板材的统一规格为 1220mm×2440mm，但其形状可以根据设计的要求进行相应的处理。

3. 图案和质感

同样的装饰材料其表面的处理方法不同可以产生不同的质感，加上不同的图案，可以获得不同的装饰效果，以满足不同的造型需求，最大限度的发挥装饰材料的装饰功能。

4. 耐性

装饰材料主要的耐性包括：①耐久性，指装饰材料能经受日晒、风化、潮湿、洗刷等的性能；②耐磨性，指装饰材料对干擦和湿擦的性能，分为耐干擦性和耐洗刷性，耐磨性越高，装饰材料的使用寿命越长；③耐污性，指装饰材料表面抵抗污物，保持其原有颜色和光泽的性能；④易洁性，指装饰材料易于清洗、保持洁净的性能，包括在风雨等作用下的易洁性（又称自洁性），在人工清洗作用下的易洁性。

（1）力学性能　包括强度（抗压、抗拉、抗弯曲、耐冲击韧性等）、变形性、粘接性、耐磨性、可加工性等。

（2）物理性能　包括密度、吸水性、耐水性、抗渗性、抗冻性、耐热性、吸声与隔声性、光泽度、光吸收以及光反射性等。

（3）化学性能 包括耐酸性、耐碱性、耐腐性、耐污染性、阻燃性、抗风化性等。

二、装饰材料的选用原则

室内装饰装修通常可以分为普通装修、中级装修和高级装修。在选用装饰材料的时候要根据不同的装饰装修级别，在满足设计要求的同时合理的选择不同的装饰材料。通常遵循以下原则。

1. 功能性原则

装修材料的选择要满足其基本的使用功能。在选择材料的时候要考虑所处的地域及其气候特点、装修的级别、具体的场地环境、装饰的部位等进行选择。例如居室中的厨房、卫生间的地面要选择耐水性能好，易于清洗的材料；酒店的客房地面则一般选用舒适柔软的地毯。

2. 装饰性原则

装饰效果如何取决于装饰材料的颜色、光泽、形状、质感等方面的特征，所以在选用装饰材料时要根据前面章节所学的内容，对装饰材料进行合理的搭配，以便达到设计要求，达到最好的装饰效果。例如会议室常采用的质地坚硬的大理石一烘托其庄严肃穆的氛围，而舞厅则需要选用五颜六色的材料才能烘托其娱乐的氛围。

3. 经济性原则

一般室内装饰工程造价占土建工程总造价的 $30\%\sim50\%$，一些装修级别要求高的甚至达到工程总造价的 $60\%\sim65\%$，所以在选择装饰材料的时候必须要考虑其经济性。通常要根据其使用要求及装修级别，合理地选用材料，在不影响装修效果和装修质量的前提下，尽量选用物美价廉的材料，降低费用，节约成本。

需要注意的是经济性原则不仅仅是指当前的造价多少，还要考虑到后期多少维护费用以及使用年限等问题，保证正常使用的同时，总体造价最低。

4. 环保性原则

在遵循前面三条原则的基础上尽量选择含挥发性有害气体少的装饰材料、选用有利于隔热、通风、降噪的材料。

5. 安全性原则

在选用装饰材料时一定要确保其安全性，尽量选用阻燃材料，避免选用有毒、易燃等装饰材料。

三、室内装饰材料的发展趋势

1. 从天然材料向人造材料发展

自古以来，人们常使用天然石材、木材、棉麻织物等天然的材料作为装饰材料，随着科学的进步以高分子材料为主要原材料制造的各种新型装饰材料如人造大理石、人造皮革、塑胶地板、复合地板、化纤地毯等，为人们针对不同的装饰装修要求选择不同的装饰材料提供了更多的可能性。

2. 从单一功能材料向多功能材料发展

以往的材料往往功能单一，而现在很多材料除了其基本功能之外还兼具其它的功能，例如顶棚材料同时具备吸收和降低噪音的功能等等。

3. 从粗糙笨重向精、强、轻发展

如吊顶工程中的粗糙笨重的木龙骨的使用越来越少，而分量轻强度高精确度好的轻钢龙骨使用越来越多。其他材料如铝塑板、纤维板等等使用也越来越多。

4. 从污染向环保发展

随着人们生活条件的改善，人们越来越注重健康，而装修污染则是家庭当中最为重要的污染源，同时也引起了很多疾病。目前，全球都在追求环保健康，装饰材料也越来越注重其环保性，很多无尘、无味、无放射性、防火阻燃的环保材料应用而生。

第二节　装饰材料的分类

一、按化学性质分

可分为无机非金属材料、金属材料、复合材料三类。

1. 无机非金属材料

（1）天然饰面石材：天然大理石、天然花岗岩等。

（2）烧结与熔融制品：烧结砖、陶瓷、琉璃及制品、铸石、岩棉及制品等。

（3）胶凝材料：水硬性胶凝材料，如白水泥、彩色水泥等；气硬性胶凝材料，如石膏及制品、水玻璃、菱苦土等；装饰混凝土及装饰砂浆、白色及彩色硅酸盐制品等。

2. 金属材料

（1）黑色金属材料：不锈钢、彩色不锈钢：

（2）有色金属材料：铝及铝合金、铜及铜合金、金、银

3. 有机材料

（1）植物材料：木材、竹材等。

（2）合成高分子材料：各种建筑塑料及制品、涂料、胶黏剂、密封材料等。

4. 复合材料

（1）无机材料基复合材料：装饰混凝土、装饰砂浆等。

（2）有机材料基复合材料：树脂基人造装饰石材、玻璃纤维增强塑料（玻璃钢）等胶合板、竹胶板、纤维板、保丽板等。

（3）其他复合材料：涂塑钢板、钢塑复合门窗、涂塑铝合金板等。

二、按装饰部位分

可分为墙面、地面、吊顶、卫生洁具、门窗等几个方面。

1. 内墙墙面装饰材料

（1）糊裱类，包括塑料墙纸、纺织纤维墙纸、复合纸质墙纸，化纤墙布、无纺墙布、锦缎墙布、塑料墙布等。

（2）石材，包括天然花岗石、天然大理石、青石板、人造花岗石、人造大理石等。

（3）涂料，包括各种乳胶漆、油漆、多彩涂料、幻彩涂料、仿瓷涂料、防火涂料等。

（4）装饰板材，包括各种木装饰墙板、塑料装饰墙板、复合材料装饰墙板等。

（5）玻璃包括平板玻璃、镜面玻璃、磨砂玻璃、彩绘玻璃等。

（6）金属装饰材料，包括各种铜雕、铁艺、铝合金板材等。

（7）陶瓷砖，包括各种釉面砖、彩色釉面砖等。

2. 地面装饰材料

（1）地毯，包括各种纯毛地毯、化纤地毯、尼龙地毯等。

（2）石材，包括各种天然花岗石、天然大理石、人造花岗石、人造大理石等。

（3）陶瓷砖，包括各种彩色釉面砖、通体砖、陶瓷锦砖（马赛克）等。

（4）木地板，包括各种实木地板、复合木地板、竹地板等。

（5）塑料地板，包括石英塑料地板、塑料印花卷材地板等。

（6）涂料，包括过氯乙烯地面涂料、环氧树脂地面涂料、聚氨酯地面涂料、RT-107 地面涂料等。

（7）其他特殊功能地板，包括防静电地板、网络地板等。

3. 吊顶装饰材料

（1）墙纸、墙布，包括塑料墙纸、纺织纤维墙纸、复合纸质墙纸，化纤墙布、无纺墙布、锦缎墙布、塑料墙布等。

（2）涂料，包括各种乳胶漆、油漆、多彩涂料、幻彩涂料、仿瓷涂料等。

（3）塑料，包括各种聚氯乙烯装饰板、聚苯乙烯塑料装饰板、聚苯乙烯泡沫装饰板等。

（4）石膏板，包括各种纸面石膏板、石膏板装饰板等。

（5）铝合金，包括铝合金穿孔吸声板、铝合金条形扣板、铝合金压花板、铝合金格栅等。

（6）其他吊顶材料，包括矿棉吸声板、石棉水泥板、玻璃棉装饰吸声板等。

4. 卫生洁具

包括陶瓷卫生洁具、钢板卫生洁具、人造大理石等。

5. 门窗装修材料

包括木质门窗、钢门窗、铝合金门窗、塑钢门窗等。

除此之外还有管材、型材和胶黏剂等。

三、按材料的质地分类

室内材料分为实材、板材、片材、型材、线材五个类型。

（1）实材也就是原材，主要是指原木及原木制成的规方。常用的原木有杉木、红松、榆木、水曲柳、香樟、椴木，比较贵重的有花梨木、榉木、橡木等。在装修中所用的木方主要由杉木制成，其他木材主要用于配套家具和雕花配件。在装修预算中，实材以立方为单位。

（2）板材主要是把由各种木材或石膏加工成块的产品，统一规格为 1220mm×240mm。常见的有防火石膏板（厚薄不一）、三夹板（3mm 厚）、五夹板（5mm 厚）、九夹板（9mm 厚）、刨花板（厚薄不一）、复合板（20mm 厚），然后是花色板，有水曲柳、花梨板、白桦板、白杉王、宝丽板等，其厚度均为 3mm，还有是比较贵重一点儿的红榉板、白榉板、橡木板、柚木板等。在装修预算中，板材以块为单位。

（3）片材主要是把石材及陶瓷、木材、竹材加工成块的产品。石材以大理石、花岗岩为主，其厚度基本上为 15～20mm，品种繁多，花色不一。陶瓷加工的产品，也就是常见的地砖及墙砖，可分为六种：一是釉面砖，面滑有光泽，花色繁多；二是耐磨砖，也称玻璃砖，防滑无釉；三是仿大理石镜面砖，也称抛光砖，面滑有光泽；四是防滑砖，也称通体砖，暗红色带格子；五是马赛克；六是墙面砖，基本上为白色或带浅花。

木材加工成块的地面材料品种也很多，价格因材质而定。其材质主要为：梨木、樟木、柞木、樱桃木、椴木、榉木、橡木、柚木等，在装修预算中，片材以平方米为单位。

（4）型材主要是钢、铝合金和塑料制品。其统一长度为 4m 或 6m。钢材用于装修方面主要为角钢，然后是圆条，最后是扁铁，还有扁管、方管等，适用于防盗门窗的制作和栅栏、铁花的造型。铝材主要为扣板，宽度为 100mm，表面处理均为烤漆，颜色分红、黄、蓝、绿、白等。铝合金材主要有两色：一为银白、一为茶色，不过现在也出现了彩色铝合金，它的主要用途为门窗料。铝合金扣板宽度为 110mm，在家庭装修中，也有用于卫生间、厨房吊顶的。塑料扣板宽度为 160mm、180mm、200mm，花色很多，有木纹、浅花，底色均为浅色。现在塑料开发出的装修材料有配套墙板、墙裙板、门片、门套、窗套、角线、踢脚线等，品种齐全，在装修预算中型材以根为单位。

（5）线材主要是指木材、石膏或金属加工而成的产品。木线种类很多，长度不一，主要由松木、梧桐木、椴木、榉木等加工而成。其品种有指甲线（半圆带边）、半圆线、外角线、内角线、墙裙线、踢脚线，材质好的如椴木、榉木，还有雕花线等。宽度小至 10mm（指甲线），大至 120mm（踢脚线、墙角线）。石膏线分平线、角线两种，铸模生产，一般都有欧式花纹。平线配角花，宽度为 5cm 左右，角花大小不一；角线一般用于墙角和吊顶级差，大小不一，种类繁多。除此之外，还有不锈钢、钛金板制成的槽条、包角线等，长度为 2.4m。在装修预算中，线材以米为单位。

除了这五个类型之外还有其他的墙面或顶面处理材料。它们有 308 涂料、888 涂料、乳胶漆等，软包材料有各种装饰布、绒布、窗帘布、海绵等，还有各色墙纸，宽度为 540mm，每卷长度为 10m，花色品种多。再就是油漆类。油漆分为有色漆、无色漆两大类。有色漆有各色酚醛油漆、聚氨酯漆等；无色漆包括酚醛清漆、聚氨酯清漆、哑光清漆等。在装修预算中，涂料、软包材料、墙纸和漆类均以平方米为单位，漆类也有以桶为单位的。

第三节　装饰材料的功能及其选择

一、装饰材料的功能

1. 内墙装饰功能

内墙装饰的主要功能是保护墙体、调节室内空气的相对湿度，净化室内空气的功能；以及辅助墙体起到声学功能，保证室内使用条件和使室内环境美观、整洁和舒适。

墙体的保护一般有抹灰、油漆、贴面等。抹灰能够延长墙体使用寿命，当室内相对湿度较高，墙面易被溅湿或需用水刷洗时，内墙需做隔气隔水层来进行保护。如浴室、厨房、厕所等墙面需要做防水处理。

内墙饰面一般不满足墙体热工功能，当需要时，也可使用保温性能好的材料如珍珠岩等进行饰面以提高其保温性。内墙饰面对墙体的声学性能往往只起到辅助性功能，如反射声波、吸声、隔声等。

内墙的装饰效果由质感、线型与色彩三要素构成。由于内墙与人处于近距离之内，较之外墙或其他外部空间来说，质感要求细腻逼真，线条可以采用是细致或粗犷有力等不同风格。色彩要依据主人的爱好及房间的性质来决定，明亮度则可以根据具体环境采用反光性、柔光性或无反光性装饰材料。

2. 顶棚装饰功能

顶棚装饰材料需要根据不同空间的要求来满足照明、通风、保温、隔热、吸声或反声、音响、防火等功能，同时它要与墙面、地面等其他室内主要界面形成呼应，渲染环境，烘托气氛。

顶棚装饰材料应选用浅淡、柔和的色调，不宜采用浓艳的色调。常见的顶棚多为白色，增强了光线反射能力，增加了室内亮度。

顶棚装饰应与灯具、通风设备等相协调，通常采用平板式顶棚材料，还可采用轻质浮雕顶棚装饰材料等。

3. 地面装饰功能

地面装饰的功能为保护地面基底材料，同时还具有保温、隔声和增强弹性的功能，也起着装饰的作用。

地面必须具有必要的强度、耐腐蚀、耐磨、表面平整光滑等基本使用条件。此外，一楼地面还要具有防潮性，浴室，厨房等要有防水性，其他居室地面要能防止擦洗地面等生活用水的渗漏。标准较高的地面还应考虑隔声、吸声、隔热保温以及富有弹性，使人感到舒适，不易疲劳等功能。

地面装饰除了给室内造成艺术效果之外，由于人在上面行走活动，材料及其做法或颜色的不同将给人脚感和视觉效果不同。利用这一特点可以改善地面的使用效果。因此，地面装饰是室内装饰的一个重要组成部分。

二、装饰材料的选择

1. 防火性与环保性选择

（1）尽量选择防火性能好的材料，严格遵守国家颁布的《建筑内部装修防火设计规范》，禁止在室内公共空间设计时选用 B3 级材料，或者选用的 B2 级（可燃性）材料需经过防火处理合格后方可使用。

（2）在选用室内装饰材料时要选择不超过国家标准的环保性装饰材料。必要时可借助有关环境监测和质量检测部门，对将要选用的装饰材料进行检验，以便放心使用。

另外要注意：在装饰工程结束后，不宜马上进入，应打开窗户通风一段时间，待室内装饰材料中的挥发性物质基本挥发尽，再进行入住。

2. 功能性与耐久性选择

（1）室内装饰材料所具有的功能应该与材料的使用场所特点结合起来，充分考虑好为室内的功能服务。

（2）应选择具有较长耐久性的室内装饰材料，应该与该材料的力学性能、物理性能、化学性能等综合考虑。

3. 外观选择

（1）从形体上进行选择，不同的形体给人以不同的心理感受。如块状和板状材料给人以面的感受、条状材料给人以线的感受等。

（2）从质感纹理上进行选择，不同的材料质感给人以不同的尺度感和冷暖感，如粗犷、细腻、光亮、通透等。

（3）从色彩上进行选择，美学结合色彩心理作用，力求合理应用色彩，以便在心理和生理上均能产生良好的效果。如：红色有刺激和兴奋作用；绿色是一种柔和舒适的色彩，能消除精神紧张和视觉疲劳；黄色和橙色可刺激胃口，增加食欲等。

4. 经济性选择

（1）选购装饰材料时，必须考虑装饰工程的造价问题，既要体现室内空间的功能性和艺术效果，又要做到经济实惠。因此，在室内设计中和材料的选择上一定要做到精心设计、合理选材，根据工程的装饰要求、装饰档次，来合理恰当的选择装饰材料。

（2）从长远的角度考虑选择室内装饰材料，在保证整体装饰效果的基础上，应充分考虑到装饰材料的性价比及后期维护费用。

第四节　装饰材料的应用

装饰材料的种类按其特性分为木材、金属材料、合成材料、化学纺织材料、石材、玻璃等。

木材一般用于顶棚、墙壁、地面等处，装饰性较好，但多用于室内，室外很少利用，因其有不耐久性的缺点。金属材料多用于局部装饰，如廊桥、楼梯扶手以及其他公共场合的局部，很少大面积应用。因为金属材料造价较高、施工难度大，其属性也不适合大面积应用，只能作为管材、线材使用。而在室外，金属材料则用得较多，因为其耐久性好，质地较为结实，所以在许多建筑外立面上采用。石材是建筑装饰材料中最常用的，使用面积也是最大的，是室内、室外都普遍使用的材料。石材多用在公共场所的室内、室外，它可以用来装饰地面、墙壁，而顶棚因为安全问题则很少使用。玻璃在装饰材料中也是近年才流行起来的，室外许多立面较多采用，有的整栋大楼室外立面都用玻璃包起来。玻璃的装饰效果也很好，但可塑性差，施工难度大，造价高，并且如果装修不当，还可能对环境产生负面的影响。涂料是一种综合性的装饰材料，运用的范围很大，便于施工，造价也比较低。它的可塑性极强，装饰能力好，可与各种材料配用，创造性极大，并可以改变原有材料的属性。如果完善利用，是一种很好的装饰手段，可以创造出丰富多彩的风格来。

现在，装饰材料中出现了许多合成材料，其可造性和可塑性都非常好。仿木材和石材等的效果，几乎可以假乱真，装饰效果非常好，而且造价又很低。

各种材料的面积对比产生的风格也不相同。拿木材与石材相比较，如果木材的面积大于石材，基本上接近于暖色调，这样的空间比较适合人与人接近的空间，如餐厅、酒吧等气氛热烈的地方。而石材的面积大于木材，则会使人感觉生硬，不利于人的停留，故多用于大堂、过廊等，在一些舞厅等大空间也常采用，便于长久使用。

掌握了各种装饰材料的性能及装饰用途，能使人们在日后的装饰选材上更加灵活和丰富多彩。

下面按照地面、墙面、顶棚这三个方面来分别介绍常用的装饰材料及其应用。

一、楼地面装饰材料及其应用

1. 陶瓷地砖

(1) 普通釉面砖　表面通过烧釉处理的砖。表面图案丰富，防污能力强，易于清洁，广泛应用于室内墙面和地面装饰，尤其以阳台厨房卫生间的地面墙面居多。

(2) 通体砖　表面不上釉，正反面材质和色泽一致的瓷砖品种。耐磨和防滑性能优异。

(3) 抛光砖　通体砖表面经过研磨、抛光后，表面成镜面光泽的陶瓷砖。表面光亮适合于客厅和大堂等空间；抗污能力不强、防滑性差，不适合用于厨房、卫生间等水较多的空间。

(4) 玻化抛光砖　也叫玻化砖，是抛光砖的升级产品，相对与抛光砖来说其抗污能力较强。应用于除厨房、卫生间、阳台等积水较多的地方之外的其他空间当中。

(5) 马赛克　也叫陶瓷锦砖，是瓷砖品种中面积最小的一种。面积小防滑性能好，适合湿滑的环境，常应用于厨房、大型浴室、游泳池等。

2. 装饰石材

(1) 大理石　因早年产于云南大理而得名。具有非常漂亮的纹理，一般在装饰豪华的空

间中作为地面、墙面、柱面使用；一般的室内装修多用于台面和窗台。

（2）花岗岩　纹理通常呈斑点状，颜色和纹理有很多种类。其用途和大理石相同。

（3）人造石　采用人工合成的方法生产而成的石材品种，其中以人造大理石和人造花岗岩最为常见。其用途与大理石和花岗岩相同，但在防污、防潮、耐腐蚀等方面性能强于天然石材。除用于室内公共空间的地面之外，还可以用于橱柜和卫生间等空间。

3. 木地板

（1）实木地板　采用珍贵硬质木材烘干加工而成。实木地板自然美观、脚感舒适，但价格高，保养要求高，一般用于高档装修的客厅、餐厅、卧室中。

（2）强化地板　是将原木粉碎，添加胶、防腐剂、添加剂后经热压机高温高压压制处理而成。脚感和纹理不如实木地板，但耐磨、抗污、防潮等性能都优于实木地板。广泛运用于一般居室的客厅、餐厅及卧室中。

（3）实木复合地板　结合实木地板和复合地板的优点，又在一定程度上弥补了它们各自的缺点。其用途同强化地板。

（4）竹木地板　以天然优质竹子经过加工而成的地板。相对于实木地板生产周期短、色差小，韧性好，缺点是对日晒和湿度比较敏感。用途同实木地板。

4. 装饰地毯

（1）全毛地毯　以粗羊毛为原料编制而成。它保暖隔声，脚感好，但造价极高，容易吸纳灰尘，多应用于高档室内空间的局部。

（2）化纤地毯　以锦纶、涤纶、丙纶等化工纤维为原料加工成为面层，与棉麻等原料的底层缝合而成的地毯品种。多用于办公室、会议室以及卧室等空间中。

（3）混纺地毯　结合了全毛地毯和花钱地毯的优点，在全毛纤维中加入一定比例的化学纤维而成。其应用同化纤地毯。

二、墙面装饰材料及其应用

1. 乳胶漆

乳胶漆是以合成树脂乳液为基料，配合经过研磨分散的填料和各种辅助剂加工而成的涂料。乳胶漆耐水性好，而且有很多颜色可以随意调配，广泛应用于居室墙面的装饰。

2. 壁纸

（1）塑料壁纸　以纸为基层，以PVC薄膜为面层，经过复合、印花、压花而成。表面耐磨、耐擦洗、防霉。广泛应用于各类装修的内墙面。

（2）纯纸壁纸　由麻、树皮等木浆加工而成，是一种较高档的装修材料，是一些高档装修中卧室、儿童房等的优良材料。

（3）金属壁纸　将金、银、铜、锡、铝等金属材料经过特殊处理后制成薄片贴在壁纸表面。适合营造豪华的氛围，如夜总会、酒店大堂等，也可用于豪华家居的客厅等。

（4）墙布　织物墙布是用丝、毛、棉、麻等天然纤维制成，属于壁纸中较高级的品种，适合各个空间内墙的装饰。除织物墙布外还有玻璃纤维印花墙布，它是以玻璃纤维为基材，表面涂以耐磨树脂，印上彩色花纹图案制成的，适合于儿童房之外的其他空间。

3. 板材

装饰板材种类繁多，根据施工中所使用部位的不同一般分为饰面板材和基层板材两大类。饰面板材要求具有美观的纹理，以便起到装饰作用，如饰面板、防火板、铝塑板等；基层板材常作为基层材料来使用，位于饰面板材里面，一般看不到，如大芯板、胶合板、密度板等。

饰面板材和基层板材相结合，用在干燥的、装修较高档的室内各种墙面或室内墙面的某部分、台面的装饰。

4. 玻璃

玻璃和金属是最能体现现代主义风格特色的两种材料。它在装饰中应用的历史极为悠久。现在玻璃品种繁多，常用来作为隔断来使用，如玄关、厨房、客厅、卫浴、办公室等的隔断；有些如压花玻璃、热熔玻璃等也可以用作电视背景墙等的装饰；镭射玻璃等也常用在酒吧、酒店、影院都能娱乐场所的墙面装饰中。

5. 瓷砖及石材

墙面用瓷砖及石材与地面装饰材料基本相同，详见前面相关内容。

三、吊顶装饰材料

顶棚装饰材料有很多中，乳胶漆、各种饰面材料以及玻璃等都可以作为顶棚的装饰材料，其中以乳胶漆为主要的顶棚装饰材料，前面都有相关的介绍，在这里就不再详细讲述了，重点讲解顶棚装饰中的吊顶装饰材料。

1. 石膏板

（1）纸面石膏板　以牛皮纸做护面，中间以石膏料浆作为夹心层。纸面石膏板广泛应用在干燥的各个室内空间的吊顶工程中。

（2）装饰石膏板　表面利用各种工艺和材料制成各种纹理和图案，具有更强的装饰性。除用作干燥室内空间的吊顶之外，还常用于装饰墙面以及墙裙。

（3）吸声石膏板　在纸面石膏板的基础上，打上一些孔洞，贴上吸声材料制成。常用于会议室、电影院、家庭影院、琴房、KTV 等空间的吊顶工程。

2. 铝扣天花板

铝扣板是轻质铝板经过一次冲压成型后，用特种工艺喷涂漆料而成的，因安装时要扣在龙骨上，因此得名。铝扣板防火、防潮而且容易清洗，因此广泛应用于厨房、卫生间等湿度较大、防火要求较高的空间当中，另外在会议室、办公室等应用也较多。

吊顶的装饰材料还有很多，如 PVC 吊顶、夹板吊顶、矿棉板吊灯等，目前应用范围不是很广，在此不再详细讲述。

复习思考题

1. 简述装饰材料的质感特征。
2. 室内设计中怎样考虑装饰材料之间的构成与组合？
3. 室内装饰中常用的装饰材料有哪些？

第八章　室内的家具和陈设

第一节　家具概论

一、家具的特征

家具是人们在生活、工作中必不可少的用具。它首先应满足人们的使用功能，同时又要满足人们一定的审美情趣。另外，在不同的社会发展的历史阶段中家具的发展和变化，与生产力的水平和时代的民族文化特征有密切关系。使用功能、物质技术条件和造型的形象是构成家具设计的三个基本要素。它们共同构成家具设计的整体，三者之间，功能是前提，是目的；物质技术条件是基础；造型是设计者的审美构思。

1. 使用的普遍性

家具在古代时期已经得到了广泛的应用，在现代社会中家具由于其功能的独特性，贯穿于生活的各个方面，可见其使用的普遍性。

2. 功能的二重性

家具不仅是一种功能物质产品，同时也是一种大众艺术，它既要满足人们的使用要求，又要满足人们的精神需求。所以说家具不仅是艺术创作，同时也是物质产品，这便是其功能的二重性。

3. 丰富的社会性

家具的造型、功能、风格和制作水平等因素，是一个国家或地域在某一历史时期生产力发展水平的见证，是当时人们生活方式的缩影，也是该时期的文化体现，因而家具具有丰富的社会性。

二、家具的概念

1. 家具的精神概念

家具设计的使用功能既包含了物质方面也包含了精神方面。如中国传统家具中的宫廷家具充分体现皇权的至高无上，使家具的"精神"淋漓尽致地表达。可见家具的"精神"概念在家具设计中的重要性，将其称为家具设计的灵魂当之无愧。

2. 家具的民族概念

不同的民族、不同的地域，由于生活方式、地域文化等因素的不同，对家具的造型样式和审美情趣上也不尽相同，这充分说明了家具的地域性和民族性。

3. 家具的时代概念

家具的发展是随着历史的发展而变化的，不同的历史时期家具的造型、工艺、材料、风格都不同，家具就仿佛是时代的晴雨表一样，记载着时代的特征和历史的变迁。

4. 家具的技术概念

家具是依靠物质材料、技术手段和加工工艺制作出来的，也可以说他们是家具设计的物质基础。在家具发展史上，新材料、新技术的不断更新进步促成了家具的发展，也给人们带来一件件家具的经典之作。

5. 家具设计的空间概念

家具的空间概念是指家具在室内环境中的所处的空间位置。然而，无论是室内空间还是家具设计都是由人的尺度来决定的，设计师为了在有限的空间中满足人们对家具的使用要求，通常会研究其空间概念，设计出合理而有新意的家具。如组合家具的出现，就是设计师对家具设计的空间概念的运用。

6. 家具设计的型体概念

家具是一个具有一定形状的物体，其形体概念是由形体的基本构成要素点、线、面、体构成的。此外，还有色彩、比例、质感、肌理等基本的设计要素。许多经典的家具作品都是运用了这些基本构成要素进行巧妙的配合而设计的。如里特维尔德设计的红蓝椅。

7. 家具设计的美学概念

家具是具有使用功能的艺术品，所以家具设计要符合设计的美学原则，也就是形式美法则。特别是在现代家具设计潮流中出现的观赏家具，更体现出家具本身就是一件艺术品。

三、家具与室内设计

家具是室内设计的一个重要组成部分，与室内环境形成一个有机的统一整体，室内设计的目的是创造一个更为舒适的工作、学习和生活环境。在这个环境中包括天花板、地面、墙面、家具、灯具、装饰织物、绿化以及其他陈设品。而其中家具是室内设计的主体。其一是实用性，家具是人在室内衣、食、起居、工作、学习、各种活动都离不开的，在室内设计中与人的关系最密切；其二是装饰性，家具是体现室内气氛和艺术效果的主要角色。一个房间，几件家具（必须是协调成套的，而不是七拼八凑的）摆上去，基本上定下了主调，然后再辅助以其他的陈设品，便构成一个有特色的，具有艺术效果的一个室内环境。例如，封建王朝皇宫中体现统治者的威严、权势、豪华的家具，格外把尺度放大，以显其威严壮观。不惜工本的雕刻装饰，以显其神圣高贵。而民居中朴实无华、简单适度的民间家具，具有"雅致"的韵味，造型简洁、外型舒展、结构雄劲、线条流畅，充分体现了家具的艺术魅力。现代家具更是千奇百怪、竞相斗艳，造型更具几何形状和标准化，为现代化大批量生产提供了条件；反过来，家具又是室内设计这个整体中的一员，家具设计不能脱离室内设计总的要求。

第二节　家具的发展

我国家具发展的历史久远。出土有战国时期便床的实物。在唐代以前人们大都席地而坐，没有现在的桌椅，所用器皿大都放在较矮的床、几、案上。唐代是自古以来人们从席地而坐到垂足而坐的过渡阶段。唐朝后期开始出现桌椅，但还没有广泛流传。到宋代，人们的生活起居发生了很大变化，普遍采用了现今的高脚桌椅。随着生活方式的改变，促进了家具工艺的发展，如图 8-1～图 8-3 所示。

我国明代的家具在中外闻名，并留下了大量实物。明代家具种类多、材料精，造型优美，比例恰当，坚固耐用，榫卯精绝，色泽质朴。它的设计将功能与精神，技术（力学、结构）与艺术有机地融合。明代家具由于造型所产生的比例尺度，以及素雅朴质的美，使其在我国古代家具设计制造中，达到了很高的艺术水平，在世界家具史上占有重要地位。而在国外，现代家具的设计也多有借鉴我国明式家具设计的精华，如图 8-4～图 8-7 所示。

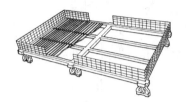

图 8-1　战国时期彩绘大床

图 8-2　隋唐时期桌、靠背椅和凹形床

图 8-3　长桌和长凳

图 8-4　杌凳

图 8-5　圈椅

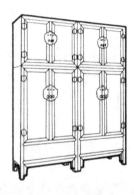

图 8-6　四件柜

图 8-7　架子床

　　现代家具的发展是随着 19 世纪末大工业生产的兴起而形成的。自德国的索涅特于 1856 年成功地用蒸汽处理山毛榉，弯成曲木家具，简化了榫接工艺和烦琐的装饰，至 19 世纪末在欧洲兴起了新艺术运动，它承接了英国 W. 莫里斯为首的手工艺运动思潮，在家具上采用简单而有力的植物形曲线，代替复杂严肃的古典几何造型，以及德国的德勒斯登和奥地利的维也纳相继出现的家具革新活动等探索和革新给现代家具的发展带来了新的契机，如图 8-8～图 8-10 所示。

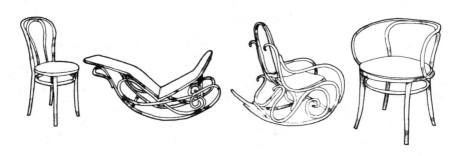

图 8-8　索涅特·米歇尔作品

图 8-9　莫里斯·威廉作品

图 8-10　亨利·凡·得·维尔作品

　　20 世纪初欧洲社会意识形态中涌现出大量的新观点、新思潮，从不同的角度和不同的重点，从多种途径进行革新探索和试验。1919 年在德国魏玛成立的包豪斯学校，以著名建筑设计家格罗比乌斯为代表的"包豪斯"学派，他们主张并强调功能为设计的中心和目的。形式上提倡非装饰性的几何造型，采用造型简洁，线条分明的设计，注重发挥结构本身的形式美，讲究构图上的动感和材料质感的对比，使其在造型中充满"动"与"视"的和谐统一。最能代表包豪斯设计风格的是其钢管家具，它标志着 20 世纪 30 年代的所谓"现代设计运动"新的里程碑，并促进了现代设计风格的形成。德国的现代设计运动从德意志"设计同盟"开始，到包豪斯设计学校为高潮，集欧洲各国设计运动之大成，初步完成了现代主义运动的任务，搭起了现代主义设计的结构，到第二次世界大战以后，影响到世界各地，成为战后"国际主义设计运动"的基础。由于其功能作为形式设计的最高准则，而具有世界性的共同需要，被世人称为"国际风格"，如图 8-11 和图 8-12 所示。

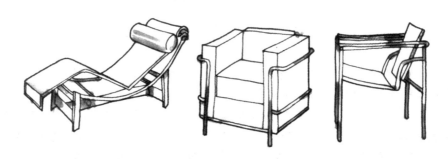

图 8-11　勒·柯布西埃作品

图 8-12　密斯·凡德罗作品

20 世纪 40～50 年代，由于合成树脂胶的发明及其工艺的迅速发展以及高频胶合技术的应用，为家具提供了高性能的弯合材和各种人造板材，更为家具的革新开拓了新的领域。另外，由于新的合金冶炼技术及合成化工技术的应用，也同时为家具提供了轻质合金材、塑料和人造革。进入 60 年代，范围广泛的技术革新活动已发展到一个新的阶段，各种体积小、重量轻、高效率、高精度的专用设备也不断涌现，为家具用材和加工开辟了新的途径。与此同时，各种复合材料和相关技术应运而生。值得注意的是组合家具的产生，这种新型家具已完全脱离了传统的整体组群的单独形式，而向单体组合发展，成为部件装配化的单元组合形式。如组合柜、组合桌、组合椅、组合沙发等，如图 8-13 和图 8-14 所示。

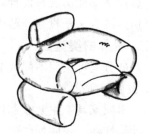

图 8-13　伯托伊·赫里作品

图 8-14　德巴斯·杜尔比诺·
劳马兹和斯科勒里作品

进入 20 世纪 70～80 年代，为适应新的生活方式，室内陈设起了新的变化，人们喜欢选用单元系统式的组合家具。同时，还出现一种用塑料发泡成型的单元组合靠椅和有机形自由组合靠椅。另一方面，壳体模型家具的发展，也给家具设计带来了新的面貌。除改进玻璃钢和聚苯乙烯塑料家具的一次整体成型工艺外，还继续发展了有机玻璃家具，由于有机玻璃具有板状、管状、圆杆状、方杆状和块状等各种形态，且易于切割、弯曲、折叠和模压等制作上的优良性能，使家具设计业有广泛造型的可塑性和其透明度强的效果，补充了传统材料为木材所缺乏的自然特点。

此外，还进一步发展了塑料超高堆积式椅子（每张椅子既能独立置放，也可连接成排堆积、且密度极大，一米高度可容纳几十张椅子），以及充气家具、纸板家具等。

第三节　家具的作用和分类

一、家具的作用

室内环境设计在空间确定之后，在整个环境设计和布置的家具及陈设是室内环境功能的主要构成因素和体现者，同时家具与陈设的排列布置设计，对室内空间的分隔，对人们活动以及生理、心理上的影响是举足轻重的。因此，从功能来看有如下作用。

$$
家具功能
\begin{cases}
实用功能
\begin{cases}
为人们日常活动服务 \\
对空间的分割与充实 \\
按功能组织区域和划分
\end{cases} \\
精神功能
\begin{cases}
审美情趣的物化 \\
时尚与传统信息的传递 \\
气氛意境景观的构成要素
\end{cases}
\end{cases}
$$

在现代家具中，广泛使用的拆装、多变的组合式系列家具，与其室内设计的整体关系更为密切，可以说室内设计在空间分隔与环境气氛的创造方面，家具的组合、配置和运用起了极其重要的作用。家具不仅仅是为了实用，而人们越来越重视的是其精神功能，即家具在室内环境的气氛和情调的创造中所担当的角色。

家具在现代室内环境中，其配置和形体的显示实际上是一种时尚、传统、审美情趣的符号和视觉艺术的传递，或者说是一种情趣、意境，一种向往的物化。家具设计的发展史，可以上溯到很久远的年代。家具设计从一开始就是与人的生活密切相关的，就是为了方便人的生活，也即从功能出发来设计，首先是实用功能，在满足了实用功能以后，才考虑其精神功能。然而这两者又是贯穿于整个设计的全过程。

二、家具的类型

家具的分类可按照不同的分类方法进行分类，主要有以下九种。

1. 按照材质分类

（1）木质家具　主要零部件由木材或木质人造板制成的家具。其特点是纹理丰富、色彩纯真、导热性弱、硬度低、弹性较好、透气性好。

（2）实木家具　主要零部件由木材制成的家具。一般没有连接件，多为榫结合。

（3）金属家具　和现代家具同时产生，主要零部件由金属制成的家具。其特点是轻巧、能营造冷静的环境。

（4）塑料家具　主要零部件由塑料制成的家具，工艺简单、便于生产。

（5）石材家具　主要零部件由石材制成的家具，多为室外家具。

（6）玻璃家具　主要零部件由玻璃制成的家具，多和金属、木质结合。

（7）竹家具　主要零部件由竹制成的家具，是中国的传统家具，多用于夏令家具，特点是弹性好、透气性好、光洁度高，形态优雅。

（8）藤家具　主要零部件由藤制成的家具。较之竹家具，线条更流畅。

（9）软家具　带有弹簧和塑料泡沫、软垫类的家具。其特点是坐卧舒适、体积大、给人以厚重感。

2. 按功能分类

（1）坐卧性家具　坐卧性家具主要包括椅、凳、沙发、床等，由于与人体直接接触，要求安全舒适，符合人体迟度。

（2）贮存性家具　贮存性家具主要包括柜、橱、架、箱等，其主要功能是贮藏物品。

（3）凭椅性家具　凭椅性家具包括桌、台、案、几等，其主要功能是供人们就餐或学习使用。

（4）陈列性家具　陈列性家具主要包括陈列柜、展示柜、柜台、博古架等。其主要功能是陈列和展示物品。

（5）装饰性家具　装饰性家具主要包括几、条案、屏风等。其主要功能是点缀和区分空间，供人们观赏。

3. 按照基本形式分类

（1）椅凳类　椅凳类家具是坐类家具的一种，造型丰富、品种多样。

（2）床榻类　供人们休息、睡眠使用的卧类家具。

（3）橱柜类　供人们存储使用的一类家具。

（4）几案类　茶几、条案、桌类等一类供人们工作、学习使用的家具。

4. 按照使用场所分类

（1）住宅家具　又名民用家具，主要是指住宅空间内使用的家具。

（2）公共家具　公共空间使用的家具，具有专业性强、类型较少、数量较大的特点。主要有办公家具、户外家具、特殊家具三种。

5. 按照放置形式分类

（1）嵌固式家具　嵌入或固定在室内中的顶、墙、地面的家具，称之为嵌固式家具，含悬挂式家具。

（2）自由式家具　可以在室内空间中自由摆放或移动的一类家具，统称为自由式家具。

6. 按照风格特征分类

可以把家具分为古典家具和现代家具。

7. 按照结构形式分类

结构形式指家具各个部位的连接方式。

（1）框式家具　其主要部件为木框嵌板结构。其特点是以榫眼结合为主，以木框承重，以板材分隔或封闭空间，工艺复杂，废人力，费工费料。代表家具：明式家具。

（2）板式家具　其主要部件为各类板架。其特点是板材既承重荷载，又分隔封闭空间，工艺简单，多用连接件相连，便于生产，涂饰自动化。

（3）折叠家具　其主要部件为钢结构。折叠家具常用的连接件有铆钉、螺栓、特殊折动件。

（4）曲木家具　其主要部件为弯曲成型或模压成型的木材或人造板，其特点是要求木材树种等级高，多采用单板结合弯曲，线条弯曲流畅，体态轻巧。

（5）壳体家具　整个家具或主要部件为壳体式零件，其特点是一次成型，生产率高。

（6）充气式家具　由各种气囊组成的家具。其特点是携带方便，无需任何连接件，适用于户外或狭小的空间。

8. 按照结构特点分类

（1）拆装类（DIY）　拆装类家具主要部件为若干可拆装的零部件，主要连接件为金属、塑料连接件，此类家具的特点是拆装灵活，零部件具有互换性，零部件的加工精度和装配性能较高。

（2）通用部件式家具　是指家具的主要部件采用统一的规格尺寸，按标准化生产同一规格的部件可在几种不同的家具上或同一家具的不同部位重复使用的家具。其特点是简化了生产组织与管理工作，提高了劳动生产率，利于实现专业化自动化生产。

（3）支架类家具　其特点是部件固定在金属或木质支架上，支架可支撑于地面，也可固定于墙壁或天花上，部件种类和高度可调节，造型线条变化多。

（4）多用家具　其特点是部件位置稍加调整，即可变换其用途。多用于面积较小的居室或功能多用户化居室。

9. 按照家具的构成形式分类

构成形式指单体家具的组成形式。

（1）单体家具　其特点是家具间无组合因素，功能单一，适应性广泛。

（2）组合家具　由若干统一设计、制造的家具单体或部件，组合装配而成的家具，可分为部件式组合和单体组合两种方式。其特点是可根据不同需要不同使用条件组合，多造型，多功能。

三、家具的布置

家具的布置能使室内空间更具有实用价值，家具的组合方式必须服从人们的生活和活动的需要，符合空间条件的要求。

（1）家具的布置必须首先满足人们使用上的要求，而空间活动的要求决定了家具布置的方式和结构形态。

（2）家具的布置方式应充分考虑空间条件的限制。

（3）家具的布置除了应该考虑合理的布置、恰当的尺度以外，还要考虑人在使用这些家具时有足够的活动空间。

（4）家具的布置还应该与室内整体环境的协调对比或达到均衡的构图要求。

（5）家具的质感、色彩与周围的环境产生鲜明的对比，可以突出家具的形象。

（6）家具应与室内环境中的陈设品相配合，烘托效果更佳。

四、家具布置与空间的关系

1. 合理的位置

在进行家具布置的时候，应结合使用要求，使不同家具的位置在室内各得其所。如客厅，可根据其会客要求将沙发和茶几进行围合布置成会客区域。

2. 方便使用、节约劳动

同一室内的家具在使用上都是相互联系的，如厨房中洗、切等设备和橱柜、冰箱、蒸煮设备，它们的相互关系是根据人在使用过程中达到方便、舒适、省时、省力的活动规律来确定。

3. 丰富空间、改善空间

一个完整的室内空间通常在没有进行家居布置前，原来的空间都有可能存在某种缺陷。经过家具布置后，对空间进行再创造，使空间在视觉上达到良好的效果，不仅可以丰富空间的内涵，也可以改善弥补空间的不足。

4. 充分利用空间、重视经济效益

室内设计中的一个重要的问题就是经济问题，合理压缩非生产性面积，充分利用使用面积，减少或消灭不必要的浪费面积，对家具布置提出了相当严格的要求。

五、家具的选用和质量

家具的质量和选用是室内设计中一项重要的任务。根据室内空间的要求不同，选用不同造型、尺度、色彩、材料的家具，并根据设计要求，体现出需要的情调和气氛，加以组合和布置以及对室内空间的划分，再配以辅助陈设，如室内织物、灯具、工艺品等。

对于大的空间和小的空间家具选择和配置是不同的。大的公共场所如礼堂、宾馆、剧院、机场、车站等公共建筑的室内，追求的是气派。而住宅空间，根据不同的使用功能其空间要求也不同，家具的选用也追随空间的大小来选择。卧室的要求就不同于客厅，尤其对室内空间较小的房间，更要注意家具的尺度。尽量做到充分利用空间，以防家具占据太多的室内空间，而造成空间紧缩感。同时，家具在室内的高低错落有致，并按一定的比例模数设计，形成一种抑扬顿挫、富有情调的、凝固的室内乐章。

第四节　室内陈设设计

室内陈设除了家具以外，还有日常生活用品、工艺品、各种室内装饰织物、家用电器、各种灯具、绿化盆景等的配置和选用。室内设计的气氛、格调、意境，在很大程度上取决于室内陈设的设计，从中可了解到主人的文化、修养和情调。

室内陈设有很大部分与室内的装饰有直接关系，是室内设计的重要环节。织物已渗透到室内设计的各个方面。又由于织物在室内的覆盖面积大，所以对室内的格调影响起很大作用。织物具有柔软、触感舒适的特殊性，所以又能有效地增加舒适感。在一些公共空间内，织物只作为点缀物品出现，而私密性空间则以织物为主，可塑造出应有的空间温暖感。如各种地毯、挂毯、窗帘、床罩、沙发套、台布等，它们的主要目的是与家具和室内主要的色彩协调，并发挥其材质美、肌理美、色彩美的作用。在满足实用功能的同时，为创造室内的气氛、情趣，而突显其表现力。

一、地毯

地毯在给人们提供了一个具有弹性、防寒、防潮、减少噪声的地面的同时，并可创造出一种象征性的空间。在不同的室内环境中，应选用比较适宜的样式来与之协调。在旅馆、饭店中的庄严场合，如会议厅、接待厅就不宜用太花哨的地毯；餐厅、咖啡厅、舞厅等娱乐场所可以适当花哨些；在大型厅堂内常用宽边式构图的地毯，以增强空间的区域感。而在卧室因家具等物较多，可用素色四方连续花纹地毯；在门厅、走廊常用单色或条纹状地毯。总之，地毯的铺设应根据室内陈设艺术的结构，不可孤立考虑。在不影响整体空间的同时，不仅取决于本身的色彩、纹样，而且还取决于它与室内家具、陈设物之间的综合关系，如色彩、纹样的协调与否等。

二、窗帘

窗帘的主要功能是调节光线、温度、声音和视线，而装饰性在室内设计中是非常值得重视的。根据窗帘的质地材料和厚薄，可分为纱帘、绸帘、呢帘三种。纱帘可增加室内的轻柔、飘逸气氛；绸帘具有调节光线、遮阳和遮挡视线，增加私密性的功能；呢帘有遮光、保温、隔声的作用，可提供更加私密的室内空间。

窗帘按悬挂方式又分为平拉式、垂幔式、挽结式、波浪式、半悬式、卷帘式、百叶式等。

三、装饰织物

家具式陈设物品上的各种蒙面、覆盖织物，在室内陈设艺术上可起到点缀和衬托艺术效果的作用。其艺术质量和审美效果关系到室内陈设艺术和家具的造型艺术的两个方向：一是它的质地、色彩要和墙面、地面相协调，又要和窗帘、床罩、台布等有所配合，一般室内的桌、台、柜上的覆盖织物宜少不宜多，尤忌五光十色，否则将破坏室内本身的典雅气氛；二是对家具本身更应体现家具的整体审美要求。总之装饰织物的形式和风格应从属于室内的总体陈设布局的艺术效果，不能因覆盖织物而使优美的家具纹理被覆盖，而使材质优美的家具失色。

四、壁挂

壁挂包括壁毯、吊毯（吊织物）均属于软质材料，使人感到亲切自然。在与人接触的部分，可以有柔软舒适的触感，即使在人不易接触、抚摸的地方，也会使人感到温馨和高贵。壁挂是把柔软与美高度结合的室内装饰物。用壁挂可以取代国画、油画及其他工艺品来装饰墙面，与其他装饰织物比较有更广泛的表现力。吊毯则根据空间的需要，自然下垂，能活泼空间气氛，有较丰富的装饰效果。

其他织物包括天棚织物、织物屏风、灯罩、布玩具、工具袋、信插、织物插花、织物吊盆等。天棚织物用于舞厅、共享大厅、餐厅、卧室等，织物略加褶纹和曲线变化都可取得良好的装饰效果。悬挂织物给人以富丽高贵、亲切之感。因其既不反光，又隔声、防潮，是壁纸无法相比的，目前广泛应用于高级场所。织物屏风有防风及划分空间的实用价值。其装饰价值要看它是否和室内总体艺术风格相协调。织物灯罩较其他质感的灯罩显得柔和、亲切、轻便。有些半透明的灯罩，在光线透射下，很能体现其材质的肌理美。

总之，室内织物的材质和工艺手段丰富多彩，用途极为广泛。室内织物的选择与设计，必须有整体观念，孤立地评价其优劣是无关紧要的，关键在于它能否与室内整体效果相和谐统一，在遵从艺术效果的要求下，充分发挥装饰织物的形、色、光、质的各自优势和作用，共同创造一个高舒适度、高实用性、高精神境界的室内环境。

五、其他艺术品和工艺制品

空间陈设除装饰织物外，根据室内环境的风格适当选择一些艺术品如中国的书法、绘画、民间艺术品、工艺制品、西方绘画作品等点缀和装饰室内空间，更能体现一种文化品味和风格特征，增强室内的情趣和格调。

▌复习思考题

1. 人体工学在环境设计中有哪些作用？

2. 家具如何分类？

3. 家具在室内环境中的作用有哪些？

4. 怎样选用与布置家具？

5. 简述室内陈设的意义、作用和分类。

6. 应如何选择与布置室内陈设？

7. 常见的陈设品的应用有什么特点和要求？

第九章　室内的绿化与庭园

室内绿化是室内设计的一部分，室内植物作为装饰性的陈设，比其他任何陈设更具有生机和魅力。室内绿化主要是利用植物材料并结合园林常见的手段和方法，组织、完善、美化它在室内所占有的空间，协调人与环境的关系，使人既不觉得被包围在建筑空间里而产生厌倦，也不觉得像在室外那样，因失去庇护而产生不安全感。室内绿化主要是解决人—建筑—环境之间的关系。

第一节　室内绿化的功能和方法

一、室内绿化的功能

1. 合理组织室内空间

（1）内外空间的过渡与延伸　将植物引进室内，内部空间兼有自然界空间的因素，使人从室外进入建筑内部时有一种自然的过渡和连续感，达到内外空间的过渡。同时，借助绿化使室内外景色通过通透的围护体互渗互借，可以增加空间的开阔感和变化，使室内有限的空间得以延伸和扩大。

（2）空间的提示与导向　由于绿化具有强烈的感染力和观赏性，所以能自然地吸引人们的注意力，从而能巧妙而含蓄地起到提示与导向的作用。

（3）空间的限定与分隔　利用室内绿化可形成或调整空间，而且能使各部分既能保持各自的功能作用，又不失整体空间的宽敞性、完整性和连续性。

（4）柔化空间　现代建筑空间大多是由直线形和板块形物体组成的几何体，造成建筑内墙面、地面、顶和隔断组成的空间是固定的分隔方式，构成了封闭式空间。而利用绿色植物特有的曲线、多姿的形态、柔软的质感、悦目的色彩，则可以改变和减弱这一固定的、坚硬的空间，使建筑内线条自然柔和，色彩丰富，增加空间的时空感和亲切感，并赋予更多的人情味。

2. 净化空气、调节气温、降低噪声

植物所带来的勃勃生机以及特有的净化空气的作用是任何室内装饰物所无法替代的。而不同的植物种类对污染物的吸收能力和净化作用也不尽相同。如吊兰、海棠、仙人掌、夹竹桃、棕榈科等植物可吸收甲醛、苯等有害气体。有些植物的分泌物，如松、柏、悬铃木等具有杀灭细菌作用。同时植物又能滞留尘埃、减轻噪声、促使氧气和二氧化碳的良性循环，从而使环境得以改善。另外，绿色植物不仅能阻拦阳光直射，还能通过它本身的蒸腾和光合作用消耗许多热量。据测定，绿色植物在夏季能吸收 $60\% \sim 80\%$ 日光能，90% 辐射能，使气温降低 3℃左右。

3. 创造优美的室内环境，陶冶情操

室内绿化是把大自然的景观经过加工、浓缩而引入室内，为建筑空间增加生机和活力，创造一个宁静舒适、具有大自然情趣的工作和生活环境。人们在室内就可近睹芳菲，观其色、闻其香、赏其态，以便能在紧张的工作、生活之余，从生机盎然的绿化环境中驱除疲惫。花蕊的芳香油分子与人鼻子嗅觉细胞接触后，刺激了嗅神经，使人感到心旷神怡，可改变人的心境与情绪，花香对养生大有神益。

植物的意境美是一种抽象美，我国很多古代诗词及民众习俗中都留下了把植物人格化的优美篇章，对植物的寓意，不但含义深邃，而且达到了天人合一的境界。例如：古人向来将"松、竹、梅"称为"岁寒三友"。一般松树寓意"坚贞、永恒"；竹有"气节"之意；梅花有"高洁"之意；桃花有"门生"之意；合欢寓意"合家欢乐"；百合寓意"百年好

图 9-1　室内绿化

合"；玉兰、牡丹、桂花等寓意"富贵、幸福"。植物的意境美，赋予了园林景观深刻的文化内涵。从欣赏植物景观形态美到意境美是欣赏水平的升华，参见图 9-1。

二、室内绿化的方法

室内绿化装饰方法除要根据植物材料的形态、大小、色彩及生态习性外，还要依据室内空间的大小、光线的强弱和季节变化，以及气氛而定。其装饰方法和形式多样，主要有陈列式、攀附式、悬垂吊挂式、壁挂式、栽植式以及小型观叶植物绿化装饰等。

1. 陈列式绿化

陈列式是室内绿化装饰最常用和最普通的装饰方法，包括点式、线式和片式三种。其中以点式最为常见，即将盆栽植物置于桌面、茶几、柜角、窗台及墙角，或在室内高空悬挂，构成绿色视点。线式和片式是将一组盆栽植物摆放成一条线或组织成自由式、规则式的片状图形，起到组织室内空间，区分室内不同用途场所的作用，或与家具结合，起到划分范围的作用。几盆或几十盆组成的片状摆放，可形成一个花坛，产生群体效应，同时可突出中心植物主题。

采用陈列式绿化装饰，主要应考虑陈列的方式、方法和使用的器具是否符合装饰要求。传统的素烧盆及陶质釉盆仍然是目前主要的种植器具。至于近年来出现的表面镀仿金、仿铜的金属容器及各种颜色的玻璃缸套盆则与豪华的西式装饰相协调。总之，器具的表面装饰要视室内环境的色彩和质感及装饰情调而定，参见图 9-2。

2. 攀附式绿化

大厅和餐厅等室内某些区域需要分隔时，采用带攀附植物隔离，或带某种条形或图案花纹的栅栏，再附以攀附植物，但须与攀附材料在形状、色彩等方面协调一致，以使室内空间分隔合理、协调，而且实用。见图 9-3。

3. 悬垂吊挂式绿化

在室内较大的空间内，结合天花板、灯具，在窗前、墙角、家具旁吊放有一定体量的阴生悬垂植物，可改善室内人工建筑的生硬线条造成的枯燥单调感，营造生动活泼的空间立体美感，且"占天不占地"，可充分利用空间，参见图 9-4。

图 9-2　陈列式绿化

图 9-3　攀附式绿化

图 9-4　悬垂吊挂式绿化

4. 壁挂式绿化

室内墙壁的美化绿化，也深受人们的欢迎。壁挂式有挂壁悬垂法、挂壁摆设法、嵌壁法和开窗法。预先在墙上设置局部凹凸不平的墙面和壁洞，供放置盆栽植物；或在靠墙地面放置花盆，或砌种植槽，然后种上攀附植物，使其沿墙面生长，形成室内局部绿色的空间；或在墙壁上设立支架，在不占用地的情况下放置花盆，以丰富空间。采用这种装饰方法时，应主要考虑植物姿态和色彩。以悬垂攀附植物材料最为常用，其他类型植物材料也常使用，参见图9-5和图9-6。

图 9-5　壁挂式绿化（一）　　　　　　　　　图 9-6　壁挂式绿化（二）

5. 栽植式绿化

　　这种装饰方法多用于室内花园及室内大厅堂有充分空间的场所。栽植时，多采用自然式，即平面聚散相依、疏密有致，使乔灌木及草本植物和地被植物组成层次，并注重姿态、色彩的协调搭配，适当注意采用室内观叶植物的色彩来丰富景观；同时考虑与山石、水景组合成景，模拟大自然的景观，给人以回归大自然的美感，参见图9-7。

图 9-7　栽植式绿化

6. 小型观叶植物绿化

这种装饰方法在欧美、日本等地极为盛行。其基本形态乃源自插花手法，利用小型观叶植物配植在不同容器内，摆置或悬吊在室内适宜的场所。这种装饰设计手法最主要的目的是要达到功能性的绿化与美化。也就是说，在布置时，要考虑室内观叶植物如何与生活空间内的环境、家具、日常用品等相搭配，使装饰植物材料与其环境、生态等因素高度统一。例如，将小型的蔓性或悬垂观叶植物作悬垂吊挂式装饰。这种应用方式观赏价值高，即使在狭小空间或缺乏种植场所时仍可被有效利用。

第二节　室内植物的分类与设计原则

一、室内绿化的原则

1. 美学原则

美，是室内绿化装饰的重要原则。如果没有美感就根本谈不上装饰。因此，必须依照美学的原理，通过艺术设计，明确主题，合理布局，分清层次，协调形状和色彩，才能收到清新明朗的艺术效果，使绿化布置很自然地与装饰艺术联系在一起。

（1）统一原则　即变化统一的原则。如前所述，植物有大小、形态、色彩、质地之别，在一个空间内各种不同的植物的搭配要有一定的统一感。若变化太大，整体就会显得杂乱无章，失去美感。但平铺直叙，没有变化，又会单调乏味。因此，要掌握在统一中求变化，在变化中求统一的原则。一般应以 1～2 种（在较大的空间里可以某一类）植物作为基调树种来统一整个空间，再配以其他植物组景。

（2）和谐原则　植物姿色形态是室内绿化装饰的第一特性，它将给人以深刻印象。在进行室内绿化装饰时，要依据各种植物的各自姿色形态，选择合适的摆设形式和位置。同时注意与其他配套的花盆、器具和饰物搭配协调，力求做到和谐相宜。如悬垂花卉宜置于高台花架、柜橱或吊挂高处，让其自然悬垂；色彩斑斓的植物宜置于低矮的台架上，以便于欣赏其艳丽的色彩；直立、规则植物宜摆在视线集中的位置；空间较大的中央位置可以摆设丰满、匀称的植物，必要时还可采用群体布置，将高大植物与其他矮生品种摆设在一起，以突出布置效果。

2. 实用原则

室内绿化必须符合功能的要求，要实用，这是室内绿化装饰的另一重要原则。因此，要根据绿化布置场所的性质和功能要求，从实际出发，做到绿化装饰美学效果与实用效果的高度统一。如书房，是读书和写作的场所，应以摆设清秀典雅的绿色植物为主，以创造一个安宁、优雅、静谧的环境，使人在学习间隙举目张望，让绿色调节视力，缓和疲劳，起镇静悦目的功效，而不宜摆设色彩鲜艳的花卉。

房小而花木过于高大，会使人觉得狭窄闭塞；房大而花木过于矮小，又使人感到空空荡荡。客厅如果比较宽敞，可在墙角摆放一盆枝叶繁茂、体型较大的观叶植物，如龟背竹、棕竹等，再将色艳味香的瓶插花置于茶几上，整个客厅就会显得雅致大方。寝室里一般光线稍暗，气氛宁静，花卉的选择宜小不宜大，宜少不宜多。在床头柜上放一只小花瓶，插上一两朵玫瑰或非洲菊，在靠窗口处种些软枝低垂的观叶植物，如绿萝、鸭跖草等，枝叶摇曳，绿影婆娑，会使卧室显得更加静谧。

3. 经济原则

室内绿化装饰除要注意美学原则和实用原则外，还要求绿化装饰的方式经济可行，而且能保持长久。设计布置时要根据室内结构、建筑装修和室内配套器物的水平，选配合乎经济水平的档次和格调，使室内"软装修"与"硬装修"相协调。同时要根据室内环境特点及用途选择相应的室内观叶植物及装饰器物，使装饰效果能保持较长时间。

4. 安全原则

一些高耗氧、有毒性植物，特别不应出现在居住空间中，以免造成意外。卧室中不可放过多的花过夜，这是因为植物在夜晚便停止光合作用，不能制造氧气，而呼吸作用旺盛、放出大量二氧化碳，消耗大量的氧气、会使室内氧气减少，二氧化碳增多，对人的健康有害。

5. 适合原则

应注意室内的光照条件，这对于永久性室内植物尤为重要，因为光照是植物生长的最重要条件。同时，房间的温度、湿度也是选用植物必须考虑的因素。因此，季节性不明显、在室内易成活的植物是室内绿化的必要条件。

二、室内植物的分类

室内装饰植物一般具有两个特点：一是适应室内的环境条件；二是装饰性较强。通常多选择装饰效果好且观赏时间较长的植物。这些植物或是郁郁葱葱，叶色斑斓；或是叶茂枝绿，花艳飘香或是叶托红果，花果并赏。

室内装饰植物根据其欣赏的部位不同，可分为三大类，即观叶植物、观花植物和观果植物。

1. 观叶植物

观叶植物种类繁多，它是室内装饰植物最重要的组成部分。观叶植物的叶子十分美丽：有的浓绿欲滴，有的五光十色，其形状也千姿百态。这些叶子在室内起了重要的装饰作用。适于室内装饰布置的植物主要有以下几类。

(1) 蕨类植物　大多为多年生陆生或附生类阴生植物，这是室内的主要观叶植物。其叶分裂较细，典雅秀丽，是室内装饰的良好材料。常见的蕨类植物有铁线蕨、鹿角蕨、凤尾蕨、圆叶早蕨、波士顿蕨等。

(2) 天南星科植物　该科植物叶子浓绿、清丽，在观叶植物中占有很重要的地位。常见的有花叶芋、绿萝、粗肋草、广东万年青、大王黛粉叶、龟背竹等。

(3) 凤梨科植物　这类植物的叶子丛生成莲座状，常有各种颜色的条斑，其苞片组成色彩艳丽的"花"。常见的有珊瑚凤梨、艳凤梨、环带姬凤梨、姬凤梨、五彩凤梨、彩苞凤梨、鹦哥凤梨、火剑凤梨、铁兰、酒瓶凤梨、红棉鸟巢凤梨、狭叶水塔花、果子蔓等。

(4) 棕榈科植物　该科植物洒脱灵秀、挺拔伟岸、可增添室内自然野趣。常见的有矮棕竹、棕竹、棕榈、蒲葵、袖珍椰子、软叶刺葵等

(5) 水生植物　其叶子多漂浮在水面，但也有的生长在水中。是室内种植在鱼缸或水族箱里的良好材料。常见的有川蔓藻、小麦冬、水芦荟、金鱼藻、水韭、水蕨、水马齿、狐尾藻、杉叶藻等。

(6) 百合科植物　该科植物清秀雅致，多姿多彩。常见的有短文竹、天门冬、狐尾武竹、蜘蛛抱蛋、吊兰、万年青、吉祥草、朱蕉、金心香龙血树、三色剑叶龙血树、银线龙血树、星点木等。

(7) 其他科植物　如鸭跖草科的紫露草、吊竹梅；五加科的八角金盘、孔雀木、洋常春藤、放射叶鹅掌柴；胡椒科的西瓜皮椒草、皱纹椒草、豆瓣绿；爵床科的白网纹草、金脉单

药花；菊科的紫鹅绒；竹芋科的箭叶竹芋、孔雀竹芋、红纹竹芋、双色竹芋等。

2. 观花植物

一股花色鲜艳夺目，花姿百态，在室内装饰可以起到画龙点睛的效果，增添室内热烈蓬勃、喜气洋洋的气息，使满室生春、光彩夺目。如果室内环境条件不好，如通风不良、光线不足、湿度太低等，就会限制观花植物的正常生长。一般来说，只有在花期才搬进室内陈设装饰，一旦花期过后，便要重新移到室外栽植，否则便不能再次开花。

室内观花植物按其观赏周期，可分为一年生类型和多年生类型。

（1）一年生观花植物　一年生观花植物一般为草本花卉，诸如矮牵牛、荷包花、金鱼草、四季报春花、万寿菊和早金莲等。

（2）多年生观花植物　多年生观花植物包括木本、草本、球根、宿根和兰花等类，有代表性的种类如杜鹃花、绣球花、扶桑、一品红、倒挂金钟、非洲紫罗兰、海角樱草、大岩桐、仙客来、朱顶兰、麝香百合、球根秋海棠等。

3. 观果植物

利用观果植物来装饰室内往往也能起到奇效。一盆金黄饱圆、硕果累累的观果植物，的确让人感受到收获的喜悦。用于室内装饰的观果植物一般除具有果大，果皮色彩鲜艳或果序稠密成球，果形奇特等特点外，还必须符合挂果持久、观果期较长的条件要求。

这类植物主要有盆栽果树中的柑橘类，如四季橘、朱砂、柠檬、虎头柑、金柑、金豆和金弹果以及葡萄、桃、李、苹果和观赏辣椒、珊瑚樱等。

三、室内植物的选择

不同植物对光、温、水、湿的要求各异，必须根据不同的环境条件选用相适应的植物。在我国，因为地域辽阔南北方温差较大，夏季炎热，特别是南方，室内温度高达30℃以上，这对有些植物不利，如仙客来，球根海棠等怕高温的植物。冬季气温低，这对于原产于热带和亚热带的观赏植物不适宜。通常来讲，当人体感觉最适宜的温度在15～25℃时，也正好是植物生长的最佳温度。大多数植物特别是观叶植物，如果温度低于5℃就有冻死的危险。

一般说来，室内绿化用的植物是指可短期或较长期在室内生长的植物，包括要半日阴的开花草花和喜高温、潮湿的观叶植物。观叶植物大都原产于热带阴暗、潮湿的原始雨林中，这些植物虽可以在室内生长，但室内的条件终究不是它们生长发育的理想环境，仍需要人工调节，以适当满足它们对温度、湿度、光照和通风的需求。在方法上，夏季做到常调节放置地点，增加浇水次数；冬季到来时，有条件者可制作小型的玻璃温室或温箱，没有条件的可采用塑料袋或纸箱等简易方法解决。

另外，大多数观叶植物要求高温高湿，特别是空气潮湿，这一点很难做到，如蕨类、龟背竹、蔓绿等要经常喷水或喷雾，使叶面潮湿。有一点需特别注意，一般植物最怕根部长时间积水，盆内长时间积水致使植物烂根。

光照可谓是植物生长的催化剂，但各种植物对光照的要求也不同。喜阳的如一品红、紫鹅绒、仙人球等，阳光不足就不能开花。因此，应放在阳光充足的临窗处。耐阴的如茶花、杜鹃、兰花等则放在半阴处也能开花。起居室、卧室一般光线较充足，能适合很多室内植物的生长，但要避免直射光直接照射。对于光线很差而干燥的地方，如楼梯及拐角处，可以选择常春藤、八角金盘、喜林雨等植物。在暖和的房间，可将虎皮兰、蓬莱蕉、袖珍椰子等置于近窗的地方，接受散射光。至于景天科和大戟科的一些植物，可放在东向的窗口，直射光对它们无害。很多名贵的观花植物，如安祖花、凤仙花、蒲包花、仙客来等，只要放在适合的环境中，同样可以很好地开花，但花期后要注意拿到室外，使其恢复生机。

另外，对事务较忙的人家来讲，最好不要养一些需要精心料理的植物，可选择生命力较强的植物，如席尾兰、佛肚树、万年青、竹节海棠等。

第三节　室内庭园

室内庭园是指在居室或办公室面积较大的条件下，在室内一隅或中央辟出一块空间进行庭园式布置，把多种适于室内装饰的植物有层次、有错落地进行组合，周边可用洁净的砌块或卵石围边，造成人在自然庭园中的感觉。在室内布置一片园林景色、创造室外化的室内空间，是现代建筑中广泛应用的设计手法。特别是在室外绿化场地缺乏或所在地区气候条件较差时，室内庭园开辟了一个不受外界自然条件限制的四季常青的园地，是构筑建筑空间意境的极好手段，参见图9-8和图9-9。

图9-8　室内庭园（一）

一、室内庭园的基本功能

1. 改善室内气氛、美化室内空间

在建筑的大厅中设置庭园，能使室内产生生机勃勃的气氛，增加室内的自然气息，将室外的景色与室内连接起来，使人们置身此景中，有回到大自然的感觉，淡化了建筑体的生硬僵化之感。

图 9-9　室内庭园（二）

2. 为较大的厅堂创造层次感

在公共建筑内的共享空间大厅中，在功能上往往有接待、休息、饮食等多种要求，为了使各种使用区间既有联系又有一定的幽静环境，常采用室内组景的方法来分隔大厅的空间。

3. 灵活处理室内空间的联络

在住宅建筑空间组合体中，室内各空间的关系如何、处理是否得当，虽与建筑平面布局有关，但与空间上的具体处理关系尤为密切。室内庭园为室内空间的联络、隔断、渗透、引申、转换、过渡和点缀，提供了灵活的处理手法。借助于室内庭园，从一个空间引到另一个空间，把室内空间安排得自然、贴切。

许多室内装饰设计和材料应用上难以解决的问题，常常借助于室内庭园、露台花园解决。在窗外露台上的数株棕竹、一扇芭蕉，起居室后潺潺流水，客厅中溪水潺湲，餐厅里石笋点点，景架壁上巧悬吊兰等，都把人的视线从一个空间引到另一空间，层层唤起室内景致的变换。这些既自然又简朴的处理手法，把室内空间安排得自然、轻松，很有生活情趣。

4. 为室内一些特殊的空间增色

室内设计中经常有一些难以处理的死角，一般不好利用，但如果加以小园林点缀，就能化腐朽为神奇。

二、室内庭园的构成方法

1. 以植物为主的庭园

以种植在室内的花木植物或盆栽植物为主，根据一定的要求组成的室内绿化装饰。组景中配置景栽植物的选择，要根据不同景点的空间特点和配景要求，把不同风格、不同形状、不同颜色、不同花形、不同栽培要求的花木，科学地、艺术地组合起来，才能真正达到预期的观赏效果，参见图 9-10。

（1）配置方法

图 9-10　以植物为主的庭园

配置的方法主要是孤植、丛栽、群林、带植、花池、蔓生、悬吊等。室内庭园通过数种配置组合后，可使景观丰富而自然。

① 孤植法　孤植法是单株种植为主的方法。一般选择观赏性特强的景栽，要有较好的形状、较奇特的树姿冠态，远观近看都能赏其树姿和态势。

② 丛栽法　丛栽法是由为数不多的花木成丛配植的方法。一般置于墙面下、墙角处、池边、山石景旁等。布局上应前低后高配备恰当。南方地区常用棕榈、金山葵、洋素馨、凌霄组成高丛景，用蒲葵、鱼尾葵组成低丛景，或用水葵、棕竹、铁树、洒金蓉等。配置景栽时还要注意各种植物枝叶的大小疏密搭配，要避免堆砌感。

③ 带植法　带植法是一种带形景观的配植方法。一般在景园的水池边、山型旁、墙边，以及厅堂里需用植物进行分隔区间的位置上。带植的植物常用灌木和藤本植物，也可用草本植物。

④ 花池法　花池有砌于地面，有砌于墙面，有砌于栏杆上，有砌于矮墙顶面，还有的以小花斗的形式装置在室内。花池里的花草不宜多，更不宜杂，疏密配搭，做到远看丛花一片，近赏主次分明。花池的形状主要有圆形、方形、多边形、花瓣形等。

（2）绿化布置要点

① 室内布置绿化植物，应根据建筑的功能和使用要求，并应与室内家具陈设相协调。在室内布置较多的植物可使空间具有园林感和层次感，多而密的植物可使室内具有一种深远感。在顶棚上悬挂花草可以使空间层次变得丰富。在墙角栽植攀缘植物，可形成垂直绿化带。

② 室内植物要选择易栽、耐季节变化、耐阴生和体态美，且叶大、株小的植物为主。如棕树、橡皮树、铁树、龟背竹等。而用细小叶的植物作为绿化带。

③ 重点花坛、花池如大厅花坛，要有层次错落。用植物创造层次时，要选用大小不同、植株高低不同、叶形不同、花形不同的植物来组合，也可用盆栽的植物进行组合。

2. 以水为主的庭园

以水为主的庭园，是由一定的水型和岸型所构成的景域。不同的水型，相应采取不同的岸型，不同的岸型又可以组成多种变化的水局景。或流水溅起水花，水面波光粼粼；或以水面为镜，倒影为图作影射景；或金鱼戏水，水生植物飘香满池；或池内筑山设瀑布及喷泉等各种不同意境的水局，使人浮想联翩，心旷神怡，参见彩图 13。常见的水景庭园有以下几种。

（1）水池型　室内景园中的水池有方池、圆池、不规则池、喷水池等，喷水池又有平面型、立体型、喷水瀑布型等。这些小池造型精巧，池边常配以棕竹、龟背竹等植物，以及石景。此外，池岸采用不同的材料，也能出现不同的风格意境。池也可有不同的深浅，形成滩、池、潭等，见图 9-11。

图 9-11　水池型庭园

（2）瀑布型　在室内利用假山、叠石、低处挖池做潭，使水自高处泻下，击石喷溅，俨有飞流千尺之势。并在瀑布上下配以适当植物。其落差和水声使室内变得有声有色，静中有动，见图 9-12。

（3）溪涧型　溪涧型属线型水型，水面狭而曲长，水流因势回绕。室内溪涧常利用大小水池之间的高低错落造成，见图 9-13。

图 9-12　瀑布型庭园

图 9-13　溪涧型庭园

　　3. 以石为主的庭园

　　石是种重要的造景素材。在室内庭园中，石可做景园的点缀、陪衬的小品，也可以石为主题构成庭园的景观中心。在运用时，要根据具体石材，反复琢磨，取其形，立其意，借状天然，才能创造出一个"寸石生情"的意境。室内景园中山型的尺度，除要考虑房屋的尺寸和景物本身的尺度外，还要考虑它们彼此之间的关系尺度。室内景园的功能要求就是克服建筑空间的单调感，同时用景园来烘托室内空间的宽阔。所以室内山型要避免给人闭塞感和压抑感，山型的高度一般都要小于室内高度。山型的石块宜大不宜小，形态宜整体不宜琐碎，山石处理的尺度合宜、体态得当，就能给人一种富有时代特点的美感，参见图 9-14。

图 9-14　以石为主的庭园

　　山石因水而生动，山得水而活，所以山石景往往与水组成山水局景观，常见的有水潭局、壁潭局、悬挂瀑布局等。如砌筑山峰，一般筑成下大上小、山骨毕露、峰棱如剑的峭拔峰。也有筑成下小上大，似"有飞舞势"之奇峰。也可水中立石，但石形要整，或兀然挺立或低俯与水相近，不要形成水边堆砌之感。当水边要布置群石时，要大小配置得当，形成一种自然的韵律感。

　　山石景一般可组成一视觉中心。山石景砌筑在门厅处能加强视觉中心的形成，以引人注目。在一些室内的过渡区间，如大厅与餐厅、大幅墙面与地面之间，常做山石景处理，以便消除交角的生硬。还可在建筑的转角处和死角处置山石景，以减弱空间境界面所形成的单调之感。另外，在前庭、廊侧、路端、景窗旁或景栽下，可设置一些组合的小石景。

　　组景中常用的天然素石通称为品石。目前较多采用的品石有太湖石、锦川石、黄石、蜡石、英石、花岗石。

　　（1）太湖石在园景中引用较早，应用亦较广泛。它质坚表润、嵌空穿眼、纹理纵横、外形多峰峦岩壑。

　　（2）英石质坚而润，色泽微呈灰黑，节理天然，面有大皱小皱，多棱角、稍莹彻，峭峰如剑戟。岭南庭园叠石多取英石，构出峰型和壁墙型两类假山景，其组景气势与太湖石迥然有别。

　　（3）锦川石外表似松皮状，其形如笋，又称石笋或松皮石。有纯绿色，亦有五色兼备者。锦川石一般只长 1m 左右，长度大于 2m 者就算上名贵了。现在锦川石不易得，近年常以人工水泥砂浆来精心仿做。

　　（4）黄石质坚色黄，石纹古拙，我国很多地区均有出产，其中以常州黄山、苏州尧峰山、镇江圌山所产著称，用黄石叠山粗犷而富野趣。

（5）蜡石色黄而表面油润如蜡，又称黄蜡石。蜡石外形浑圆可爱，常以两三个大小不同的形状组成小景，或散置于草坪、池边或树丛中，可供人观赏。蜡石主要产于广东从化县等处。

（6）花岗石是园林用石的普通石材，常用做石桥、石桌凳和石雕及其他构件和小品。

第四节　不同功能空间的绿化设计

由于室内环境的功能不同，绿化装饰时要选用的植物以及装饰方法和方式也不同。

绿化设计公共厅堂要内外相协调。公共厅堂地理位置、所在城市的总体规划、色彩、风貌、经济水准以及综合文化等，都是设计时要考虑的重要因素。公共厅堂的绿化布局一般来说，应从大门广场直到前庭的主景，形成内外结合，上下呼应的统一的立体效果。每个庭院又要有各自的主体和中心，配以园路、假山、水池、绿色植物等小品，构成一个完整协调的园林空间，使人们在此空间既方便动态观赏、又方便静态观赏。各园林空间以绿化为主，各种乔木、灌木、花卉、草坪等高低错落，前后配置适宜，以烘托其中的主体设施，创造各个庭园的特色。公共厅堂是个重要的公众场合，来往人员有着各自的文化、宗教、民族、生活习俗。所以，公共厅堂的绿化设计不要使用易产生误会的花材和造型，包括花器的样式、图案等，应尽可能让所有的人满意，如图 9-15 和图 9-16 所示。

图 9-15　公共厅堂绿化（一）

1. 门厅

门厅是建筑的入口处，包括走廊过道等。门厅的装饰要给人以先入为主的第一印象和感觉，或豪华、浪漫，或规整、庄重，或高雅、简洁，都能从门厅的装饰中有所感受，如图 9-17 所示。

居室的门厅空间往往较窄，有的只是一条走廊过道。它是通过客厅的必经通道，且大多光线较暗淡。此处的绿化装饰大多选择体态规整或攀附为柱状的植物，如巴西铁柱、一叶兰、黄

图 9-16 公共厅堂绿化（二）

图 9-17 门庭绿化

金葛等；也常选用吊兰、蕨类植物等，采用吊挂的形式，这样既可节省空间，又能活泼空间气氛。总之，该处绿化装饰选配的植物以叶形纤细、枝茎柔软为宜，以缓和空间视线。

2. 客厅

客厅是日常起居的主要场所，是家庭活动的中心，也是接待宾客的主要场所，所以它具有多种功能，是整个居室绿化装饰的重点。客厅绿化装饰的程度在某种意义上能显示主人的身份、地位和情趣爱好，客厅绿化装饰要体现盛情好客和美满欢快的气氛。植物配置要突出重点，切忌杂乱，应力求美观、大方、庄重，同时注意和家具的风格及墙壁的色彩相协调。要求气派豪华的，可选用叶片较大、株形较高大的马拉巴粟、巴西铁、绿巨人等为主的植物或藤本植物，如散尾葵、垂枝榕、黄金葛、绿宝石等为主景；要求古朴典雅的，可选择树桩盆景。但无论以何种植物为主景，都必须在茶几、花架、临近沙发的窗框几案等处配上一小盆色彩艳丽、小巧玲珑的观叶植物，如观赏凤梨、孔雀竹芋、观音莲等，必要时还可在几案上配上鲜花或应时花卉。这样组合既突出客厅布局主题，又可使室内四季常青，充满生机，如图 9-18 和图 9-19 所示。

图 9-18　客厅绿化（一）

图 9-19　客厅绿化（二）

3. 书房

书房是读书、写作，有时兼做接待客人的地方。书房绿化装饰宜明净、清新、雅致，从而创造一个静谧、安宁、优雅的环境，使人入室后就感到宁静、安谧，从而专心致志。所以书房的植物布置不宜过于醒目，而要选择色彩不耀眼、体态较一般的植物，体现含而不露的风格。一般可在写字台上摆设一盆轻盈秀雅的文竹或网纹草、合果芋等绿色植物，以调节视力，缓和疲劳，可选择株形披散下垂的悬垂植物，如黄金葛、心叶喜林芋、常春藤、吊竹梅等，挂于墙角，或自书柜顶端飘然而下，也可选择一适宜位置摆上一盆攀附型植物，如琴叶喜林芋、黄金葛、杏叶喜林芋等，犹如盘龙腾空，给人以积极向上、振作奋斗之激情，如图9-20 所示。

图 9-20　书房绿化

图 9-21　卧室绿化

4. 卧室

卧室的主要功能是睡眠休息。人的一生大约有三分之一的时间是在睡眠中度过的，所以卧室的布置装饰也显得十分重要。

卧室的植物布置应围绕休息这一功能进行，应该通过植物装饰营造一个能够舒缓神经、解除疲劳、使人松弛的气氛。同时，由于卧室家具较多，空间显得拥挤，所以植物的选用以小型、淡绿色为佳。配套的盆景也不宜色彩鲜艳、造型奇特。可在案头、几架上摆放文竹、龟背竹、蕨类等。如果空间许可，也可在地面摆上造型规整的植物，如心叶喜林芋、巴西铁、伞树等。此外，也可根据居住者的年龄、性格等选配植物，如图9-21 所示。

5. 餐厅

餐厅是家人或宾客用餐或聚会的场所，装饰时应以甜美、洁净为主题，可以适当摆放色彩明快的室内观叶植物。同时要充分考虑节约面积，以立体装饰为主，原则上是所选植物株型要小。如在多层的花架上陈列几个小巧玲珑、碧绿青翠的室内观叶植物（如观赏凤梨、豆瓣绿、龟背竹、百合草、孔雀竹芋、文竹、冷水花等均可），也可在墙角摆设一体态轻盈的室内观叶植物如黄金葛、马拉巴粟、荷兰铁等。这样，可使人精神振奋，增加食欲，如图9-22 和图 9-23 所示。

图 9-22 餐厅绿化（一）

6. 卫生间

卫生间内空气湿度大，适宜摆放蕨类和藤类喜温喜湿的小型悬挂式盆栽植物，洗手台上如果地方够大，放上一瓶水竹，易养活又能生出许多绿意（见图 9-24）。

图 9-23 餐厅绿化（二）   图 9-24 厨房绿化（一）

7. 厨房

厨房是烹饪之地，烟气多、温度高、湿度大。因此，以小型盆栽为宜。可在窗旁、橱柜顶部或盛物架空置处摆上吊兰；还可在空置的台面上用一些蔬菜的剩余物，如萝卜、白菜等带叶的茎端部分插入盛水浅盘中作为点缀，也会体现出厨房的特点与气氛，如图 9-25 所示。

图 9-25 厨房绿化（二）

8. 阳台

阳台既有别于其他室内空间，又有别于庭园。阳台上绿化，由于空间小，背靠水泥墙壁，特别是炎热的夏季，具有光照强、吸热多、散热慢、蒸发量大等特点，再加上植物种植在容器中，土少，营养面积较小，所以要选择生长健壮、抗旱性强、根系水平方向发展，管理方便的小型植物，如图 9-26 所示。

图 9-26 阳台绿化（一）

一般南向阳台和东向阳台具有光线足、温度高、易干燥的特点，宜选择一些喜光、耐旱、喜温暖的观花、观果类植物，如天竺葵（类）、观花类秋海棠、茉莉、米兰、石榴、含笑、矮牵牛、太阳花、扶桑、迎春、杜鹃、各类月季、盆栽葡萄、松柏类盆景及其他小盆景、仙人掌（类）及其他小型多肉植物，盆栽榕树、观赏凤梨、朱蕉、紫鸭跖草、小型的苏铁、时令草花等。

北向较阴的阳台，宜选择一些喜阴的观花、观叶植物于春、夏、秋三季装饰，适宜的植物有八仙花、文竹、花叶常春藤（类）、万年青（类）、椒草（类）、喜林芋（类）、吊兰、旱伞草、观赏蕨、春芋、合果芋、绿萝、银苞芋、观叶秋海棠、吊竹悔等。

西向阳台夏季西晒较严重，一方面可选用一些藤本植物如茑萝、牵牛、凌霄等形成"绿帘"，用以遮蔽烈日，另一方面应选用一些耐高温的植物，如三角花、扶桑、虎刺梅等。

从欣赏的角度来说，最好选择一年四季不同时期开花的各类植物，并充分利用阳台的栏杆、花槽，布置一些蔓生的开花类植物，如天竺葵、旱金莲、矮牵牛等，既供室内主人欣赏，又可供路人仰视观赏，如图9-27所示。另外，阳台大多较小，除了装饰外，还要满足其他的一些功能要求，因此，要留有一定的空间供做其他之用。所以，阳台绿化不宜选用大型的、冠幅开展的盆栽植物，而宜选择枝叶紧密、叶缘圆钝的植物品种；同时还可再悬吊一些下垂植物，以增加层次。

图 9-27　阳台绿化（二）

复习思考题

1. 室内绿化设计要注意哪几方面？
2. 室内绿化有何作用和意义？
3. 为什么说植物具有意境美？
4. 室内绿化有哪些方法？
5. 室内绿化的原则是什么？
6. 室内装饰植物一般具有哪些特点？

第十章　室内设计的风格和流派

第一节　风格流派形成的历史背景

所谓风格，从字面上可理解为：①风度品格；②风韵品质；③泛指艺术家与艺术创作中所表现出来的艺术个性和特质。因艺术家、设计师的生活阅历不同，时代不同，在艺术创作和设计创作、艺术构思创意、造型设计、艺术表现手法和运用艺术语言等诸方面都会反映出不同的特色和格调、形成各自作品的风格和神韵。所以风格是指一种精神风貌和格调，是通过造型的艺术语言所呈现的精神风貌和品格风度。样式一般是指造型艺术作品的式样，或称为"体裁"，在建筑和室内设计中是指形成生活空间诸要素的形象、模样、形式特征和所具有的艺术特点。样式是社会文化的表现，在室内是通过装修、陈设这些载体所反映的文化思潮和审美意识米体现的，所以它具有强烈的文化特征、地域民俗特点和历史特征。经典式样，是指经久不衰的样式，经历史的变迁仍被沿用的样式，跨越国界而被广泛选用的样式，如希腊柱式因其造型、比例典雅端庄，被世界范围公认为欧式建筑柱子的经典样式，而被广泛应用。

流派是指一些艺术家因艺术主张或观点的相同或相近而结成派别。他们的艺术具有不同一般的特点而引起社会关注，或引起大众共鸣和追随或形成潮流。流派是多层面的，任何艺术都具有流派存在，且无国界。流派如果经受了历史的考验，长期受到人们的喜爱，以及在发展中不断得以充实和完善，就可能成为经典风格和样式。

人类自有史以来总是在不断地改善着自己的生存条件，从最基本的生活要求衣、食、住、行过渡到住、行、衣、食，经历了漫长的岁月。现代社会中人们将居住需求放在首位，已成为事实。由于生活内容的不断丰富，人们也在不断地对居住空间、工作环境和各类居住环境质量的改善创造条件。在人们对建筑形式和室内空间形式、陈设艺术、装饰艺术等审美标准的演进中，出现过经久不衰的经典样式，也出现过缤纷多彩、转瞬即逝的众多潮流派别。尽管他们受到社会经济发展的直接影响，也都同时受到当时文化背景的制约。但他们都是随历史潮流而动的文化现象，都是社会发展到一定历史阶段的产物。因此，室内设计的风格流派形成的原因可归结为以下三个方面。

首先，所有的风格流派都是在一定的社会条件下产生的，并受到社会经济发展的直接或间接的影响。其次，任何设计都是社会整体文化系统中的一部分，它与其他部分相互关联，相互影响，因此，风格流派的形成和发展，也必然受到所处时代科技水平和学术思想的影响。第三，室内设计的风格流派受到地域风情、民风民俗、审美兴趣的直接影响。俗话说："一方水土养一方人"，这里的所指的人是一个综合的概念，它指的是因地域不同、民风民俗不同，其审美兴趣也不大相同。

第二节　室内设计的风格

建筑及室内设计的风格是在人类长期创造实践中所积累形成的一种的文化形式。风格对设计的影响将是长期而深远的。室内设计的风格大体可分为古典主义风格、现代主义风格、后现代主义风格、自然田园风格和多种风格的相互混合等。

一、古典主义风格

在传统的室内设计中，室内的格局、线形、色调及家具与陈设的造型方面，都具备传统装饰的造型和神韵特征。无论是我国传统木构架建筑室内的藻井、天棚、门窗、家具陈设等，还是西方传统风格中诸如罗马风、歌特式文艺复兴式，巴洛克，洛可可还有古代日本，印度和伊斯兰等古典风格，都给人们以历史延续感和不同时代文化渊源的形象特征，如图10-1所示。

图 10-1　波各莫人民银行米兰分行　　　　图 10-2　范斯沃住宅

二、现代主义风格

现代主义风格起源于鲍豪斯学派，强调突破传统，创造新的建筑和室内环境。注重功能和空间的组织，注意发挥结构构成本身的形式美，造型十分简洁，反对多余的装饰。崇尚合理的构成工艺，注重材料的性能和材料自身的质地和色彩配置效果，发展了非传统的以功能布局为依据的不对称的构图手法，如图10-2所示。

三、后现代主义风格

后现代主义风格是对现代主义风格中的纯理性主义倾向的批判。后现代主义风格崇尚建筑及室内装潢具有历史的延续性。讲究人情味，强调多元化并存。运用夸张、变形、混合、叠加、错位、裂变和象征，隐喻的手法，创造一种容感性与理性，集传统与现代，雅俗共赏的建筑形象与室内环境，后现代主义风格分支很多，如以突出工业化特色，强调技术细节崇尚机械美的高技派风格；以在结构上采取扭曲、错位、分解变形的解构主义风格；主张"少"就是"多"，强调单纯与抽象的极简主义风格；运用传统美学法则并使用现代材料与结构方式进行室内设计，追求古典气质的古典主义风格；以超越现实、充满离奇梦幻的场景，别出心裁的超现实主义风格等。如图10-3所示。

四、自然田园风格

久居都市的人们更加渴望"回归自然"，充分享受自然的蓝天、白云、绿草、森林和流

图 10-3　某建筑大厅

动的江河。使人们能取得生理和心理上的平衡，因此室内多用木材、织物、石材、竹藤等天然材料，显示材料的纹理和特征，把自然的景观引入室内，成为室内有机的组成部分。比如设置室内庭院，布置山石水体，绿化室内能营造出自然、简朴、悠闲和高雅的氛围，如图 10-4 所示。

图 10-4　流水别墅的室内

五、多元化并存的混合型风格

由于室内设计的内容与规模的不断拓展，室内设计的形式与风格多元化并存已成为一种发展趋势。在同一建筑中不同风格和形式的用房可以有机地联系在一起，而互相显示出不同的特色。同一房间中不同风格样式的装饰造型、家具陈设、通过合理的组织，不仅能产生视觉上的对比，更能焕发出不同文化背景的设计相互碰撞所产生的火花，如图 10-5 所示。

图 10-5　多种风格的客厅

第三节　室内设计的流派

现代室内设计所表现出来的艺术特点和观念,产生出多种流派,主要有下列五种。

一、框架结构主义的建筑室内流派

突出当代工业技术,主张尽可能使建筑材料,甚至于结构框架设备、管道、照明等暴露在外,形成一种在高技术条件下"机械美",创造室内环境一种"工业化感"强调工艺技术与时代感,典型作品为法国巴黎蓬皮杜国家艺术中心(如图 10-6 所示)、香港汇丰银行等。

二、现代材料唯美主义的室内流派

强调大量使用现代装饰材料,如具有反射光和光泽效果的材料(如抛光不锈钢、镜面、曲面玻璃、磨光大理石)在室内照明方面,常使用投射、折射等新型光源和灯具,在镜面和金属材料的烘托下,绚丽夺目,甚至使用反光顶棚,色彩鲜艳的地毯,造成一种豪华、刺激的效果,如图 10-7 所示。

三、现代功能主义的室内设计流派

强调功能和实用性,功能以外的色彩、装饰等均不予考虑。此种风格的设计只考虑空间的分隔与联系,布局结构的合理,追求室内环境的简洁、单纯、统一、淡雅的特点,被称为"玻璃盒子加白墙"的设计,如图 10-8 所示。

四、超现实的纯艺术主义的室内流派

强调精神上超脱现实,在有限的室内环境中充分利用现代抽象绘画、雕塑。以求心理的扩大、突破现实空间，造成神秘的环境气氛，如图 10-9 所示。

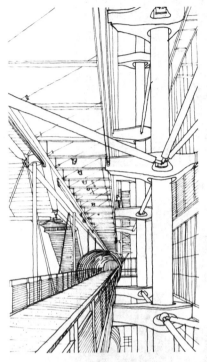

图 10-6　蓬皮杜国家艺术
中心的室内通道

图 10-7　精美而雅致的
装饰用材

图 10-8　简约而实用的住宅内部

五、"波普"艺术主义的室内设计流派

　　强调充分使用现代照明技术，造成室内特殊的光学效果和奇特的环境气氛，给人以强有力的刺激，增强兴奋感。同时结合抽象绘画作品使室内的氛围炫目多彩，如图 10-10 所示。

图 10-9　餐厅中布置抽象的壁画

图 10-10　商场的展示设计

▌复习思考题

1. 室内设计有哪些风格类型？各有什么特征？
2. 简述室内设计的大流派。

第十一章 室内设计与构成艺术

构成艺术作为现代视觉传达艺术的基础理论，它的设计规律对所有的构成设计都有重要的指导作用。在室内环境中存在着诸多的构成因素，其中室内的平面构成、色彩构成和立体构成，构筑了室内环境视觉因素的主体。在室内设计中深入了解和研究构成艺术，不仅能方便地解决很多现实设计中所遇到的问题，更重要的是通过对构成艺术的研究和探讨，找出构成艺术在室内设计中发展的规律，具有重大而深远的意义。构成的原理和法则必将在室内设计中发挥重要的推动作用。构成艺术融入室内设计不仅是近年来的普遍现象，而且在发展的过程中不断完善，形成新的设计体系。

第一节 室内的平面构成

室内设计中一般的平面构成是指在正常的视距和视角的条件下，室内环境中的平面布局、地面形式、立面造型和天花形式；大型家具的表面；屏风、门窗的表面；人流动线和动静间的划分等。从平面构成的角度考虑其各部分的构成形式和相互关系以及整体与局部的构成关系，其目的是引入平面构成的设计要素和法则，形成新设计概念，拓展室内设计的领域。

一、在室内设计中平面构成的基本要素

在平面构成中，存在着形态要素和构成要素两个方面。最基本的形态要素是点、线、面；构成要素是大小、方向、明暗、色彩、肌理等，以在设计中的这些基本要素为条件，进行组合构成，能够创造出各种形式多样的造型。

1. 点

（1）点的定义　从造型设计的角度来分析，点是一切形态的基础，点必须是可见的有形象存在的；点必须有空间位置和视觉单位；点没有上下左右的连接性与方向性。例如室内环境中桶灯就形成了点的形象。

（2）点的性质和作用　点是力的中心。如果空间中只有一个点时，人的视线就集中在这个点上，点在空间中具有张力的作用。当空间中有两个同样大的点，其张力作用就表现在连接此两点的视线，在心理上产生相互吸引和连接的效果。当空间中的三个点在三个方向平均散开时，其张力就表现为一个三角形，具有相对稳定的效果和面的感觉。

另外点的数量、大小、位置和布置具有多种形式，可以产生多种变化和错觉，在室内设计中可以得到具体的运用。在室内环境中可以利用点的各种构成方式，作为装饰的一种要素加以运用，如壁纸中细小的图案具有点的构成特征，明度高的地面可以加上一些小的深色的三角形来调整。室内环境中小的装饰品、电器开关、射灯和桶灯都可以作为点的构成来处理，通过点的排列可组成线和面的形象，以丰富室内各种视觉要求，如图 11-1 所示。

2. 线

**图 11-1 点的有序排列
有面的感觉**

（1）线的定义　从造型的角度来讲，线具有位置、长度和一定的宽度，线有两种即直线和曲线，线在塑造形象和设计构成中都发挥着重要的作用。

（2）线的性质和类型　线具有较强的感情性格，直线表示静，曲线表示动，曲折线有不安定的感觉，线还具有一定的长度。线条具有方向的特性和力感的功能。一根倾斜的线，给人以倒下、不稳定的感觉，而一对斜线相交则产生像金字塔那样稳定而有力的感觉。

线的种类主要有直线、几何曲线和自由曲线。

直线具有男性的象征，具有简单明了、直率的性格，它能表现一种力量的美。其中，粗直线表现力强，有钝重和粗笨的感觉；细直线表现为秀气、锐敏和神经质；锯齿状直线有焦虑、不安定的感觉。从线的方向上来讲，垂线具有严肃、庄重、高尚和强直的性格，水平线具有平和、肃静和开阔的感觉，斜线具有飞跃和向上冲腾的特征，如图 11-2 和图 11-3 所示。

几何曲线具有女性化的特征，比直线较有温暖的感觉，曲线有一种速度、动力、弹性的感觉，使人体会出一种柔软、幽雅的情调。几何曲线是用规矩绘成的曲线，圆和任何丰满动人的曲线给人以轻柔的感受，各种曲线在室内环境中都有所体现，如图 11-4 所示。

图 11-2 垂线的重复构成

自由曲线更具有曲线的特征，富有自由，幽雅、弹性和想象力，如图 11-5 所示。

（3）线的运用　线在室内设计中无处不在，任何体面的边缘和交界，任何物体的轮廓和由线组成的各种设计元素，都包含着线的曲直、数量、位置和多种线的构成形式。从平面构成的角度研究室内环境中各种线的构成，对线在室内空间中和各界面的构成方式，寻找一种

图 11-3　水平线的构成

图 11-4　曲线和水平线形成的韵律感　　　图 11-5　圆和几何曲线形成的吊顶

新的途径，如图 11-6 所示。

　　① 在室内中必须全面考虑线在总体中造成的效果，单纯地使用一种线型和平均地使用多种线型只能会造成单调和混乱。

　　② 曲线用的过多，显得繁杂和动荡；而当曲线与其他线型有机地结合时，则赏心悦目。

　　③ 强调一种线型有助于设计主题的体现。

　　④ 家具、织物的线型对室内氛围有很大的影响和调整作用。

　　⑤ 线脚、门套、踢脚线的装饰本身的线型，对空间有限定作用。

　　⑥ 室内线的构成形式具有多种设计的可能性和室内环境整体氛围的和谐统一。

3. 面或形

（1）面或形具有长、宽两度空间，它在造型中所形成的各式各样的形态，是设计中重要的因素。点和面是相对比较而言的，墙面上的点如通风孔、门窗、壁挂、书画，从整体看，可看做点，但从局部看，可以看做面。

（2）面的种类及其性格

① 直线形，呈现为安定的秩序感，在心理上具有简洁安定，井然有序的感觉。如正方形、矩形，墙面上矩形的画柜等。

② 曲线型，呈现有变化的几何曲线形，比直线型柔软，有梳理性秩序感，较圆形更富有美感，在心理上能产生一种自由整齐的感觉，给一些家具的曲面增加了自由流畅的感觉，如图 11-7 所示。

③ 自由曲线形，不具有几何秩序的曲线形，很有个性特点，在心理上可产生幽雅、魅力、柔软和富有人情味的亲切感觉，如图 11-8 所示。

图 11-6　由各种线组成的中庭

图 11-7　水平方向的曲线形和竖直方向的垂直的构成

图 11-8　直线、圆形和自由曲线结合

二、点、线、面的构成和法则

对于作为基本形态元素的点、线、面的构成，可采用将其简单的基本形态纳入各骨格的排列方法，求得构成的变化，便可组合成无数新的图形，或出现某种幻象，或产生一定动感和空间感的效果。根据设计的要求分别对点、线、面进行不同形式的排列组合，可以产生以下两种形式美，一类是有秩序的美，如对称、平衡、重复、群化等形式和带有较强韵律感的渐变、发射等构成方式，另一类是打破常规的美，如对比、特异、夸张、变形等。在室内设计方面，形式美贯穿于整个设计过程之中，离开了形式美，就会失去应有的设计魅力，不能吸引人，因而形式美具有特殊重要的地位，如图 11-9 所示。

图 11-9　点、线、面的构成关系

图 11-10　对称中求变化

1. 对称和平衡

对称是点、线、面在上下或左右，有同一的部分相反复而形成的图形；对称是表现平衡的完美形态，表现了力的均衡，是一种自然现象。对称给人的感觉是有秩序、庄严肃穆和安静平和的美感，传统的建筑形式大多是对称的，例如宫殿、庙宇的设计以及室内的藻井图案等。但对称也有不足之处，它存在着过于完美，缺少变化的弊端，具有呆滞、静止和单调的感觉，所以要在总体对称的形式下，求得局部的变化以补充对称的不足。而不对称的平衡就是一个很好的解决办法。在室内设计中存在着多种对称和平衡的关系，例如平面的布局、立面的外观等，如图 11-10 所示。

2. 节奏和韵律

节奏和韵律是借用音乐术语，其表现的主要特征是把基本形有规则、反复地连续起来，进行重复的、近似的和渐次的发展变化。在这些有秩序的变化中能产生美感。建筑及室内设计十分广泛地运用节奏和韵律形式的实例，所谓"建筑是凝固的音乐"的说法其意义就在于此。

（1）重复　重复就是相同或近似的形象反复排列，其特征就是形象的连续性。

连续性是一种自然现象也是室内设计中常用的一种设计手段，特别是在地面的铺设，墙面的造型和天花的藻井运用十分广泛，表现出一种整齐的美，在这些表现形式中，具有一定的共同特点，就是有两个以上的同一因素、连续并列成一个整体，在视觉中十分有序。

在重复的构成中存在着重复基本形和重复骨格。

① 重复基本形，是构成图形的基本单位，简单的点、线、面都可以作为基本形，但适当地加以设计和变化，利用在基本的格线内进行分割、重叠或挖切等方法，组成一种具有一定变化的基本形，视室内环境中各界面重复的单元为基本形。

② 重复骨格，重复基本形的排列。限定基本形的排列格式称为骨格，骨格支配着构成单元的排列方法，它决定着每个组成单元的距离和空间，骨格又分作用性和非作用性两种。重复基本形纳入骨格单元后，可以按一定的方向重复排列；重复基本形正、负交替排列；重复基本形在方向上进行横竖或上下变换位置的排列；重复基本形的单元反排列和单元空格反复排列等构成方法，如图 11-11 所示。

图 11-11　重复骨格，重复基本形

图 11-12　重复骨格，近似基本形的效果

（2）近似　虽然重复是达到韵律的一种方法，但过多的重复一种形式会变得无趣，假如室内的一切形象都是矩形就显的太单调，那么以一种形状为基础，在这个形状的基础之上做一些相互的变化而形成一系列的造型与之有一定的联系，这一系列的造型就是这个基本形状的近似基本形，如图 11-12 所示。

（3）渐变　渐变是以类似的基本形或骨格，渐次地、循序渐进地逐步变化，呈现一种阶段性的、调和的秩序。

渐变可以分为大小和方向的渐变、位置的渐变、形象的渐变和自然形态的渐变。

（4）发射　发射是基本形围绕一个中心向外发射所呈出的视觉形象，这种构成具有一定的渐变效果，有很强的韵律感，其骨格形式是一种重复的特殊表现，具有发射点和发射骨格线，发射骨和线具有一定的方向性，由于发射构成具有闪光的效果，能给人以强烈的吸引力，如图 11-13 所示。发射构成分为离心式发射和向心式发射。为了强调室内的大堂、门厅等，聚集度较高的厅室，在天花或地面处理上可选择发射构成的方式，使视觉向厅室的中心集中，如图 11-14 所示。

图 11-13　由光影构成的发射效果

图 11-14　同心圆的发射

3. 对比与变化

对比与协调，统一与变化是同一矛盾的两个方面，实际上也就是整体与局部的关系。

对比的种类有空间、聚散、大小、曲直、方向和明暗的对比。对比是美的形式规律中重要的法则。大多数是几种形式的对比关系同时存在，必须从各个角度全面考虑。

室内设计也存在着多种的对比关系，如空间的大小、高低之间的对比与变化，空间与家具之间的对比与变化，水平线与竖直线或斜线的对比，直线与曲线的对比等，通过对比可以衬托出彼此间的个性特点，使室内设计更加充满活力，如果没有对比，其设计必然呆板、枯燥无味，通过适当的变化使设计内容趋于多样性，如图 11-15 所示。

图 11-15　黑白对比，方圆对比

图 11-16　美国佐治亚州桃树广场
旅馆的水景园

4. 调和与统一

调和与统一就是设计中的各个组成部分的关系，必须有共同的因素存在，能够和谐一致，产生美感，如图 11-16 所示。

5. 变异与破规

在室内设计中形象特征的调和统一，明暗和色彩的调和统一、材质肌理的调和统一和带有方向性的形象的调和统一，要按照调和与对比，统一与变化的构成规律，在限定的空间中，进行整体构成设计，如图 11-17 所示。

自然界中美的形成规律有两种，一是有秩序的美，二是打破常规的美。作为视觉艺术的平面设计，就必然反映这种发展变化，不断突破旧有的条条框框，予以创新。

图 11-17　圆形的吊顶造型，圆形的会议桌，圆形的桶灯和弧形的背景墙和谐统一

图 11-18　新的设计元素从旧的破碎的元素中生长出来，形成新的打破长规的美

破规与变异构成的形式特点和种类是：特异构成、形象变异构成、空间构成和视觉感应构成。破规与变异构成方式对室内设计的创新具有重要的指导意义，在室内设计中如何就传统风格在运用中加以创新，就以下几个方面做点分析和探索，如图 11-18 所示。

（1）点缀　点缀就是将新的建筑室内的局部效仿传统建筑构件的形象，并如实地表现出来，加以点缀、渲染室内气氛，使传统与现代之间产生某种联系。

（2）切出　所谓切出是从多系中切取不同物件和片断进行重构。它一方面是指在东西方传统风格的各自历史发展过程中吸取有代表性的不同装饰造型和图案进行重构，如在欧式餐厅的室内设计中，把华贵的巴洛克风格壁饰与典雅的新古典式家具同置一室，组合构成；另一方面也包括两大风格系统之间进行重构，所说的"中西合璧"就是其代表性的构成形式。

（3）更新　随着现代科技的发展，建筑及装饰材料及人们的审美意识也在不断地发生变化，现代科技不断地被用于室内装饰艺术的创造中，新的装饰材料（如不锈钢、化纤织品、塑料等）被广泛地应用，并对传统的形式物件加以更新，创造出大量具有传统风格特征，同时富有时代感的艺术佳作。

（4）遗留　遗留是指把古建筑的局部保留下来，作为新的室内环境的一部分，或加以重新组合，这种方法是将现代环境的优势与局部遗留的古典装饰进行对比，使历史得以延续，新与旧的室内空间与周围环境在对比中取得协调。

（5）置换　置换是把用在别处的物件，经过巧妙构思，用在某装饰部位上，创造出意想不到的强烈反差效果。例如在广州花园大酒店中，设计者把古代承重用的斗拱改派到天花板上，用来悬挂灯光槽板。这个古老的有代表性的传统建筑物件在这座现代化的高级宾馆中格外引人注目，使旧的形式增加了新意，而产生了别致的装饰效果。

（6）裂变　人们对经常见到的事物，习以为常，一略而过，引不起他们的注意与兴趣，而对经裂变重构的事物却过目不忘，印象深刻。裂变借鉴了现代装饰主义的理论，它背弃了完整的法则，主张造型手法采用历史样式的曲解、分裂和变形，用破损的城墙、断裂的柱式，创造"伤痕感"耐人寻味，富于幽默。因为艺术法则中的分裂和变形有起着首先是引人注意，进而引人深思分析的作用，从而延长欣赏或观察的时间，起着加深强化的作用。

（7）夸张　就是对传统的构件在尺度形状方面进行夸张变形（缩小或放大），将其置于室内环境所要求的部位，使该部分成为新的构图中心。例如广州白天鹅宾馆中"故乡水"瀑布之上，设置了一个按比例缩小的民族风格的金瓦亭，构成了中庭的主要景观。

（8）叠合　叠合是将不同的传统构件并合为一，从而获得新的装饰形象的一种设计手法。

三、肌理构成

肌理是指形象表面的纹理，它具体入微地表现了不同形象表现的差异，干、湿、粗糙、细滑、软硬、有花纹或无花纹、有光泽或无光泽、有规律或无规律。

肌理有自然肌理和人工肌理之分，也可以把肌理分为视觉肌理和触觉肌理。

1. 视觉肌理

视觉肌理是指用眼可以分辩的纹理，其作用在于装饰或丰富构成设计的表现，实际视觉肌理是一种平面视觉图形。在实际应用中可以通过绘写、印拓、喷洒、浸染、熏炙、擦刮和拼贴的方法制作而成。室内设计中无论是天然材质还是人工材料，都具有相应的肌理特征，具有广泛的选择空间。

2. 触觉肌理

触觉肌理是指手抚摸即可感觉到的纹理，由触觉肌理构成的表面有凹凸之感，接近立体性浮雕，得到触觉肌理的方法很多，如利用机械的办法对材料进行粘贴、焊接、打钻、雕塑等方法，还可以利用现成的触觉肌理和对现成的触觉肌理进行改造，从而得到各种肌理效果。

在室内设计中，材料的肌理选择与设计构思密切相关，是在整体设计的氛围进行选择材料的，材料的肌理和纹理，有线状的、点状的和面状的，有立体的、高光的和哑光的；有粗糙的、光润的不同弹性的。带有条状的肌理有水平、垂直、交错、斜纹和曲折的纹理；带有点状的肌理有不同色泽、明暗、深浅和大小的纹理。一些肌理兼有视觉和触觉的突出特点，肌理组织十分明显的材料，必须在拼装组合搭配时特别注意其相应关系，避免造成视觉上的混乱。

带有明显线状的图案和肌理效果的壁纸和其他装饰材料可以调节室内的空间感。通过人工加工进行编织的竹、藤、织物等制作而成的屏风、家具别有风韵，使材料的肌理和质地得到了充分的展示。

总之，肌理与材料的质地密切相关，充分合理地了解各种材质的肌理效果和各种材质与肌理的搭配效果是进行室内设计的重要环节，随着各种新型装饰材料的不断出现，将会极大的丰富肌理效果的种类，如图 11-19 所示。

四、室内各界面的平面构成

室内空间是由空间界面围合而成的，而室内空间中又容纳了大大小小各种家具及陈设。其中存在诸多可以应用平面构成规律进行构成设计的界面对象，这些对象范围包括组成室内空间的墙面、各种隔断、地面和顶棚这几大主要界面以及大型家具、屏风等的立面外观和造型、室内平面的总体布局等。这些"面"的设计对室内空间整体气氛的形成有重要影响，同一室内空间对界面

图 11-19　由石材组成的肌理效果

进行不同的平面构成处理，会使人产生不同的空间视觉效果。巧妙合理的运用设计元素，即点、线、面的静态或动态的构成艺术形式对室空间环境进行艺术创造，以造型艺术的最基本语言来诠释空间，表达人们所需要的内在精神。同时还要充分体现出室内环境气氛的综合性、完整统一性。

下面结合围合成空间的墙、地、顶三大主要界面及大型家具来进行室内平面构成处理的分析。

1. 墙面的平面构成处理

墙面是空间的垂直组成部分，对人的视觉影响较大。在墙面的设计中，要充分运用点、线、面等平面构成的艺术规则，根据室内空间的特点，处理好各种点、线、面的关系以及墙面的空间形状、质感、纹样及色彩诸因素之间的关系，通过墙面点、线、面的重复、渐变、特异、对比等的处理，来充分体现室内空间的节奏感、韵律感和尺度感，来获得理想的墙面装饰美感和空间艺术效果。

（1）墙面上"点"的构成　如图 11-20 和图 11-21 所示。

图 11-20　墙面上圆形点状饰品重复构成、大小对比

图 11-21 门扇的点构成

（2）墙面上"线"的构成 墙面的线条与纹理走向对人的视觉影响很大。墙面线条与纹理的水平线构成，可使空间向水平方向延伸，给人以安定的感觉；墙面线条与纹理竖向构成，可增加空间的高耸感，使人产生兴奋的情绪。如图 11-22 和图 11-23所示。

图 11-22 墙面上线面构成

（3）墙面上"面"的构成 把某种造型简化为一种构图体符号，再运用平面构成的艺术规则，在墙面上对造型做构成处理，就会创造出更加丰富而生动的墙面艺术效果，如图 11-

图 11-23　墙面上的弧线构成

24 和图 11-25 所示。

图 11-24　墙面上面的构成

2. 地面的平面构成处理

地面和顶面是相对应的，也是室内空间的一个重要围护面。地面最先被人的视线所感知，所以它的质地、色彩和图案能直接影响室内的环境和气氛。在对地面的设计中，运用点、线、面等平面构成的艺术规则，通过对地面的线型曲直、颜色深浅明暗、质感的光滑粗糙的构成处理，就可以形成较为新颖创意的地面装饰效果。

（1）地面上"点"的构成　如图 11-26 和图 11-27 所示。

（2）地面上"线"的构成　如图 11-28 和图 11-29 所示。

（3）地面上"面"的构成　如图 11-30 和图 11-31 所示。

图 11-25　屏风上面的构成

图 11-26　地面上点的重复构成

图 11-27　地毯上点的构成

图 11-28　地面上直线形铺贴的重复构成

图 11-29　地面上点与线的构成

图 11-30　地面上体与面的构成

图 11-31　地面上灯光的重复构成

3. 顶面的平面构成处理

空间的顶界面最能反映空间的形状及关系。运用点、线、面等平面构成的艺术规则，通过对空间顶界面的构成处理，可以使空间关系明确，达到建立秩序，克服凌乱、散漫，分清主从，突出重点和中心的目的。

（1）顶面上"点"的构成　如图 11-32 和图 11-33 所示。

图 11-32　吊顶上点状光源的发射构成

（2）顶面上"线"的构成　如图 11-34 和图 11-35 所示。

（3）顶面上"面"的构成　如图 11-36 和图 11-37 所示。

图 11-33 顶面点的构成

图 11-34 顶面直线的构成

图 11-35　顶面曲线的构成

图 11-36　顶面灯箱

图 11-37　顶面的重复构成

4. 室内家具等的外观饰面

　　室内的家具外观饰面，尤其是较为大型的家具、屏风等的立面等，它们在室内空间所占地面积比重是比较大的，这些立面的点、线、面等造型形式及色彩、材质的效果对室内空间的艺术氛围影响也是比较大，因此，设计师就要慎重对它们的外观装饰效果进行创造，运用平面构成的规则来创造出富有新意的家具立面外观形式，并与室内整体氛围相统一，如图11-38 和图 11-39 所示。

图 11-38　家具立面上垂线和水平线的对比构成

图 11-39　家具立面上的方格形体作重复构成

第二节　室内的立体构成

室内的立体是组成室内空间的一部分，如家具、电器、设备以及建筑部分的柱子和以装饰为特点的空间形体等。在设计时如何能搭配合理，美观适用，既简练而又丰富，具有时代感是室内设计中的一个难点，通过运用各种物质技术手段和艺术的手段，把室内的各立体有机地联系起来，整体构思，并调整物体的形状、色彩、材质，使之远看有效果，近看有内容，达到功能合理，美观大方的艺术效果。

室内的形体千变万化，不同时代、不同地域有着不同的形式与风格，尽管这些室内的立体并非是简单的几何体，例如靠背椅、扶手椅以及沙发等有着斜面和"任意"曲面等，但在处理各种立体之间的关系及立体与空间的关系时可以把它们概括成简单的几何形体，这样有助于把握整体与局部的关系，以及立体与立体、立体与空间的关系。

一、室内立体的构成要素

1. 线条

人们观察物体时，总是受到线条的驱使，并根据线条的不同形式使人们获得某些联想和某种感觉，并引起感情上的反映，任何物体都可以找出它的线条组成，以表现物体的外轮廓。在室内设计中，虽然多数设计是由许多线组成的，但经常是一种线条形式占优势，并对设计的性格表现起到关键的作用。

线条分直线和曲线两类，各反映出不同的效果。直线有垂线、水平线和斜线。从室内的立体构成的角度来分析有如下几点。

（1）垂直线　因其竖直向上，表现刚强有力，具有严肃的感觉，垂直线有助于使人觉得立体及房间较高。

（2）水平线 使人觉得宁静、轻松，它有助于增加立体及房间的宽度和引起随和、平静的感觉。水平线常常由室内的桌凳、沙发、床形成，或者由于某些家具陈设处于同一水平高度而组成的水平线，使空间具有开阔和完整的感觉。

（3）斜线 具有活动性，可以驱使人们的眼睛从斜线的一端移向另一端，斜线最难用，因而，在室内设计中使用较少，如果能合理地运用，可以使室内的立体造型更加活泼，丰富并有力度感。

（4）曲线 曲线的变化几乎是无限的，由于曲线的形成是不断改变方位。因而多有动态。不同的曲线表现出不同的情绪与思想，圆的或任何丰富的动人曲线，给人以亲切、柔和的感觉，例如：床头板多是用曲线造型，这种曲线在家具、灯具、陈设品中都可以找到，曲线能体现出特有的文雅、活泼、柔和的美感，但是使用不当，也可能造成软弱无力和繁琐，动荡不安的效果。S形曲线是一种较为柔软的曲线型式，曲线运动因其自然反方向运动而形成对比，表现出十分优美文雅的效果，例如S形的沙发。

一个房间要想松弛、宁静，水平线应占统治地位，家具的线型在室内具有重要的地位，某些家具可以全部用直线组成，而另一些家具则可以用直线和曲线相结合组成，采用蛋形、鼓形、铃形的灯罩也能创造出丰富的室内立体效果。

2. 室内立体的形状和形式

形状和形式这两个术语通常可以互换，但有不同之处，形状一般可以指方、圆、三角形等表现二度空间的概念，而具有三度空间的体量常用"形式"来表示。例如家具一般作为"形式"来理解，基本的形式可以由直线、斜线和曲线组成，其形式可以分为立方体、球体、圆柱体、圆锥体和三角锥体五种，立方体是一种稳定的形式，但用得过多就单调，球体和曲体可引人入胜，并且由于弧形没有尽端使空间似乎延长而显得大些，而一个物体的形式通常也代表它的用途需要，如按人体工学要求做的椅靠背曲线。

在一个房间中仅有一种形式是很少的，大多数室内表现出各种形式的组合，如曲线形的灯罩，直线构成的沙发，矩形的地毯，斜角顶棚或楼梯等。在室内设计中要注重统一中求变化，在变化中求统一，虽然重复是形成韵律的一种方法，但过多地重复一种形式会变得单调无趣，如，靠一个矩形的墙面，放一张矩形的桌子，桌子上有一个矩形的镜子，墙上再有一个矩形的画框等，就造成了太单调的感觉。

二、室内立体的构成原则

室内设计是对形、色和质的选择与布置，其目的是根据使用者的需要表达某种形式、风格，对于设计的综合选择与布置，并没有固定的规则和公式可循，因为一些规则或公式，将妨碍个性的自然表现和缺乏创造性，但是如果要使设计达到某种效果和目的，对一些基本的原则还是应该考虑的。

1. 协调

达·芬奇说"每部分统一配置成整体，从而避免了自身的不完全"。协调是物体各部件之间和物体与物体之间内在的联系，是设计最基本的原则，假如把室内一切物体变成一个样子是很容易达到协调的，但会显得单调乏味，如果全部都变化，就会显得杂乱无章，一个好的室内设计应即不单调又不杂乱，怎样采取合理的变化既不破坏整体效果而又使得室内更加丰富、生动是问题的关键，唯一的答案是在于设计必须表现主体和思想，或者变化应该是提高气氛，而不是与之相矛盾。

2. 比例

房间的大小与形状，将决定家具的总数和每件家具的大小，一个很小的房间挤满重而大的家具，很可能既不实用又不美观，反之大的空间放小的家具会显得空旷，在设计时应注意把握空间与空间的比例关系，以及家具之间的比例关系。

3. 平衡

在视觉上当各部分的重量，围绕一个中心焦点而处于安定状态时称为平衡。平衡对视觉感到愉快，室内的家具和其他物体的"重量"，是由其大小、形状、色彩、质地决定的，所有这些必须考虑使适合于平衡，一般来说，深色显得重，亮色显得轻，粗糙的要比光滑显得重，有装饰的要比无装饰的显得重。在设计时要注意房间内部的分量相等。

4. 节奏和韵律

迫使视觉从一部分自然地顺利地巡视至另一部分时的运动力量，来自韵律的设计。韵律的原则在于产生统一方面极端重要，因为它使眼睛在任一特殊点上静止前已扫视整个室内，而如果眼睛从一个地点跳到另一地点，其结果是对视觉的不适和干扰。节奏是一形象不断重复所产生的连贯效果，在室内设计中产生节奏与韵律有以下方法。如图 11-40 所示。

图 11-40　节奏与韵律

（1）连续的线条　室内是由许多不同的线条组成，连续的线条具有流动的性质，在室内常有各种在同一高度的家具陈设所形成的线条，如椅子、沙发和桌子的高度一致，组合柜的顶线和门框的顶线甚至与画框的顶线高度一致等。

（2）疏密关系　人的眼睛在观察物体时往往在变化少或没有变化的区间移动的快，在变化多或复杂的区间移动的慢，在设计时应注意疏密的对比，形成节奏和韵律的变化。

（3）重复　通过线条、色彩、形状、质地和图案的重复，具有良好的统一感，过多的重

复易单调乏味，少量的变化可以调整单一的感觉引人注目。

（4）渐变　通过一系列级差的变化，可使眼睛自然地从某一级过渡到另一级，这个原则也可以通过线条，大小、形状、明暗、图案、质地、色彩的渐次变化而达到。渐变比重复更为生动、富有节奏感。

5. 重点

室内的一切布置，如果没有重点，就会使人感到平淡无味，不能使人获得深刻的印象和美好的回忆，如果根据房间的性质围绕着一种预想的设计思想和目的，进行有意识的突出和强调，整个室内就会因为经过周密的安排、筛选、调整、加强和减弱等一系列工作，使整个室内主次分明，重点突出，形成视觉的焦点和趣味中心。在一个房间里可以有两个以上的趣味中心，但重点太多必然引起混乱。

（1）趣味中心的选择　应视房间的性质、风格以及使用者的爱好而定。一些房间的结构面貌自然就成为了注意中心，设有壁炉的起居室，常以壁炉为中心突出室内的重点，某些卧室精心设计的床头板及附近的范围，作为突出卧室的趣味中心等，如图 11-41 所示。

图 11-41　壁炉的造型和体积
使其成为视觉中心

图 11-42　以球体为趣味中心

（2）形成重点的方法　强调重点的方法很多，例如对比的方法，通过大小、质地、线条、色彩、图案和繁简程度的不同变化与周围的形体和空间形成对比，照明的运用和出其不意的非凡安排所形成重点，室内的特殊形状和结构面貌也能引人注意，也可因此成为趣味中心。在趣味中心的周围，背景应宁可使其后退而不易突出，只有在不平常的位置、利用不平常的立体形状的家具或陈设品，采用不平常的手段，就能成为室内的趣味中心，如图 11-42～图 11-44 所示。

三、室内立体的特点

（1）室内尺度不大的家具，家用电器等，由于有正常的视距及视角，常见形体，而不见其立面，应视为立体考虑，有些家具虽然是立体如组合柜，由于通常的情况下只能看到它的正面，而不容易看到其侧面，应作为平面考虑。

图 11-43　灯饰

图 11-44　灯带

（2）少量的单体的重复与多次重复，例如影剧院观众厅内的家具只有一种——扶手椅，餐厅内的家具只有两种——靠背椅、餐桌，由于家具种类单一，在处理时，例如变化剧院观众厅的扶手椅的色彩，使整个观众席的坐椅由于色彩的变化而形成图案，增强了剧院的艺术感。再者，通过改变餐厅的某一部分餐桌的大小和座位的多少，以及台布的色彩，使其多有变化，克服单调的感觉。

（3）各种不同形体的组合，例如卧室的家具，包括床、床头柜、衣柜、梳妆台、凳、休息用沙发、茶几等，在设计中应做到风格的统一和色彩的统一，就需要在色彩上、在肌理上求适当的变化。如果在色彩上求统一，就要在造型方面求适当的变化。在一套家具的设计中要有一个设计元素和基本形式贯穿整个设计之中，同时也可以把那些零碎的家具组合成更大的家具，避免杂乱。

（4）立体的形状、尺度与人体及使用功能相关，立体的形状与尺度要符合人体工程学的基本要求，在世界上许多国家和地区由于生活习惯的不同，人的身高不同所以各自的家具尺度也有一定的差别，这就要求设计者在人体工程学的基础上根据使用者的实际要求做一定范围内的尺度调整。

（5）立体与空间的关系，空间是由六面体构成，及地面、天花、立面，如果在室内面积不变的情况下，增加室内的空间感会改变原来的空间感觉。比如说加大家具的体积，空间会变小，如果减小家具的体积，空间会变大，在设计时要准确掌握立体与空间的比例关系，大空间要避免空洞感，小空间要避免挤迫感，由于我国人口众多，住房紧张，室内的空间较小，如何在较小的空间里摆放下生活必需的家具而不显得那么拥挤，通常有下列几种方法：

① 适当缩小家具的尺度；
② 使部分家具例如柜子向高处发展，甚至使用吊柜，上下双人床；
③ 使用多功能家具，折叠式家具及组合家具等；
④ 利用家具立体间的空间进行穿插设计以节省空间。

四、立体感

1. 体积与体积感

任何物体都有一定的体积，但由于错视的原因人们对同体积或形状的物体因色彩、材质、粗糙度的不同产生大小的变化，所以同样体积的物体体积感有所不同。立体的尺度与人体尺度及使用功能相关不能随意改变，体积应视为客观存在，但体积感都是可变的，根据空间构图需要，对立体的色彩、质地、封闭程度、粗糙度等方面进行处理，可以使体积感缩小或扩大。

2. 调整的方法

（1）比例　由于错视的原因，在相同体积的前提下，正方体显得较大，长方体较小。

（2）形状　立方体显得较大，多角柱体显得较小，而圆柱体显得更小。例如，室内有起支撑作用的方柱，在有限的室内空间中体量感显得很大，影响视觉效果，在设计时可以把方形立柱变为多角柱体或圆柱体，这样才会显得精巧、大小适度。

（3）结构　柱式家具显得较小，板式家具显得较大，箱式家具显得更大。

（4）材质　采用高强度的材料显得较小，如金属家具，低强度的材料显得较大，如木、竹、藤家具。

（5）封闭程度　全封闭的家具，如皮革沙发与敞开的家具如构架沙发比较，前者体积感大而后者体积感小。一般来说，密实者大而疏松者小。

（6）图案　同样大小、形状的家具，如沙发图案大则沙发的体积感大，图案小则沙发的体积感小，没有图案者更显小。

（7）色彩　同样大小，形状的家具由于色彩冷暖不同会产生不同的视觉效果，一般来说暖色（膨胀色）者大，冷色（收缩色）者小。

（8）肌理　也称为质感。表面光洁，平滑，反光的物体显小；表面粗糙，暗淡，吸光的物体显大。例如室内的柱子上装镜面，由于镜面所反射周围的环境，使之融为一体，减轻了柱子本身的体量感。

（9）室内大部分是反射光和漫射光，没有强烈的明暗对比，光线比室外要弱，因此同样一个物体，在室外显小，室内显得大；室外色彩显得鲜明，室内显得灰暗。

由于上述原因，在室内设计时全面地考虑物体与物体，物体与空间的立体构成关系就显得非常重要了。

五、立体构成在室内设计中的应用

在室内设计中合理的应用立体构成的原理，对室内的空间形象、界面形象和家具陈设进行处理，加强室内的立体感。室内设计是从建筑内部把握空间，根据空间的使用性质和所处环境，运用物质技术及艺术手段，创造出功能合理、舒适美观、符合人的生理、心理要求，让使用者心情愉快，便于生活工作、学习的理想场所的内部空间环境设计。这就是要求室内设计运用立体构成原理，处理好以下几个问题：

1. 对空间形象进行划分和对建筑所提供的内部空间进行处理

解决好立体与空间的位置、比例和尺度的关系，同时利用立体造型解决好空间与空间的分隔、衔接和对比统一的关系。通过立体的交通形式创造出多变的立体空间，通过建筑构造和结构，表现充满力度和动势的力量美。

2. 对室内界面进行处理

按照空间处理的要求，对空间各个界面进行处理，对分割空间的实体、半实体进行处理，对建筑构造的有关部分进行处理。室内界面装修的应用。主要是按照空间处理的要求，把空间的几个界面既对墙面、地面、天花板等进行处理。室内空间界面种类很多，但基本上都是对其形、色、光、质等造型因素进行处理。传统的木结构顶棚本身就是材质和韵律的美，现在流行的文化石墙面就是一种表现材质的面。顶棚、墙面运用几何形曲直变化或削减或增加的手法，达到生动活泼的效果。

3. 室内家具与陈设的构成应用

主要是对室内家具、陈设、设备、艺术品、装饰织物、照明灯具所进行的设计处理。应用立体构成对比与协调的原理，使家具、陈设等成为组成室内协调环境的因素之一。在形态方面、比如原来环境是简洁的平面天花板，与立面造型丰富的地面已形成强烈的对比，那么如果家具的造型，选用同时具有与平面、立面和天花板相似的形态元素，并让其造型的复杂程度处于中性，对协调全环境造型也能起到很好的作用。如果追求对比关系时，当环境的装饰较为简洁（甚至单调）时，采用立体构成的几种方法，可使环境有较大的改观，甚至能达到较为美观的效果。家具与环境采用对比的方式，则应考虑其对比是否协调，对比是有限度的，超越限度了就会不协调，如厚重的家具和轻巧的装修，反之，可以在形式上形成对比关系，但若其厚重和轻巧太极端化，便会使两者格格不入。

4. 空间形象的分割应用

对建筑所提供的内部空间进行处理，在建筑设计的基础上，进一步调整空间的尺度和比例，解决好空间与空间之间的分割、衔接、对比统一。比如说：现在的室内空间设计，已经不满足于封闭规范的六面体和简单的层次化划分，在水平方向上，往往采用垂直面交错配置，形成空间在水平方向上的穿插交错，在垂直方向上则打破上下对位，创造上下交错覆盖、相互穿插的立体空间。而有些设计师会营造一种对结构外露部分的观赏氛围，让观赏者领悟结构构思所形成的空间美和环境美，而这些结构往往表现的是一种充满力度和动势的几何形体的美，使之成为建筑空间中具有吸引视线绝对优势的因素。

第三节　室内的色彩构成

色彩是室内环境中最敏感的因素，是整个室内空间传达给人们的第一感觉。室内的色彩构成形式决定着整个室内的氛围和艺术效果，它总是在一定的光照和具有空间深度的环境内依附着作为载体的装饰材料而显现出来，从以下几个方面对室内环境色彩构成关系问题进行探讨。

一、室内的色彩构成与材质和照明的构成关系

在组成整个室内的诸因素中，除了造型和色彩以外，材料的质地和造型部分的点、线、面、形、体、色一样在室内色彩的构成中起着关键的作用，如装饰部分木材的纹理、油漆的光泽、石材的表面效果，都在传达信息。室内的家具和设施，不仅有着具体的视觉效果而且许多要和人直接接触，所以使用材料的质地对人引起的质感就显得格外重要，它在视觉上同时反映出来，如同样的色彩不同的质地色彩效果不同，同样的绿色，有大花绿的石材，有绿色的防火板，也有绿色的织物和地毯，它们在粗糙和光滑、软与硬、冷和暖、光泽与透明度、弹性和肌理等方面其性质和观感是不同的。同样的材料在不同的光照下的效果也有很大的区别。在选用装饰材料时，一定要结合材料的质感效果和不同质地在光照下的不同效果来加以具体的分析，如不同光源能够加强或改变色彩效果。光滑坚硬的材料，如金属镜面、抛光大理石、花岗石能够产生反应环境的镜面效应，在处理时也可以利用镜面效应来调整空间

效果的大小、虚化空间。

二、室内的色彩构成与物理、生理和心理的关系

人们对色彩的视觉效果反应在温度感、距离感、重量感、尺度感等方面，色彩的物理作用在室内设计中有很大的发挥余地，利用色彩的深浅和冷暖变化，可以在视觉上调节尺度感，使本来较小的空间在视觉上变大等。

另外，了解和掌握色彩对人生理和心理的作用、色彩的含义和象征性、不同的色彩对人感觉上的影响以及色彩在心理上的物理效应，感情的刺激和象征意象，都被设计师巧妙地用来创造心理空间，表达内心情绪，表达民族及地方特征，反应思想感情。必须重视色彩对人们生理和心理的感应，深入研究内在规律，并将其研究成果应用到室内设计中去，创造出合乎人们身心需要的优美环境。

三、室内色彩构成的基本要求、分类和设计规律

在进行室内色彩设计时，必须根据所使用空间的性质来具体设计色彩的内容。

1. 室内色彩构成的基本要求

（1）搞清空间的类别和使用目的，不同的使用者对色彩的要求有很大的区别，有年龄的区别、男女、民族的区别，和不同的使用目的区别。设计师应针对不同的设计对象和不同的使用者，做出功能合理、性格突出和有针对性的室内设计。

（2）空间的大小、形式和方位，设计师可以利用色彩的冷暖关系在视觉上调整室内空间的大小。带有色彩的线条和图形可以在视觉上调整室内在高度和宽度的比例。带有色块的图形和平面图像也可以在室内的各个界面转折，形成界面间的相互联系。

（3）空间的活动及使用时间的长短，不同场合如球馆、体育训练房、舞厅、教室等的配色应有安全感和能够提高工作效率，激发运动状态，长时间使用的室内空间以不产生疲劳为宜。

（4）色彩还应与周围环境取得协调，使室内、外合理过渡融为一体（可以利用绿色植物作为过渡的媒介）。进行室内色彩设计的关键是色彩的组合问题，也就是如何进行色彩的搭配，色彩效果取决于不同颜色的之间的相互关系，所以必须探讨室内色彩的设计方法。

2. 色彩构成规律

在居住的房间里，色彩就是一种语言，它给房间带来生气，影响着人的情绪。不论居室是怀旧的还是现代的，凭一些小技巧，铺展或点缀色彩，会形成丰富的空间层次，渲染出个性化的氛围。在感觉上，它会将房间变得冷静、热烈，会将房间增大或缩小。

（1）室内色彩的对比构成 室内环境色彩的对比分别在背景色（墙面）与物体色之间，物体色与物体色之间的对比关系。具体地来讲墙面本身不同材质、造型和肌理显现出来的色彩所形成的色彩对比关系；天花、地面和墙面三者的色彩对比关系；地面和墙面分别与家具陈设的色彩对比关系；室内色彩的对比还可以分为明度对比、色相对比、纯度对比、面积对比和冷暖对比。

（2）室内色彩的调和构成 色彩的调和是把不同性质的色彩经过调配整理、组合、安排使画面中产生整体的和谐，稳定和统一。色彩的调和与对比一样，都是色彩设计的一种法则，对比中求调和，调和中求对比和谐。

① 整体色彩与主色调的调和 主色调是以一种色彩或某一类相近的色彩为主导色，构成色彩环境的色彩基调。室内环境的主色调是有各界面色、物体色和灯光色等配合而成的整体色彩感觉，以体现出室内色彩的氛围和个性。主色调的设计，常用含有同种色素的色彩配

置构成，以获得视觉上的色彩和谐。室内的所有色彩的设计都应在主色调的基础上，采用对比与调和的手法创造出色彩的美感。

② 色彩的连续性调和　在室内环境中，色彩的配置应在统一中求变化通过色彩的重复、渐变来加强色彩的连续性的节奏感，充分利用色彩的连续性来进行调和，使色彩与色彩之间保持一种有机的内在联系，相互呼应，避免色彩间孤立存在，使室内色彩环境有节奏和层次，从而达到色彩的和谐。

③ 色彩的均衡和调和　色彩的均衡是指色彩在视觉上和心理上的平衡，从色相上来分析不同年龄和性格的人对色彩有不同的要求，对色彩儿童喜欢活泼，青年人喜欢浪漫，中年人喜欢高雅，老年人喜欢稳重，不同的色彩配置，只有搭配合理都能取得很好的色彩平衡效果；从色彩的明度来讲室内宜地面重、墙面灰、天棚轻，给人视觉上和心理上的平衡效果；在色彩的纯度方面，应采用大面积的亮灰色与小面积纯度较高的部分进行对比，整体室内界面的色彩纯度不宜过高，采用中性色或偏暖或偏冷的亮灰色，通过材质和肌理的变化达到丰富室内色彩的效果。室内的装饰画、工艺品、地毯作为点缀色其纯度可以达到饱和。

四、室内各部分的色彩配置与构成

室内色彩的构成因素繁多，一般有家具、纺织品、墙壁、地面、顶棚等。为了平衡室内错综复杂的色彩关系和总体协调，可以从同类色、邻近色、对比色及彩色系和无彩色系的协调配置方式上寻求其组合规律。

室内配饰也是影响居室色彩的主要因素：室内配饰的要件是织物、家具、电器、挂画和绿色植物，配件饰物分别承担着实用与欣赏的功能。配件与饰物是最能表达居室主人个性的。往往室内配件与饰物是居室色彩的点睛之笔，它可以用来协调或活跃居室色彩。

1. 家具色彩

家具色彩是家庭色彩环境中的主色调。常用的有两类：一类的明度、纯度较高，其中有表现木纹、基本不含有颜料的木色或淡黄、浅橙等偏暖色彩，这些家具纹理明晰、自然清新、雅致美观，使人能感受到木材质地的自然美，如果采用一些特殊涂饰工艺，木材纹理更加醒目怡人。还有遮盖木纹的象牙白、乳白色等偏冷色彩，明快光亮、纯洁淡雅，使人领略到人为材料的"工艺美"。这些浅色家具体现了鲜明的时代风格，已蔚然成风，越来越为人们所欢迎。第二类的明度、纯度较低，其中有表现贵重木材纹理色泽的红木色（暗红）、橡木色（土黄）、柚木色（棕黄）或栗壳色（褐色）等偏暖色彩，还有咸菜色（暗绿）、泥色（熟褐）等偏冷色彩。这些深色家具显示了华贵自然、古朴凝重、端庄大方的特点。

家具色彩力求单纯，最好选择一色，或者两色，既强调本身造型的整体感，又易和室内色彩环境相协调。如果在家具的同一部位上采取对比强烈的不同色彩，可以用无彩色系中的黑、白或金银等光泽色作为间隔装饰，使家具过渡自然，对比有度，协调有序，既醒目鲜艳，又柔和优雅。

2. 纺织品色彩

床罩、沙发罩、台布、窗帘等纺织品的色彩也是室内色彩环境中重要的组成部分，一般采取明度、纯度较高的鲜艳色，以此渲染室内浓烈、明丽、活泼和情感气氛。在与家具等物的色彩配置时，可以采用色相协调，如淡黄的家具、米黄的墙壁，配上橙黄的床罩、台布，构成温暖、艳丽的色调；也可以采用相距较远的邻近色作对比，起到点缀装饰的作用，获得绚丽悦目的效果。纺织品的色彩选择还应考虑到环境及季节等因素。对于光线充足的房间或是在夏季，宜采用蓝色系的窗帘；如在冬季或光线暗淡的房间，宜采用红色系的窗帘，写字

台可铺冷色调装饰布，以减弱视觉干扰和视觉疲劳；餐桌上铺橙色装饰布，能给人温暖、兴奋之感和增强食欲。

3. 墙壁、地面、屋顶色彩

这些色彩通常充当室内的背景色、基调色，以衬托家具等物的主色调。墙壁、屋顶的色彩一般采用一两个或几个淡的临近色的彩色或无彩色，有益于表现室内色彩环境的主从关系、隐显关系及空间整体感、协调感、深远感、体积感和浮雕感。

（1）墙壁色彩。现代居室的墙面通常以涂料、织物、石材等形式构成；顶面目前流行PVC材料和石膏顶面。也有大面积使用金属和玻璃作为墙面材料的。

一般光线充足的房间或者主人性格恬静，可把主卧室和女孩子次卧室的墙壁以苹果绿、粉绿、湖蓝等偏冷色彩装饰。对于光线较暗的房间、起居室、客方厅或者性格活泼的男孩子的次卧室，用米黄、奶黄、浅紫等偏暖色彩装饰。小面积房间的墙壁与家具色彩可选用同一色而明度略有不同的色调搭配，这样能统一协调，增加空间的"纵深感"。对大中型房间的墙壁与家具色彩构成邻近色相的对比，可使家具显得更加突出、明显醒目。当室内色彩繁多时，墙面最好采用灰、白素色作为背景色，它能起到中和、平衡、过度、转化等效果。

（2）地面色彩。通常会用地毯、木地板、石材、瓷砖来铺陈。浅色调的材质有浅色调的山毛榉、淡染色地毯。深色调的地面则通常会用油漆地面、灰色花岗石、大理石等石材地面，中亚地区的毛织地毯通常也是深色调的。但无论是浅色调还是深色调都有或暖或冷的色相。

地面色彩常取土黄、红棕、紫色等偏暖色彩，也可以采用青绿、湖蓝等冷色调；还可以采用灰、白素色。地面色彩有衬托家具和墙壁的作用，宜采用同类色或邻近色的对比，使家具轮廓突出，线条清晰，富有立体感。如黄、橙色的家具，地面可以为红棕色；红色的家具，地面可以为土黄色。

（3）屋顶色彩。屋顶可以采取彩色系，一般与墙壁为同一色相，明度不同，自下而上产生浓淡、暗明、重轻的变化，有扩大空间高度的视感作用。一般多采用白色，不仅加强空间，而且能增加光线的反射和亮度。

另外灯光的色彩也不容忽视，灯光通常是暖色调的，灯既有照明的功能，又有营造室内色彩气氛的功能。灯光光源的选择也是搭配室内色彩时需要注意的。

总之，如何解决好室内诸色彩之间的相互的构成关系，是室内色彩设计的核心。室内的色彩关系是很多色彩层次构成的，增加或减少色彩的层次，可以直接引起色彩构成的变化和色彩效果的表达。怎样设计背景色与重点色的面积、彩度和明度对比，寻找室内色彩的视觉焦点和重点；通过色彩的重复、呼应、联想的手段，加强色彩的韵律感和丰富感，是室内的色彩搭配达到一个和谐统一的境界，这是室内的色彩构成所面对的而且必须解决的问题。毕加索曾经说过："事实上，仅仅使用不多的一些颜色，如果让别人陷入了色量似乎很多的错觉之中，那是因为他熟练地精美地运用之色彩"。室内色彩构成极大地丰富了室内色彩的表现手段和效果，色彩构成的理论成果将在室内设计中得到充分的应用，从而不断地推动室内色彩设计实践的发展。

第四节　室内的艺术构成

室内设计是科学与文化、技术与艺术的综合，室内设计在考虑使用功能的同时，必须考虑由审美活动开始的精神层面的要求，通过合理的空间和界面的设计，和谐的色彩和材料质地的处理，新颖的体的家具陈设造型和布局，来构成室内环境的艺术美。

设计师创造室内设计艺术美的过程就是一个创新的过程，室内的艺术构成就是要从艺术的角度充分调动室内的诸方面的设计元素，创造性的集中表达特定的设计意图、思想和主题的过程，不仅能启示人们的美感，给人联想，引人入胜和发人深省，还能使室内的精神功能得到高度的概括，人们的感性认识和理想认识得到升华。下面就常见的室内设计艺术元素分析。

一、灯饰

对于一些具有独到眼光的人来说，用不同的灯饰装饰不同的厅室，达到不同的意境效果，已成为时尚的潮流。同时，装修好的新居，只有将灯光配备好了，才算装修完成。所以，灯饰的选择和使用是室内装修中不可轻视的一环。

（1）功能化的客厅灯具　客厅通常较大因而设有主、辅灯。前者的作用是照明和对客厅装饰起到点睛的作用，后者则是在不同场合下使环境有所变化，因此，吊灯仍是客厅里热门的装饰用灯，其典雅与豪华并重的装饰效果无可替代，并且越来越倾向于高雅简洁。市场上一些较高档的吊灯，有的运用蚀刻工艺在磨砂玻璃灯罩上作出花纹，也有的在烧制时还加入彩色矿物质，使花纹更加生动。

装吊灯时应注意的是在厅内各个停留区抬头看时，都不应有刺眼的光源，因此灯罩开口向上比较合理。但考虑到灯罩开口向上，在目前的居住环境下容易积灰，所以，射灯就成为最佳的补充光源。可把它安置在吊灯四周或家具上部，将光线直接照射在需要强调的家什器物上，达到重点突出，层次丰富的艺术效果，以突出主观意趣的审美作用；也可置于墙内、墙裙或踢脚线里，用彩色玻璃营造特殊气氛，为厅室增光、增色，所以射灯已成为近期家居装饰的"新潮一族"。

（2）艺术化的卧室灯具　卧室是人们身心完全放松的地方，灯具和灯光重在创造出轻松宁静的休息环境，因此各种传统的古典图案，讲究到位的精工细作，富有艺术风格的灯饰，配以明确投向性的柔和灯光，最能达到美妙的效果。现在的卧室用灯具品种相当多，吊灯、壁灯、床头灯、落地灯、吸顶灯配套齐全，装饰性也越来越强。实际使用中，卧室灯具设计趋向简单，正成为一种时尚。

（3）定向化的餐厅灯具　一般来说，明亮的灯光能烘托佳肴的诱人色泽，所以餐厅里的灯光通常由餐桌正上方的主灯和一两盏辅灯组成。前者的光源向下，光线充足，后者则可在灶具上、碗橱里、冰箱旁、酒柜中因需而设。其中，装饰柜、酒柜里的灯光强度，以能够强调柜内的摆设又不影响外部环境的效果为最好。

（4）现代化的书房灯具　书房中的灯饰可多可少，以台灯和顶灯的选择最重要。前者造型宜富有现代感，亮度适中，适合阅读即可；后者要能令整个房间亮如白昼，便于查找分散于各个角落的资料。

随着新光源、新技术的发展和应用，越来越多的灯具早已不仅用做简单的照明，还是与家具、家电合成，如折叠式台灯集时钟、日历、相框架为一体，小巧玲珑，令人耳目一新；应急灯把照明、风扇、收音机有机结合，一举多得；灭蚊灯不仅能灭蚊，还能做通道灯等等。总之，妙用灯饰灯光可以使不同的空间色彩、虚实感都十分强烈和独特，无论是浓墨重彩还是轻描淡写，都不失高雅雍容、华美绝伦的空间意境情趣，并且常变常新，始终令人兴味盎然、心旷神怡，美不胜收，如图11-45～图11-48所示。

图 11-45 灯饰（一）

图 11-46 灯饰（二）

图 11-47 灯饰（三）

二、植物

用植物装点家，在家中就能饱览大自然的绿色，让其抚慰忙碌的心，已成为现代都市人的一种居家时尚。

尺寸不同的植物，会使家居空间展演出不同的表情，效果各异，因此，其摆放位置也不应千篇一律。

图 11-48　居室植物

　　居室植物最好不要摆在行走路线上，以免走动时的接触影响其生长或折损。另外，不要忘记充分利用灯光。如果在大型植物较低处放置灯光，在墙上或天花板上会出现有趣的投影。中型植物因为高度问题，不适合直接摆在地上，通常以外物增加其高度后，再置放为佳，好让它们进入视线范围。例如放在家具、支架、窗架或以吊篮支撑，也可以填补畸零空间，随处创造绿意。而别致的小型植物，则宛如小型饰品，随人心意摆放。所以，书架上、书桌上、电视柜上都可以摆一株惹人喜爱的小盆栽，亲近人们的心。

　　此外，不要轻易忽视色彩的魅力，即使是绿色，一点点层次深浅的不同，都能给空间的亮度及效果带来明显的变化，如图 11-49、图 11-50 所示。

图 11-49　现代壁饰

三、壁画

壁画除了让居室富有情趣，还能令主人从壁画营造的文化氛围中获得美感，其艺术魅力真是不言而喻。

图 11-50 书法作品及陈列品

图 11-51 室内陈设工艺品

壁画的选择要从个人的爱好出发，爱好需以一定的绘画知识和修养做基础。一般说来，西方的绘画分为古代、近代和现代三大类。古代风格的西洋画比较写实，追求真实的美。普通家庭往往喜欢挂一些美丽的风景画，或画中表达出某些风俗、情节的，如法国巴比松画派、俄罗斯巡回画派等的作品，都很有诗意。有的消费者喜欢近代的印象派，形象简练、色彩艳丽，如莫奈、毕沙罗等画家的作品。有的则喜欢现代派的，形态抽象、构思新奇，追求个性，如蒙特利安的抽象派，毕加索的立体派，马蒂斯的野兽派等的作品。不过，若没有一定的绘画修养，也许不会太喜欢现代派，至少看不懂。挂在墙上的是给自己欣赏的，不喜欢就不要勉强，不要盲目赶潮流，如图 11-51 所示。

四、挂画

仅仅就对艺术品的欣赏而言，挂画没有什么固定的模式，可以把它理解为个人情感的抒发与宣泄。就像在国外，办美术展的不一定是职业艺术家，开音乐会的也不一定是职业音乐家，因为只要喜欢，你所处的意境就令人陶醉。所以，哪怕是自己很普通的作品，也可以配上漂亮的卡纸，镶上得体的画框，挂在居室中，这种个性化的表达更具情趣和魅力！

居室内挂画不宜过大，有空白墙面宽度的一半左右即可。如果画面很小，也不妨多选几幅，组成一个小集合，布置在客厅或厨房中，别有一番情趣。住房墙壁的颜色以浅淡居多，但家具、地面、沙发的饰布、窗帘的颜色则各不相同，画框的选择应当主要考虑环境陈设与作品本身的色彩。如果室内陈设以白色为主调，画框的颜色就不宜太深重；相反，室内陈设色彩浓烈，则不宜选择全白画框。中国画也不宜选用油画框，而应选用仿硬木、深色的国画框。版画、照片以及其他一些画种，则可宽可窄，具体情况具体分析。

为了使画面更为突出，可以在作品与画框之间装上一圈卡纸，卡纸厚约 1～1.5mm，宽约 3～5mm，紧靠画框的一面裁切出 45°坡边，卡纸颜色可以根据作品本身的色调以及画框的颜色选配。有时还可以压上两层不同颜色的卡纸，使整个画框更富有立体感，作品的感染力也会更加强烈，如图 11-50 所示。

五、工艺品

工艺品尽现多姿的风貌，增强充满活力的生活情趣，并能均衡和组织空间构图，塑造美观，舒适怡人的局势环境。陈设工艺品时，要充分考虑空间的用途、性质、风格、地理、气候、风俗习惯、个人文化修养、兴趣爱好、年龄、性别等条件，利用创意的组合搭配，活跃空间的气氛，带动视觉新感受。

陈设艺术主要分为两点。

（1）陈设工艺品　除考虑符合空间构图原则外，重要的是选择最佳位置和高度。如电视机与视点要保持一定的距离，有利于视觉卫生，电视机的协调高度，一般由屏幕中心离地 80～120cm。

（2）装饰陈设工艺品　布置时要以显露，醒目为主，为了突出陈设品本身的价值与质感，可以选择具有强烈对比关系的色彩和图案，以形成室内焦点，如图 11-51 所示。

▋复习思考题

1. 室内平面构成的基本要素是什么？
2. 点线面的构成法则是什么？
3. 室内立体的构成要素是什么？
4. 室内立体的特点有哪些？
5. 什么是立体感？
6. 立体构成如何在室内设计中进行运用？
7. 试析室内各部分的色彩配置与构成。
8. 举例说明、对称与平衡各自的特点是什么。

第十二章　住宅的室内设计

第一节　概　述

一、住宅分析

住宅是由客厅、餐厅、厨房、主人卧房、盥洗间或厕所、浴室构成，它是供各个不同家庭成员居住、活动、歇息的空间，家庭是社会结构的最基本单位。家庭因素又是住宅价值的根本条件，人们把改善室内居住环境和家庭生活的质量作为住宅设计的出发点和立足点，使住宅真正成为人生的美好乐园。

构成并影响家庭的各种因素主要有以下四个方面。

1. 组织结构

家庭是组成社会的细胞，现代家庭多数是由父母与未成年子女所组成的小家庭，以目前情况来分析，每一个核心小家庭都可分成新生期、发展期、再生期、老人期四个阶段，由于多个阶段的家庭结构不同，对住宅环境的设计也就不同。此四个阶段的划分标准如下。

（1）新生期是指新婚至子女诞生之前。

（2）发展期是指儿女诞生后至儿女成家之前。

（3）再生期是指儿女开始另组家庭至完全离开家庭之前。

（4）老人期是指第二代完全离开家庭后。

从上述四个阶段的划分中，很明显指出了家庭成员的组成问题，作为每阶段的成员有年龄上的差异，在设计中注意每个阶段家庭对住宅环境的要求。势必有全面性或局部性，应该恰当地发挥住宅空间的调节作用。例如在设计卧室时，必须考虑主卧室与孩子卧室或老人卧室的区别。

2. 职业特点、性格爱好

每个家庭成员都有自己的职业特征，其性格爱好也不完全相同。家庭的共同性格及爱好乃是由许多先天因素和后天条件熏陶而成的，它不仅与历史、地域和民族传统因素息息相关，而且深受教育、信仰和职业等现实条件的影响。同时，每个家庭及其成员都有其特殊的性格表现和对不同物体、色彩的爱好习惯，这些因素是设计师选择设计题材和决定室内形式的主要依据。因此，设计师既要兼顾家庭共同性格的爱好因素，又要注意属员个别性格及不同爱好的需要，才能做出最理想的设计决策。这样，能使家庭成员获得正确的居住形式和居住环境，各成员沐浴在至高无上的享受之中；相反，不合乎家庭性格爱好的室内设计无疑是错误和失败的，它不仅使家庭生活受到干扰和损害，而且会给家庭的发展造成阻碍和破坏。

3. 家庭成员活动

根据美国家庭问题专家分析的统计，每个家庭成员在住宅中度过的时间至少为人生的三分之一，其中家庭主妇和学龄前儿女在住宅中居留的时间最长，约占三分之二到二十分之十九，在校儿女亦长达三分之一至四分之三。实质上，平均每位成员消磨在住宅中的时间都超过三分之二，很明显家人在住宅中留的时间越长，表示家庭活动的需要越大。另一方面，从家庭成员的活动形式上分，有群体与个体活动之分。群体活动也就是家庭团聚，家庭社交活动，主要活动空间是起居室、客厅、餐厅和书房；个体活动指家庭成员休息睡眠的场所。设计师了解家庭活动的特点，对居住环境的配合设计有着十分重要的意义。

4. 经济结构

家庭的经济条件基本上是决定采取装饰档次的前提，不同收入的家庭对住宅装饰的要求也截然不同。但作为设计人员应懂得，一个住宅必须在设计中加入某些智慧因素，才能产生精神的价值，不管什么样的经济条件，都应从以下两方面思考。

（1）运用现成的经济条件去获取充分的物质基础，倘若经济不够富裕时设计用材也不可草率选用低品质的材料和设备，为避免造成双重损失，可以采取分阶段实施的办法，以保障长期和经济实效。

（2）充分发挥智慧条件，使有限的物质转变为无穷的精神价值。有时，对于家庭的室内设计，除了必要时由设计师设计外，也可自己动手，使整个住宅所呈现的风格，更具个性特征。

住宅空间的功能形态须根据家庭的多重需要而施行设计，多重关系指家庭成员组织、年龄差异、性格类型、教育、职业性质、生活方式、经济状况等。所以说，设计一个住宅空间形态不仅会影响家庭生活的实质，还会影响家庭的发展方向，如果设计不合乎家庭需要，将造成生活的困扰和烦恼，更严重的会破坏家庭的幸福及理想。

住宅室内设计要以保障安全、增进身心健康、具有一定的私密性要求为前提，满足各种物质和精神功能的需要并满足个性化的要求，以多风格、多层次、有情趣的设计方案来满足不同阶层使用者的意愿。近年来，一种新的住宅形式——无障碍的设计、智能化的住宅将成为同国际化接轨的居住形式，人们的居住质量有了进一步的提高，从以往的能够住得下，到住得好，再到生活得好。

二、设计要求

住宅设计要在整体构思的基础上满足人使用功能和精神功能的需求，做到布局合理、重点突出，充分利用空间，在色彩和材质的运用上要注意与整体的风格和形式相谐调统一。

1. 依据使用功能，进行合理布局

住宅的使用功能有家庭团聚、会客、休息、饮食、浴洗、视听、娱乐、学习、工作和睡眠等五十多种。根据这些功能大体上可以把室内分为静区和闹区，同时也具有了外向性和私密性的不同特点，例如卧室和书房要求安静而私密性较高，所以应安排在住宅的"尽端"不易被打扰，团聚或会客的用房应紧靠门厅和内走道之间以便对外联系方便。厨房应紧靠餐厅，卧室与浴厕贴近，近年来很多的住宅把客厅与餐厅联为一体，在视觉上感到十分开阔。在设计中，注重运用新的科学技术，追求居住空间的舒适性。

2. 风格形式的选择与色彩、材质的协调统一

住宅的设计风格，由于时期不同，地区不同、文化传统不同和信仰不同，生活方式的差异，所呈现出丰富多彩的风格和形式，基本上可以分为中国传统建筑的室内风格；西洋传统建筑的室内风格和现代建筑的室内风格。

中国传统风格在整个设计史上独树一帜，长期历史演进过程中始终保持着连贯性，代表着中国传统文化的精髓，具有庄重、规整和典雅的特点，洋溢着淳厚规矩的礼教精神；而西洋传统风格具有豪华、典雅、神圣、浪漫、宏伟的特色，包括古典风格、中世纪风格、文艺

复兴风格；19 世纪后出现的"包豪斯运动"使现代设计得到了空前的发展，现代主义的设计强调功能性，设计风格理性而简洁，20 世纪 60 年代产生了后现代的风格，追求人情味和设计形式的多样化，使建筑和室内设计向多元化发展，目前住宅的风格种类繁多、形式多样，融中西为一体，聚古今为一室。

在确定了室内整体风格和形式的基础上，就要从整体构思出发，详细设计或选择室内各个界面及家具和陈设的色彩和材质。并追求个性化的空间质量，尽可能追求个性与独创性，体现居住空间的整体艺术效果。

色彩是室内环境中最为敏感的视觉因素，确定室内的主色调（暖色调、冷色调、对比色调、高明度还是低明度等）十分重要，可以根据整体构思的要求确定主色调，然后采用不同的色调进行适当的配置和补充，例如，以黑、白、灰为基调的无彩色系，局部配以高彩度的小件装饰品或沙发靠垫等。

住宅室内的各个界面和家具、陈列等材质的选用，应注重人们长时间与之相接的感受，充分考虑视觉、触觉的亲切感受和环保方面的要求。天然材料与室内的环境的有机配合，具有非凡的魅力；人工合成的高分子材料、金属、玻璃融入室内环境，更显得家有崭新的时代感。各种不同色彩的材质，在不同光照的条件下，各自显现不同的特点和特有的明暗和纹理视觉感受。

家具是室内环境的"主角"，它的选择与设计举足轻重。家具的造型、色彩和材质都与室内环境的氛围密切相关，家具的风格与样式要与整个室内的环境相协调。家具的摆放效果不是看单件家具是多么贵重和精美，而是看所有家具综合配套的水平。室内空间大，选择家具的尺度也应相应的大一些，以避免房间的空旷感；室内空间小，选择的家具也应相应的小一些，以防止房间的紧迫感。小面积的住宅应选用色调清淡一些的家具和饰物，使家具与墙面的色彩差别不至于过大而显得空间有向外延伸的感觉。

三、充分合理地利用空间，突出设计重点

近年来，居住环境的质量有了很大的改善和提高，建筑师也尽力以最大限度地从建筑的角度提高空间的利用效率，合理地利用现有的室内空间，进而出现了很多好的住宅户型，但作为室内设计师来说，如何在现有的基础上营造新的空间形象，充分合理地使室内空间最大限度地发挥其功能和美感的效应，仍是设计的关键所在，一般的节约和高效利用空间的方法有以下几种。

（1）在门厅、卧室、厨房和过道内适当设置吊柜和壁橱，充分利用上部空间和凹墙，设置储存空间。

（2）在小型住宅中将某些家具相互兼用，或折叠。如可以翻起的床、翻板柜面和翻转餐桌等。

（3）利用家具的空间穿插关系如：儿童房可采用上下或交错的双人床，或采用写字台和床相组合的家具，既方便使用又符合儿童的心理要求。

（4）应充分减少家具的占地面积，使家具向上发展，尽量使用体量较小的家具和组合式家具。

（5）利用镜面在视觉上扩大空间感。

住宅设计首先要突出设计的重点，在整体构思的基础上确定重点的内容，对设计从重点有意识的突出和强调，经过周密的选择和加强使整个室内主次分明，重点突出，形成重点和视觉中心。而视觉中心的选择和确定可根据住宅的布局及风格特点，同时注意业主的性格、

爱好来确定，如客厅的电视文化墙、壁炉和珍品陈列柜，均能引起人们的注意，书房里的字画，卧室床头的床头板都可以是设计的重点和室内的视觉中心。

从实用和经济的角度来讲，要做到功能合理，使用方便，美观大方和节省投资，必须突出装饰和投资的重点，如门厅虽小，但却是进入室内的第一印象，应从视觉和选材上精心设计使之富有特色，起居室是家人团聚、会客等使用最为频繁的用房，是家庭的活动中心，无论是从整体的风格样式还是到细部的装饰处理，用材或用色都应重点考虑。厨房和浴厕的设计和装修要尽可能一次完成，要注意色彩和材料的和谐统一和设施设备的综合配套，特别注意产品的质量，在资金投入上要有重点的保障，这样才能有效地提高居住生活质量。

第二节　门厅、起居室、餐厅与卧室

一、门厅

门厅作为住宅入口的室内过渡空间，也是由户外进入户内的过渡空间，它的主要功能是起由室内到室外的缓冲和过渡作用，可以遮挡视线和防止冷空气直接进入室内，还可以为雨天存放雨具或脱挂雨衣，脱挂大衣或外套，进入房内时换鞋，也有需要在进口处放一些包、袋等小件物品的空间，还有的是利用组合柜分别放置不同的物品，以方便出门和入室之用。小面积的住宅常利用进门处的通道或由起居室入口处一角做适度的安排，作为起居室的一个部分来处理。而一些面积比较大的居住建筑如公寓、别墅住宅常在入口处设置单独的门斗、前室或门厅，在这个过渡性的空间里，常常设置鞋柜、挂衣柜和储物柜等，门厅的照明可以采取整体照明或局部照明，特别是用射灯可以提示家具细部或小件物品，使使用者可以伸手可取。另外，为了增加情趣可以采用小范围的绿化来沟通室内外的联系。门厅的地面材质一般采用易清洁耐磨的花岗石或陶瓷地板砖（防滑）为宜，如果不是首层也可以采用复合木地板等装饰材料，如图 12-1 所示。

图 12-1　门厅

二、起居室

起居室靠近门厅或分户门，直接或经过内走道与卧室、书房、浴厕等相通，是住宅的核心用房和交通枢纽。起居室是家人团聚、起居、休息、会客、娱乐、视听活动等多种功能的居室，又是家庭公共的空间，它是居室设计的重要区域。根据住宅的面积标准，有时兼有用餐、工作、坐卧、学习的功能，因此起居室是住宅使用率最高，人员活动最为集中的空间所在，在住宅设计中要特别注意起居室对整个住宅环境的作用和影响。

随着建筑业的迅速发展，使住宅的结构发生了很大的变化，家庭住宅的起居室也呈现出了三种基本形式：首先是静态封闭式的起居室空间，这种形式的起居室室门封闭感强，使人感到亲切和私密；其次是动态宽敞式的起居室空间，其主要特点是墙少与外部联系大，大面积使用玻璃墙、使人感到宽敞、明快；第三，虚拟流动式的起居室空间，是一种无明显界面，又有一定范围的建筑空间，它的范围没有十分完整的隔离形态，和缺乏较强的限定度，只靠部分形体的启示和联想划分空间。

在功能上起居室的平面布局大体上可以分为以下几点。

（1）配置有一组沙发、茶几和低座椅所围合而成的会客、谈话区和对应于电视、音响和电视背影墙等所组成的视听、休闲活动区。

（2）联系入口处和各类房间的交通面积，应尽可能使视听、休闲活动区相对完整不被穿通。

（3）可以沿墙设置低柜或多功能组合柜，也可以利用屏风、博古架和装饰隔断对起居室进行直接划分。

（4）可以通过绿化来美化环境划分空间。

（5）根据住宅的面积和分室条件，有时在起居室需兼有用餐和学习等功能，在靠近厨房处设餐桌椅、学习桌椅，尽可能设置于房间的尽端或一隅，一些学者则喜欢在客厅伏案工作，将写字台和书架设置于房间时，具有清幽恬适与宁静自然之感，喜欢音乐的家庭在起居室中专门设置钢琴的位置。

起居室的家具布置，应根据活动的内容和具体的功能性质，来选择家具的数量和类型，例如沙发的摆放形式，如图12-2所示。

整个起居室的家具布置应做到简洁大方，突出以谈话区为中心的重点，排除和起居室无关的一切家具。一个房间的使用功能是否专一，是衡量和体现设计水平和生活质量的条件之一，首先从家具的布置上反映出来。根据不同的户型，起居室家具布置形式多种多样，家具的配置和选用，在住宅室内氛围的烘托上起到十分重要的作用，应与室内的整体风格协调统一，但有时也通过对比的方法使室内充满一种新奇感。例如，在现代感很强的起居室的沙发旁放置一把明式太师椅显得格外的出众。

起居室是家庭的公共空间，宜选用中性色彩，避免强烈的个性特点。一般多选用白、浅米黄、浅灰绿等。小客厅多选用较淡雅的色调，面积较大的起居室的部分墙面可选深色调，如深蓝、红褐、中黄、灰绿

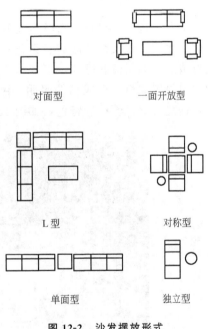

对面型　　　　　　　一面开放型

L型　　　　　　　对称型

单面型　　　　　　独立型

图 12-2　沙发摆放形式

等色彩，天花的亮度应高于墙面，墙面的亮度应高于地面，只有这样才能创造出一个明亮宽敞的空间感觉。

起居室的风格分为典雅明丽、自然清新、古朴雅静、清幽适宜和神秘浪漫等类型，又可分为中式、西式、田园式等，还可分为古典、现代及后现代和新古典等风格。其中，中国传统风格装饰手法有隔扇、罩架、格屏、帷幔以及对称轴线布置，起居室的匾额、字画、对联、太师椅、八仙桌、条案，再加上象征平安吉祥的瓶、镜，这种定式构成了中国古典装饰风格的特点。如图12-3所示。国外现代装饰风格具有注重功能、简洁明快，强调室内布置应按功能区划分，追求秩序，清爽，富有时代感和整体美。

起居室的文化氛围在很大程度上也影响着人们的生活质量，适当设置陈设、摆件、壁饰

图 12-3　中国传统客厅的正立面

等小品，布置油画和书法作品，室内盆栽或案头绿化都会给居室环境带来勃勃生机和自然气息。

尽管起居室的形状是由建筑因素决定的，多以矩形和方形的平面形状最为常见，而多边形、圆形、不规则形时而出现。墙面给起居室以不同封闭程度变化，使起居室具有不同的个性特征。不同形式的起居室通过对顶面、墙面、隔断和地面的处理，在空间形式上由于富有变化，常常引人入胜。起居室的天花和地面等界面在风格上要与整体氛围相协调，界面的造型、线脚处理、用材用色等方面要与整体相

符，天花与地面的设计要有呼应关系。起居室的照明方式可采用具有一定明度和个性特点的吊灯为主，一般安装在起居室天花的中间，形成起居室的整体照明，天花的吊顶部分可采用桶灯或射灯与吊灯相呼应，形成组合照明。较为宽敞的起居室，可以适当设置壁灯，沙发座边也可设置立灯，形成局部照明。由于住宅不同于宾馆，灯具的选用也不应像宾馆那样复杂，而是要突出情趣和特色，如图12-4、图12-5、彩图14、彩图15所示。

图 12-4　线条优美的客厅沙发

三、餐厅

餐厅是家人用餐的场所，它的位置应靠近厨房，餐厅可以采用单独的房间，也可以与厨房组成餐厨一体的形式，还可以从起居室中以轻质隔断或家具分隔成相对独立的用餐空间。近年来，一些户型的设计特别重视一进门的宽敞效果，将起居室和餐厅有机结合，有的两者

图 12-5 简洁庄重的起居室

之间的界限已淡化，这样的设计处理使起居室与餐厅的空间相互借用，使本来面积不太大的住宅显得宽敞人方。住宅的餐厅要特别重视营造出温馨亲切，有助于进餐的环境气氛，色调应温和淡雅。配合适当的小装饰品和墙饰，餐室中除设置就餐桌椅外，还可设置餐具橱柜和酒柜，为适应就餐人数多少的变化以及就餐空间大小的氛围的烘托，可折叠的餐桌以及灵活移动的隔断，在面积紧凑的现代住宅中成为一般的处理手法，如图 12-6 和图 12-7 所示。

图 12-6 宁静的餐厅

图 12-7 华丽的餐厅

四、卧室

卧室的布置要求有很高的私密性，卧室应位于住宅平面布局的尽端，以免被打扰。卧室中的家具，床是最主要的，有时还设计一张休息椅，以及放衣被的橱柜、梳妆台等。单人床的位置一般均靠内墙布置，双人床需三面临空，位于靠窗的明亮区，卧室中常设置休息座位或工作台，卧室面积较大的还设有电视柜。床是卧室中最大的家具，由于占地面积大，在布置时应适当考虑卧室内的活动面积和保证私密感，切忌把床放在卧室的中心或当门口，与床紧密相连的是床头柜和床头板，在床上休息时有人喜欢看书，有人喜欢用耳机听音乐（虽是一部分人的个人习惯），因此有各种方式的设计，来满足人们的各种生活习惯和使用要求，如图 12-8 所示。

图 12-8　卧室

　　住宅中如果有两个或两个以上的卧室时，通常一间为主卧室，其他的为老人或儿童卧室。主卧室设双人床等一系列家具，老人卧室和儿童卧室在设计时应注意老人和儿童的生理和心理特点。老人卧室的设计要相对稳重，色彩不能过分刺激，家具一般采用深色调的实木家具为宜。儿童卧室的设计应充分挖掘儿童的心理特点，多采用明快的色彩，象征性的家具造型，活泼的图案配置，适合儿童游戏的滑梯等，如图 12-9 所示。

图 12-9　流线造型的儿童房

　　卧室的家具配置效果不仅取决于家具本身的质量因素，更重要的是家具在色彩、材质、风格和样式上要系列配套并有统一的设计感和设计符号等，而不是取决单件家具的优劣。床罩、窗帘、桌布和靠垫等室内的纺织和装饰品的色彩、材质、花布和图案对卧室氛围的营造

起着很大的作用。卧室的线型一般以水平线和竖直线为主，可能适当地采用一些优美的曲线造型来保障卧室的平静，幽雅，不要过多地采用圆、折线、弧线等不安定的因素。卧室的颜色以温馨、淡雅为宜。在家具和墙面的明度、色相和纯度对比上均有广泛的范围供设计师采用，以达到不同感觉的装饰效果，如图 12-10 所示。

图 12-10　卧室

　　另外，从功能上要求卧室具有良好的隔声性和恒温性。卧室的门应选用实心木质门，采用双层推拉窗；卧室具有适宜的采光和布光，一般卧室的窗帘一层是透明薄纱，一层为厚布帘，便于调节日光和午休遮光；卧室应追求舒适的视觉感受，追求一种恬静、温暖、整洁、高雅的艺术效果。

第三节　厨房、浴厕间

一、厨房

　　厨房是家庭劳作中心，被称为是家庭的"热加工车间"，在家庭生活中具有非常重要的作用，一日三餐的储备，洗切、烹煮、备餐及餐后的洗涤、餐具的整理等，几乎每天都要占据 2～3 个小时的时间，除了烹调之外，有的家庭洗衣、清洁、熨烫等也利用厨房或在厨房进行。年复一年，日复一日，几乎都是一些繁重和重复的劳动。但在现代化技术设备的条件下，厨房已不再是受累烦心的地方，而是具有洁净、卫生、方便高效、赏心悦目的场所。因此，现代住宅室内设计应为厨房创造一个洁净明亮、操作方便、透风良好的环境，在视觉上也有秩序井然、愉悦明快的感受。

　　在厨房的设计中，设施、用具的布置应充分考虑人体工程学中对人体尺度、动作域，操作效率，以及设施前后左右的顺序和上下高度的合理安置，使用厨房的基本操作顺序为：整理——洗涤——配制——烹饪——备餐，各环节之间按顺序排列，相互之间的距离以 450～600mm 之间，操作时省时方便。厨房设计均以食品贮藏和准备、清洗和烹饪过程为依据，通常包括三个主要设备，电冰箱，炉灶和洗涤池，家庭主妇在这三者之间的活动路线形成一个三角形，称为工作三角形。专家建议三角形的三边之和在 4560～6710mm 之间为宜。

　　厨房内的基本设施有电冰箱、灶具（电磁炉、电灶、液化气或煤气灶具、煤灶）、洗涤盆、微波炉、抽油烟机、储物柜等。洗涤盆与冰箱之间的空间常为调制食品中心，因此牛奶、鸡蛋、黄油、面粉、糖、调味品等应贮藏在那里。炉灶边应有足够的柜台，以布置和贮存碟、碗、锅、铲等，而靠近洗涤池的地方就成了一个食物清洁的准备中心，在那里要有贮藏菜箱、刀、剥皮器、刷子等，厨房的设计者应把各项工作所需的材料、工具、器皿等分项列表，以决定各项物品的存放方式和位置，如图 12-11 所示。

图 12-11　厨房

家庭经济学家推荐五种厨房布置方式。

1. U 形

这是最理想的一种，它提供连续的柜台空间，经常将洗涤槽布置在 U 形的底部，炉灶和冰箱在两边。

2. L 形

把电冰箱和洗涤池沿一侧的墙面布置，炉灶可以布置在另一侧的墙面，这种布置，留下其他两面墙可以自由地开门窗或布置贮藏柜和餐桌。

3. 走道式

沿两平行的墙面布置，将其中两设备放于墙一边，另一设备放在另一边，端部墙面可开门窗，这种格局一般是通过厨房进入阳台而变成了一个通道。

另外有一字形，圆形和椭圆形的布局方式，还有开放式厨房等，现代烹调已视为一门艺术，它和其他艺术一样代表着这个时代性和文化性，因此厨房的室内设计观念要与时俱进，要求有高效的实用性，完备的功能性和艺术性，并选择易于清洁，保养的材料，从发展的趋势看，厨房的装修更加走向工厂化制作，现场安装的模式。

4. 岛式

岛式是 L 形和 U 形厨房的变体。

5. 圆形

圆形是 U 形厨房的特殊形式。

以上厨房布置方式，如图 12-12 所示。厨房设施基本尺寸及材料见表 12-1。

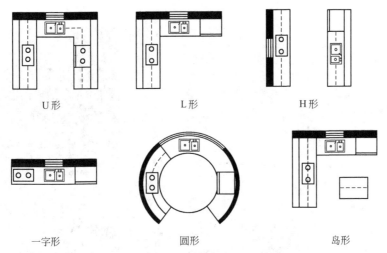

U形　　　　　　　　L形　　　　　　　　H形

一字形　　　　　　　　圆形　　　　　　　　岛形

图 12-12　厨房布置方式

表 12-1　厨房设施基本尺寸及材料

名　　称	尺寸 $l \times b \times h/(mm \times mm \times mm)$	材　质
洗涤盆	$(510 \sim 610) \times (310 \sim 460) \times 200$ $(310 \sim 430) \times (320 \sim 350) \times 200$ $(850 \sim 1050) \times (450 \sim 510) \times 200$	陶瓷类 不锈钢 不锈钢（带洗刷台面）
煤气灶具	$700 \times 380 \times 120$	搪瓷 不锈钢
排油烟机	$750 \times 560 \times 70$	不锈钢
微波炉	$(550 \sim 600) \times (400 \sim 500) \times (300 \sim 400)$	金属喷塑面
电冰箱	$(550 \sim 750) \times (500 \sim 600) \times (1100 \sim 1600)$	金属喷塑面
操作台面及贮藏柜（下柜）	$(700 \sim 900) \times (500 \sim 600) \times (800 \sim 850)$ 长度也可根据厨房实测调整	防火板面 不锈钢面
贮藏柜（上柜、吊柜）	$(700 \sim 900) \times (300 \sim 350) \times (500 \sim 800)$ 长度及高度也可根据厨房实测调整	防火板面 装饰板面

二、浴厕间

　　家庭的浴厕及浴洗设施是处理个人卫生的场所，它与卧室的位置应靠近，而且同样具有较高的私密性，小面积的住宅通常只有一个浴厕，而且把浴厕、浴洗置于一室。面积标准较高的住宅一般有多个浴厕，不但面积较大，而且采用浴厕间单独分隔开的布局。浴厕间的设计和装修应注意平面布局紧凑合理，设备与各管道的连接可靠，便于维修，各个设备之间要系列配套。

　　浴厕间的各个界面应选用防水性较好的且清洁而坚固耐用的材料，地面防滑十分重要。

　　浴厕的设计历来被设计师所重视。随着科技水平的发展，各种新式的卫生洁具给浴厕的面貌带来了很大变化，不仅在功能上日益完备，而且在材料、色彩、质感上都有很大的进展。浴厕的设计更要求在艺术上有所创新，多种图案质感和色彩的内墙砖和不同的天然石材，给浴厕带来了多种的视觉享受，在浴池周围的墙面上镶嵌一幅荷塘景色的陶瓷壁画，使人置身于自然之中，浴厕以它特殊的功能性越来越被设计师所重视，从而创造出丰富多彩的浴厕空间，如图 12-13 和图 12-14 所示。浴厕间设施尺寸及材料见表 12-2。

图 12-13　卫生间（一）

图 12-14　卫生间（二）

表 12-2　浴厕间设施尺寸及材料

名　　称		尺寸 $l \times b \times h$/(mm×mm×mm)	材　　质
浴缸		1200、1550、1680×750×400、440、460	玻璃钢 搪瓷 铸铁
淋浴器		850～900×850～900×120	搪瓷
坐式大便器		340×450×450 （490）（650）（850） 括号中为大便器与低水箱组合的尺寸	瓷质
洗脸盆		360～560×200～420×250～302	瓷质 玻璃
洗衣机	单缸	580～600×580～600×800～900	（定型产品）
	双缸	800～850×500～600×800～900	
排气扇		$\phi 200$	（定型产品）

第四节　住宅的室内装修

　　住宅的地面、顶棚、墙面的功能不仅是围合和限定室内空间的界面，也是创造室内环境氛围的重要因素。作为室内背景的墙面、顶棚、地面，它们的形式、色彩、材质和图案的选择对室内的装饰效果起着重要的作用。

　　在进行住宅装修时，首先应注意下列问题。

　　（1）在按照整体的空间艺术构思的前提下，进行各部分的处理，各个房间的风格要与整体的风格有一定的联系。

（2）利用装修的线条、色彩、质地和图案等设计要素来改善空间的尺度、形状和比例，便能获得最满意的效果。

（3）装修应和建筑部件，门窗、设备等相结合，使之作为一个有机的整体。

（4）装修应和已选择的家具、陈设相协调，彼此衬托，相得益彰。

（5）充分利用材质的天然质地的美感，考虑材料的耐久性和更换、维修、清洗和保养的需求。

（6）高档材料精用，中档材料普用，低档材料巧用，高档材料的堆砌并不能取得好的装饰效果，高、中、低档材料合理巧妙的运用，可取得出奇不意的效果。

（7）使用无公害的环保装饰材料。

一、墙面

住宅的墙面是人们的视线接触频率最高的空间界面，墙面的造型、色彩、材质及处理的手法都深刻地影响着整个住宅的氛围，在设计时不仅要考虑装修本身的艺术效果，同时还要估计到家具、墙饰等陈设品和织物入室后的整体效果和相互关系。

下面分别介绍住宅墙面装饰材料的性能和装修效果。

（1）涂料类 以立邦漆或乳胶漆为代表，有多种的色彩供选择，易清洗，施工便利，效果细腻温馨，整体感强，适合于大面积使用。

（2）墙纸墙布 色彩纹样繁多，可供选择的面很宽，表面上有不同凸凹的肌理，具有一定的吸声作用，装饰效果由于墙纸墙布的多样性质呈现出来的豪华、朴素、自然、浪漫、童趣、温馨和清爽等各种感受，特别适用于卧室。

（3）木材 由于树种繁多，各种木材类装饰呈现出不同的纹理和色彩效果。易清洁，触摸感好，在施工中应注意防火处理。在住宅装修中木材类装饰材料适合于门、窗、踢脚、线角、固定家具、护墙板、暖气罩和墙面造型装饰。特别是木材与墙纸、墙布、PVC 贴面板和人造革织锦缎的不同结合，创造出立面装饰的不同效果。

（4）陶瓷面砖 规格、种类和质地繁多，易清洁，防水防潮、维修更新方便，多用于浴厕和厨房，在浴厕的设计选材中要注意不同表面肌理和图案的内墙瓷砖与卫生洁具的合理选配。

（5）大理石、花岗石 天然材质纹理多样自然，易清洁、吸声差，适合于浴厕的墙面和电视文化墙的点缀。

（6）镜面玻璃 具有扩大室内空间感的镜面和多种花色的玻璃制品极大丰富了墙面装饰的内容。

二、顶面

顶面对房间的温度、声音、照明都有很大的关系，顶部的装饰最能体现住宅的档次、顶面的造型应与灯饰相配合。

（1）浴厕和厨房的吊顶多用塑料扣板或铝合金扣板，装饰标准较高的采用穿孔金属板，在安装时要注意管线的检修和照明通风的要求。

（2）起居室的吊顶可采用不同的造型和形式，选用的材料也十分多样性。例如，涂料、顶纸、木材、彩绘玻璃、磨砂玻璃和金属面板等。但要根据整体的设计需求进行选择。

三、地面

地面的设计与装修要注意便于行走、防滑、防静电、安全、易清理和触感舒适的要求。

（1）硬质材料 水磨石、大理石、花岗石、陶瓷地砖等坚固耐用，防水防潮、美观大方、品种多样。要特别注意在有水和上蜡后很滑，居住中有老人慎用，浴厕应采用防滑的地面材料。如图 12-15 所示。

图 12-15 硬质材料地面

（2）软质材料　地毯、地板革、塑胶地面等，触感舒适、花色繁多，适合于卧室使用，吸声效果很好。

（3）木地板　分为实木地板和复合木地板，冬暖夏凉，视觉感和触觉感很好。局部点缀羊毛地毯更显得锦上添花是家庭地面的首选。如图 12-16 所示。

图 12-16 木地板

第五节　智能住宅

智能住宅是实现居家生活方式现代化的一种必然趋势，现代科学技术成果强有力地支持了实现住宅各种使用功能的可能性，人们拥有一个完备设施的智能住宅已不是遥远的梦想。

一、智能建筑

1. 智能建筑的形成

信息技术的飞速发展为智能建筑的崛起打下了良好的基础，智能建筑的发展是多种科学、多种技术综合应用的结果，如建筑学、电气技术、通信技术、计算机技术、管理技术等。智能建筑是信息时代的产物，是随着社会信息化与国际化应运而生的，完美体现了建筑艺术与信息技术的结合，是高科技的结晶。

随着电子信息技术的发展，声音、图像、数据通信也得到迅速发展，建筑物和外部世界的通信联络得到了增强，建筑物中设备自动化程度也不断提高，发展为集中综合自动控制，对信息进行综合分析处理和交换共享。智能建筑的迅速发展具有深刻的技术、经济和社会背景，在我国虽然尚在起步阶段，但随着市场需求的日益增加，人们生活质量的提高定会有迅猛的发展。

2. 智能建筑的目标和性质

智能建筑是为了达到一定的需要和目标，应用相关的技术手段，建立一个以信息系统为基础的平台，将系统相关的各要素紧密地集成在一起按应用的需求进行连接、配置和共享，达到系统智能化的总体目标。创造一种可以使用户发挥最高效率的环境的建筑，同时可最低限度地降低成本，最有效地管理本身资源，智能建筑应提供快速反映、高效率和支持力的环境，使用户能达到实现业务的目的。

3. 智能建筑的作用

智能建筑应有先进的自动控制系统来监控各种设施，包括空调、照明、防火、保安等，以便为住户提供舒适的生活和工作环境。该建筑应有良好的网络设施，以便各楼层之间可以进行数据交换和提供足够的电信设施。

智能建筑所提供的优越环境具有舒适性、高效性、方便性、适应性、安全性和可靠性。智能建筑所提供的功能具有信息处理、信息通信、自动控制、安全防灾和具有充分的适应性和可扩展性。现代智能建筑是由建筑物自动化系统、办公自动化系统和通信系统所组成。

二、智能住宅

作为智能建筑的重要组成部分的智能住宅出现在 20 世纪 90 年代初，欧美等国先后提出了"智能住宅"的概念。通过家庭智能化技术，实现家庭中各种与信息相关的通信设备、家用电器和家庭保安装置，通过家庭总线技术连接到一个家庭智能化系统上，进行集中的或异地的监视、控制和家庭事务性管理，并保持这些家庭设备与住宅环境的和谐与协调。智能住宅以住宅为平台，兼备建筑、网络通信、信息家电、设备自动化，集系统、服务、管理于一体的高效、舒适、安全、节能、便利的居住和生活环境。

家庭智能化技术提供由家庭智能系统构成的高度安全性、生活舒适性和通信快捷性的信息化与自动化的居住空间，满足人们追求快节奏的生活和工作方式和保持完全开放的生活环境的要求。满足人们足不出户就可以实现电子购物、家庭影院、视频点播，甚至置身千里之外遥控家中的各种电器设备，报警和确认家中的安全状况。

智能住宅可以给予人们高度的生活享受，内容是十分丰富的，根据主人的生活方式设置各种服务，如提示起床的动听音乐；各房间的灯光控制；家庭影院系统播放与上网查询以及多媒体游戏等，当主人离家后，家庭智能化系统就会自动启动安全保卫系统。

1. 网络房屋

网络房屋是建立在计算机技术、通信技术、自动控制技术、网络技术的基础上，由于信息技术的飞速发展，使这些技术和设备越来越普及，使成本高不可攀的技术，无论从技术的掌握，功能的实现和设备价格以及能力上都越来越接近大众化，智能住宅是网络房屋发展的初级阶段，而大量的相关信息家电设备的出现是网络房屋发展的必要条件。

2. 信息家电

将数字化技术应用于家用电器等消费类电子装置，使之成为网络终端，进而成为信息终端，用以发布、获取、处理各种信息，使未来的智能家庭具有网络化、信息化、智能化和人性化特点。并通过家庭安全中心控制、信息家电、信息服务、网络互联、软件更新、电子商务等功能使其得以充分的发挥，使未来的家庭拥有一个网络化、信息化、舒适、方便、快乐、环境良好的生活空间。

3. 智能住宅所具备的基本功能

(1) 安全防卫自动化。

(2) 身体保健自动化。

(3) 食物烹调自动化。

(4) 文化娱乐、信息自动化。

家庭活动自动化是指家务、管理、文化生活和通信，其中家务是指家电设施、保安设备自动化，能源管理等。管理是指家庭购买等经济管理，家务工作及医疗健康管理。文化生活指利用计算机进行学习、娱乐、文艺创作等；通信是利用通信网络和外界通信以及咨询服务等。

4. 家庭智能化技术主要内容

(1) 家庭安全防范、防盗报警、火灾报警、煤气泄漏、紧急求助报警。

(2) 家庭设备自动化、家庭电器设备的管理（如空调、照明、加热器、摄像机、娱乐器）。

(3) 家庭通信网络的应用，电子语言信箱，数字式电话功能，计算机网络接口。

5. 家庭智能化系统的三项功能

(1) 家庭安全防范。

(2) 家庭设备自动化。

(3) 家庭通信与网络的应用。

6. 智能住宅的发展趋势

(1) 具有高度的安全性、防火、防爆、防电击、防盗、防震等。

(2) 具有舒适的生活环境和完备的使用功能，如，冷水热水的供应、空调、照明等自动控制。

(3) 具有足够的通信设备，如电话图文传真，计算机网络。

(4) 具有完备的信息设备，如电话电视，卫星电视，图文电视等。

（5）要求设备与家用电器实现自动化、遥控化，能集中管理水、电、煤气等能量消耗。

▌复习思考题

1. 简述居住空间的装饰设计要求。
2. 如何能够合理的利用空间、突出设计重点？
3. 分析起居室、餐厅、卧室、厨房、浴厕间的功能要求和设计特点。

第十三章　旅游建筑室内设计

随着我国改革开放，旅游建筑包括酒店、宾馆、度假村等，近些年得到了迅速的发展。旅游行业也发生了日新月异的变化，国内旅游、国际旅游越来越被人们接受。旅游建筑以环境优美、交通方便、服务周到、风格独特吸引四方客人。其中更能以旅游建筑反映民族特色、乡土人情，使人们了解文化背景，增加知识、丰富生活。

第一节　酒店设计特点

一、国内酒店室内设计现状

中国室内设计在新中国成立后慢慢起步并发展起来。中国的酒店业设计同样如此，20世纪 50 年代至 70 年代几乎没有自己的室内设计，寥寥无几的酒店如北京酒店也只不过是50 年代俄罗斯古典主义与中国传统装饰符号相混合的设计样式。80 年代实行全面的改革开放，经济高速增长，国内一时大兴酒店，但是在此之前，中国室内设计尚未经历以现代主义建筑业为特征的发展阶段，后现代主义的多元思潮又接踵而至，设计界一时天下大乱。中国的酒店设计从借鉴模仿中艰难起步呈现出五花八门，鱼龙混杂的局面。在不到二十年的时间内，中国室内设计迅速走过了西方国家近百年的发展历程。

1. 大批酒店设计千篇一律，缺乏特色和创意

在中国各大城市众多的星级酒店，无论是酒店规划、建筑设计、功能布局到室内风格、手法、材料乃至客房的样式都惊人的相似，导致经营疲软，竞争无力，给国家和投资方造成大量的损失。这其中的原因，有的是建筑设计单位缺乏经验，如交通流线组织不合理；或者重视前台，轻后台；也有的是室内设计师不负责任的"拿来主义"。其实，每个酒店因为所处的城市、地区以及相邻建筑，当地人文及生态环境的不同，业主投资以及酒店经营或管理公司不同，市场定位的不同，酒店完全应有不同的气质和特色。在国外的发达国家，一个酒店从立项到建成一般要三至五年时间，通常一开始业主就会和建筑设计、酒店设计专业公司、酒店管理公司做市场的分析和定位，而设计师必须深刻了解该酒店的市场定位，深刻地研究如何创造酒店的形象并使其功能全面合理化。最终才能成功造就一个酒店。因此，室内设计要坚决反对抄袭之风，真正地根据每个酒店不同的要素，创造出各自的特色和形象来。

2. 室内设计重视墙面装饰，而灯具、家具、艺术陈设却苍白无力

酒店这个特定建筑围合的空间，它不仅要满足人们住宿、餐饮的要求，还要满足会议、商务、娱乐、健身诸多方面的需求。它不仅是功能上的，还是精神上的，要让客人在入驻酒店的同时，经历文化的感染和艺术的熏陶，无论商务还是度假，都有一种惊喜的体验，而这种经历的来源除空间的装饰处理外，就是酒店中精致的灯具、时尚的家具和丰富的艺术陈设。酒店空间不同于其他公共建筑，它一定是有个特定氛围的：从色彩、灯光到布艺的肌理，水杯的款式都要求十分考究。国内大多数中档酒店从大堂到客房甚至次要的消防通道一律使用大量石材装饰，满墙的高档材料，装修界面极为奢华，但是家具、灯具和工艺品却极

为低劣，这样的酒店谈何"氛围"，因此，设计师们一定要合理地控制造价，突出重点，帮助业主在硬装饰和软装饰方面合理调配，有的放矢，用有限的资金创造最佳的艺术效果。

3. 国内很多设计师不重视客房设计

客人入驻酒店，其实大部分时间均在客房度过，面对生活水准和空赏力都日渐提高的客人，国内大多数酒店客房无论从功能、面积、户型到客房中家具的款式、布艺、地毯的颜色，甚至在饭柜、衣柜的做法上都惊人相似，不同的客人有不同的需求：首先，商务客人有技术需求，如宽带网、电子邮件、移动电话、手提电脑，这些都需要设计师把这些功能加以布置；再者，床是至关重要的，这是客人在房间里使用最长时间的地方，一定要大而且质量要高；其次，浴室、淋浴、浴缸、洗脸盆和坐便器，而且最好做到干湿分区，这样，一个双人标间里，两人就不会有同时上卫生间的尴尬了。

客房要最大限度体现到客人的关怀，因为客人对客房的要求远比对大堂、餐厅的要求更细。让客人感到惊喜的，是富于异国情调或是某种历史、地域文化的创意，以及那些细致的，使用新材料、新工艺、新技术的设计，无论是空间造型、色彩组织，还是灯具、家私和艺术小品、五金制品，只要是打破常规富于创新的，客房的魅力和价值就会极大地发现。

时至今日，中国最大型最高档次的酒店被国外著名设计公司垄断，这些世界级的大师以及大批留学归国的学子带来了先进的思想、方法和技术，为中国酒店设计做出了贡献，也使人们看到了努力和前进的方向。

中国本土设计师从 20 世纪 90 年代开始从模仿和抄袭阶段逐步成熟起来，开始引用创新理念，不断探索和创作出主题新颖、文化内涵丰富、风格手法独特，带有明显地域特点和东方文化的优秀作品。尤其是近年，一些有思想的设计师开始研究自己的母体文化，探索着一条有中国特色的新民族主义道路。

二、酒店室内设计的发展趋势

1. 功能多元化

从单一商务酒店向会议酒店、公寓酒店、主题酒店和休闲度假店多元发展。在今后的数十年中。势必迎来会议酒店、主题酒店尤其是休闲度假酒店的发展良机，这些酒店无论是选地规划还是功能分布均与城市商务酒店不尽相同。客人们不懂要求此类酒店不仅仅是要有健身、休闲娱乐活动等设施，还关心对食物的选择及各种旅游项目的安排，他们要求酒店所处的景区应有鲜明的特色，丰富的历史文化内涵。而会议酒店既要安排会议中心 还要有不同中、小型会议室，另外根据会议中心所接待的人员数，安排好会议就餐的大、中型餐厅以及配套设施。

2. 环保、绿色可持续的具有民族和地域特色的设计，将是未来中国酒店设计发展的方向

在风格多样、百花争艳的同时将最终形成自己的新民族特色。酒店设计应高举环保、绿色和可持续发展的大旗，坚持吸收本地、本民族和民俗的母体文化。使酒店体现出一种独特的文化个性，从而确定每个酒店各自的形象。因此，酒店设计师要研究项目所在地"文化"，包括地域文化、民族文化、历史文脉，在最初方案设计中如能准确、合理地定位好酒店的文化内涵，酒店就具有了深厚的文化底蕴和无穷的魅力，从而带给客人的享受不仅仅是生理上、情绪上，而且还是心灵上的。

3. 在注重本土文化的同时，风格日趋现代、简约和时尚

建筑与室内设计走到今天有太多的风格和主义。世界酒店设计的潮流经过剧烈的震荡或

超越后，再次迎得了新的平衡。酒店设计师也将新古典和欧陆风琐碎的装饰抛在一边。去繁从简，以清洁现代的手法隐含复杂精巧的结构，在简约明快干净的建筑空间里发展精美绝伦的家私、灯具和艺术陈设。要让酒店保持时尚，酒店设计师要独立创新和标新立异。这是一个长期而永不间断的工作。设计师要有新思想、新创意，这种对新技术和时尚的追求才会使酒店生命之树常青。

4. 酒店设计师的未来及责任

随着中国的入世，经营的迅猛发展，丰富的旅游资源和日渐高涨的多元审美需求，作为酒店设计工作者，只有通过不断吸取新的理念，新的技术。不断补充和发展传统，发挥作用，酒店建筑及室内设计才会更理性、更全面、更健康的发展。现今的酒店规划设计，也开始将酒店功能文化、建筑环境与酒店的经营目标完美的结合，并互相促进，形成酒店经营特色和竞争优势可持续发展战略，开创多元化的具有自己民族地域文化特色的现代酒店室内设计新局面。

第二节　大堂的室内设计

酒店的大堂是酒店在建筑内接待客人的第一个空间，也是使客人对酒店产生第一印象的地方。在早期的欧洲酒店中，大堂通常都不大，但却是酒店的管理和经营中枢。在这里，接待、登记、结算、寄存、咨询、礼宾、安全等各项功能齐全，甚至连客房的管理和清洁工作都一并在这里办理。

一、大堂设计的要点

在酒店设计中，只依靠材料和装饰语言来表达设计的设计师是没有发展的，而这种错误也最容易在设计大堂的时候发生。酒店设计师，应该是一种特定生活质量和现代交际环境的创造者，既要不断积累大量的生活体验，又要懂得这类事情涉及到的所有设计细节。

不少只有十几间或二十几间客房的城市小酒店的大堂（过去常译作"前厅"），经常只需一两位专职管理人员就足以包揽所有工作，而酒店清洁工人则都是计时工，使酒店的管理高度集中，运营成本非常有限。这种做法在世界上很多地方一直延续到今天。但是自从美国在20世纪70年代初出现了酒店发展"大爆炸"的现象以后，传统酒店的模式发生了变化，酒店的建设规模越来越庞大，酒店大堂的规模随之膨胀，提供给客人的服务功能也增加了很多。于是，酒店大堂的设计理念和设计方法也在不断发展，其基本设计要素也已形成行业中一个公认的规则。

对酒店设计者来说，大堂可能是设计工作量最大，也是设计含金量最高的空间。这并不仅仅因为其大，而是因为酒店大堂里的精神和物质需求都太多，设计的潜目标也就会多。在酒店设计中，只依靠材料和装饰语言来表达设计的设计师是没有发展的，而这种错误也最容易在设计大堂的时候发生。酒店设计师，应该是一种特定生活质量和现代交际环境的创造者，从这个意义上说，既要不断积累大量的生活体验，又要懂得这类事情涉及到的所有设计细节。在酒店大堂的设计中，功能细节之多，尤其不能忽视。如图 13-1、图 13-2 所示。

二、大堂设计对基本功能的要求

1. 交通流程

① 客人步行出入口。

② 残疾人出入口。

图 13-1　酒店大堂（一）

图 13-2　酒店大堂（二）

③ 行李出入口。

④ 团队会议客人独立出入口。

　　⑤ 通向酒店内外花园、街市、紧邻商业点、车站、地铁、街桥或邻近另一家酒店的，各个必要的出入口，以及相应的台阶、坡道、雨篷和电动滚梯。

　　⑥ 通过店内客用电梯厅和客房区域的流程。

　　⑦ 从主入口和电梯厅直接通向前台的流程必须宽阔、无障碍。

　　⑧ 通向地下一层或二层"重要经营区域"的楼梯或电动滚梯。

　　⑨ 通向大堂所有经营、租赁、休息、服务、展示区域的流程

　　⑩ 服务、管理人员需要的各个必要的、尽可能隐蔽的出入口、楼梯和电梯。

　　⑪ 可能与总体布局有关的货物、设备、员工、布草、送餐与回收垃圾出运流程。这些流程不能与客人流程，交叉或兼用。如图 13-3。

图 13-3　酒店大堂（三）

　　2. 接待与服务功能

　　① 前台。

　　② 前台是大堂活动的主要焦点，向客人提供咨询、入住登记、离店结算、兑换外币、转达信息、贵重品保存等服务。

　　③ 前台的电脑要可以随时显示客人全部资料，包括预订、入住、押金、个人资料、离店、店内消费记账等；平均 50～80 间客房设立一部前台电脑。

　　④ 前台可以设置为柜式（站立式），也可以设置为桌台式（坐式）；前台两端不宜完全封闭，应有不少于一人出入的宽度或更开敞，便于前台人员随时为客人提供个性化服务。

　　⑤ 站式前台的长度与酒店的类型、规模、客源定位和风格均有关。通常每 50～80 间客房为一个单元，每个单元的宽度可以控制在 1.8 米。

　　⑥ 坐式前台应以办理入住手续为主，同时必须另外配置一组站式的独立结算柜台。

　　⑦ 每个前台工作单元中应至少包括一部电话机，一台电脑，一台账单打印机，一组客人资料抽屉或抽拉柜，一组放置发票、登记单、信用卡单、留言笺、店用信纸、信封、圆珠笔、客房卡封以及磁卡的综合抽柜或格桶，以最方便、快速取用为原则。

【例】 华尔登府邸 A 座酒店公寓大堂是一个极不规则的狭长空间，而且有近四百个信报箱需要安放在内，这成为设计的最大难点。功能与美学并存，既要克服以上建筑的不足，还要表现一个既优雅又不失时尚品味的公共空间。

大堂的设计以弧线作为主要的设计语言。天花造型以建筑结构圆柱为中心层层铺开；地面拼花在规律中打破沉闷，以伸展的线条体现其灵活的特点和加强空间的导向性。玻璃及镜面刻花图案的重复运用、收纳在造型灯箱后的信报箱形成的韵律，均与弧线的自由活泼形成鲜明的对比。剪影图案的金色铁艺花卉造型紧跟国际设计潮流。如图 13-4。

图 13-4 酒店大堂设计

第三节 客 房

酒店客房的设计是体现酒店为客人硬件服务最重要的地方。其包括以客人为上帝的服务理念、当地文化特色、由房价体现的客房档次、人体功学、地毯、墙纸的选择、家具、灯具的设计或选择、窗帘的选择、灯光的配置、洁具的选择等等。正所谓麻雀虽小，五脏俱全。

先从客房走道说起。客房的走道最好给客人营造一种安静安全的气氛。走道的门可以凹入墙面，凹入的地方可以使客人开门驻留时而不影响其他客人的行走，但凹入不要太深，最好在 450mm 左右，太深了若客人出门时，恰好别的客人由门前经过时反而会受到惊吓，而失去安全感；灯光既不可太明亮也不能太昏暗，要柔和并且没有眩光。可以考虑采用壁光或墙边光反射照明。在门的上方最好设计一个开门灯，而使客人感觉服务的周到。

客房走道地面、墙面的材料要考虑易于维护和使用寿命。有的新酒店使用不到半年就旧了、脏了，除了管理清洁的原因，也有设计师选材不考虑其使用性的原因。客房的走道尽量不要选用浅色的地毯，而要选择耐脏耐用的地毯；墙边的踢脚板可以适当地做高一些，可以做到 200mm 高度左右，以免行李推车的边撞到墙纸；有的酒店客房走道甚至还设计了防撞的护墙板，也起到扶手的作用。如此，既防止使用过程中的无意损坏，也为老年人提供了行走上的方便（如图 13-5）。

图 13-5　客房（一）

　　现在流行不压角线的施工工艺，即墙面的墙纸和天花直接连接，最好不要这样设计，因为墙与天花乳胶漆的收边会成为问题，时间长了，会由于热胀冷缩的不同而产生裂痕。如一定要如此设计，也可以考虑在墙纸与天花交接处做凹入 12mm 左右的缝。天花板不宜做得太复杂，空高也不宜太高或过矮，一般为 2.1～2.6m。如图 13-6 客房入口门上的猫眼不宜太高，也要考虑身材不高和未成年人的使用因素。

图 13-6　客房（二）

一、入口通道

　　一般情况下入口通道部分设有衣柜、饭柜、穿衣镜等。在设计时要注意如下几个问题。

① 地面最好使用耐水耐脏的石材。因为某些客会开着卫生间的门冲凉或洗手，水会溅出或由客人的头发等带出；

② 衣柜的门不要发出开启或滑动的噪声，轨道要用铝质或钢质的。因为噪声往往来自于合页或滑轨的变形；

③ 目前流行采用一开衣柜门，衣柜内的灯就亮的设计手法，其实这是危险的，衣柜内的灯最好有独立的控制开关，不然，会留下火灾或触电的隐患；

④ 保险箱如在衣柜里不宜设计得太高，以客人完全下蹲能使用为宜，千万不要设计在弯腰的地方，不然客人会感到疲累；

⑤ 穿衣镜最好不要设在门上，因为镜子会增加门的重量，而使门的开启不显得那么轻巧，时间长了，也会导致门的变形，穿衣镜最好设计在卫生间门边的墙上；

⑥ 饭柜烧开水的插座不能离台面太近，要有 50～60mm 的距离，不然插入插座时，由于插座的尾线是硬质的不能弯曲而不能使用；

⑦ 柜后的镜子要选用防雾镜，因为烧开水的水会产生雾气；

⑧ 天花上的灯最好选用带磨砂玻璃罩的节能筒灯，这样不会产生眩光。

二、卫生间的设计

① 很多酒店卫生间的天花板选用防水石膏板，其实不然，建议使用铝板或其他表面防锈防水的金属材料，但不要使用 600mm×600mm 或 300mm×300mm 的暗龙骨铝板天花，因为设备维修时其会因为人为拆装而变形；

② 进入卫生间的门下地面设一防水石材板，以免卫生间的水流入房间通道；

③ 选用抽水力大的静音马桶，淋浴的设施不要选用太复杂的，而要选用客人常用的和易于操作的设备，有的因为太复杂或太新奇，客人不会使用或使用不当而造伤害；

④ 设淋浴玻璃房的卫生间，一定要选用安全玻璃，玻璃门边最好设有胶条，既防水渗出，也能使玻璃门开启时更轻柔舒适；

⑤ 水龙头的水冲力不要太大，要选用轻柔出水、出水面较宽的水龙头，有时，水流太猛，会溅到客人的裤子上，而造成一时的不便和不悦（如图 13-7）。

图 13-7 卫生间

第四节 餐 厅

一、餐厅总体环境布局

餐厅的总体布局是通过交通空间、使用空间、工作空间等要素的完美组织所共同创造的一个整体。作为一个整体，餐厅的空间设计首先必须合乎接待顾客和使顾客方便用餐这一基本要求，同时还要追求更高的审美和艺术价值。原则上说，餐厅的总体平面布局是不可能有一种放诸四海而皆准的真理的，但是它确实也有不少规律可循，并能根据这些规律，创造相当可靠的平面布局效果。餐厅内部设计首先由其面积决定。由于现代都市人口密集，寸土寸金，因此须对空间有效地利用。从生意上着眼，第一件应考虑的事就是每一位顾客可以利用的空间。厅内场地太挤与太宽均不好，应以顾客来餐厅的数量来决定其面积大小。秩序是餐厅平面设计的一个重要因素。

由于餐厅空间有限，所以许多建材与设备，均应经济有序地组合，以显示出形式之美。所谓形式美，就是全体与部分的和谐。简单的平面配置富于统一的理念，但容易因单调而失败；复杂的平面配置富于变化的趣味，但却容易松散。配置得当时，添一份则多，减一份嫌少，移去一部分则有失去和谐之感。因此，设计时还是要运用适度的规律把握秩序的精华，这样才能求取完整而又灵活的平面效果。在设计餐厅空间时，由于设备用途不同所需空间大小各异，其组合运用亦各不相同，必须考虑各种空间的适度性及各空间组织的合理性。有关的主要空间有如下几种：

① 顾客用空间　如道路（电话厅、停车处）、座位等，是服务大众、便利其用餐的空间。

② 管理用空间　如入口处服务台、办公室、服务人员休息室、仓库等；调理用空间：如配餐间、主厨房、辅厨房、冷藏间等。

③ 公共用空间　如接待室、走廊、洗手间等。

在运用时要注意各空间面积的特殊性，并考察顾客与工作人员流动路线的简捷性，同时也要注意消防等安全性的安排，以求得各空间面积与建筑物的合理组合，高效率利用空间（如图13-8、图13-9）。

二、用餐设备的空间配置

店内设计除了包括对店内空间做最经济有效的利用外，店内用餐设备的合理配置也很重要。诸如餐桌、椅以及橱、柜、架等，它们的大小或形状虽各不相同，但应有一定的比例标准，以求得均衡与相称，同时各种设备应各有相当的关系空间，以求能提供有水准的服务。

具体来说，用餐设备的空间配置主要包括餐桌、餐椅的尺寸大小设计及根据餐厅面积大小对餐桌的合理安排。餐桌可分西餐桌和中餐桌。西餐桌有长条形的、长方形的；中餐桌一般为圆形和正方形，以圆型居多，西欧较高级的餐厅都采用圆形餐桌。如空间面积许可，宜采用圆形桌，因为圆形桌比方形桌更富亲切感。现在餐厅里也开始用长方形桌作普通的中餐桌。餐桌是方形或圆形的并不限定，以能随营业内容与客人的人数增减机动应用为佳；普通都采用划一的方形桌或长方形桌。方形桌的好处是可在供餐的时间内随时合并成大餐桌，以接待没有订座的大群客人。餐桌的就餐人数依餐桌面积的不同有所不同，圆形的中餐桌最多能围坐12人，但是快餐厅里更喜欢一人一个的小方桌。餐桌的大小要和就餐形式相适应。

图 13-8　餐厅（一）

图 13-9　餐厅（二）

　　现代生活中，人们并不是经常结伴成伙地去餐厅大吃一顿，多数还是普通用餐，所以对于一般餐厅来说，还应以小型桌为主，供二人至四人用餐的桌子，刚好符合现代中国家庭的要求。而快餐厅可以多设置一些单人餐桌，这样，就餐人不必经历那种和不相识的人面对而坐、互看进餐的尴尬局面。而且，快餐厅的营业利润依赖于进餐人数。一人一桌，即使是几个朋友一块来，也不便左右回顾去大声聊天，影响进餐速度。能让顾客快吃快走，才是最理想的餐桌形式。大型的中餐桌，往往是供群体就餐而设置的。中餐的菜谱复杂，从凉菜到最后上汤、水果，用餐结束，最快也要 40 分钟以上的时间。而就餐人一聊天，海阔天空，一餐时间往往只能接待一茬顾客。

对于中餐馆来说，营业利润并不是依靠就餐人数，而是依靠消费水平。为了能使餐馆的利润提高，包厢或包间就是一种好的形式。因为，首先包间为就餐人提供了一个相对私密的空间环境，不受干扰，也不会干扰别人；其次，在这样一个小空间里，服务水平和服务设施可以有很大的提高；再者，顾客可以延长就餐时间，用餐消费的开支可以随之提高；另外，由于是品尝性质的慢慢就餐，而且每道菜送上来时，服务人员可以向顾客介绍菜的内容，因此在这里也可以充分体现饮食文化。餐桌的大小会影响到餐厅的容量，也会影响餐具的摆设，所以决定桌子的大小时，除了符合餐厅面积并能最有效使用的尺寸外，也应考虑到客人的舒适以及服务人员工作人员工作方便与否。桌面不宜过宽，以免占用餐厅过多的空间面积。座位的空间配置上，在有柱子或角落处，可单方靠墙作三人座，可也变成面对面或并列的双人座。餐桌椅的配置应考虑餐厅面积的大小与客人餐饮性质的需要，随时能做迅速适当的调整。

三、餐厅设置

餐厅是人们就餐的场所。餐饮行业中，餐厅的形式是很重要的，因为餐厅的形式不仅体现餐厅的规模、格调，而且还体现餐厅经营特色和服务特色。在我国，餐厅大致可分为中式餐厅和西式餐厅两大类，根据餐厅服务内容，又可细分为宴会厅、快餐厅、零餐餐厅、自助餐厅等中式餐厅是提供中式菜式餐厅是提供中式菜式、饮料和服务的餐厅。我国是一个幅员辽阔，民族众多的国家。由于各地的物产、气候、风俗习惯及历史情况不同，长期以来逐渐形成了许多菜系、流派和地方风味特色。因此，各地经营的中餐厅也颇具地方特色。近年来，随着各地饮食、文化相互交流，各种风味的中餐厅竞相开业，又形成了一种新局面。

1. 中式宴会厅

这种餐厅应是多功能的。它可以用活动门间隔成许多小厅。有些大型宴会厅开宴会时纳 500 人以上，开饭会可容 1000 人以上。在这里可以举行大、中型宴会、饭会、茶话会、冷餐会；也可开国际会议、举办服装表演、商品展览、音乐舞会等等。这种餐厅应是高雅、华丽、设备齐全的豪华餐厅（如图 13-10）。

2. 零餐餐厅

零餐餐厅的特征主要体现在服务方式上。除了旺季，在这种餐厅用餐不用事先预订座位，客人通常是随到随吃，服务也是按先到者先服务的原则进行。零餐餐厅的装潢都比较简洁明快，各种设备、器皿配置都比较实用，气氛比较轻松随便，更具有家庭式气氛。

3. 快餐厅

由于目前经济生活节奏加快，许多人不愿意在平时吃食物花太多的时间，快餐厅可满足这部分客的需要。快餐厅的内部装潢清洁而明快，所提供的食品都是事先准备好的，以保证能向客人迅速提供所需的食品，同时，质量稳定、清洁卫生、价格低廉以及分量充足（如图 13-11）。

4. 自助式餐厅

这是一种方便餐厅，方便希望迅速、简单就餐的客人。它的特点是客人可以自我服务，

图 13-10　中式宴会厅

图 13-11　快餐厅

如菜肴不用服务员传递和分配，饮料也是自斟自饮。自助餐有西式、中式，现在许多地方还出现了一种叫做海鲜火锅自助餐的餐厅。

5. 特色餐厅

（1）风味餐厅：这是一种专门制作一些富有地方特色菜式的食品餐厅。这些餐厅在取名上也颇具地方特色。

（2）海鲜餐厅：这是以鲜活海、河鲜产品为主要原料烹制食品的餐厅。

（3）野味餐厅：顾名思义，这是以山珍、野生动物为原料的餐厅，特别是春、秋、冬季很受欢迎。

（4）古典餐厅：这类餐厅无论从装饰风格，服务人员服饰风格，服务人员服饰、服务方式，直到所供应的菜点均为古典风格。而且它的古典风格往往还具有某一时代的典型特点，如唐代、宋代及明代、清代。

（5）食街：这是供应家常小吃的餐厅。有南北风味食品，以营业时间长、品种多、有特色、供应快捷，而受客人普遍欢迎。这种餐厅虽消费低，但营业额高。在广州中国大酒店等大型宾馆里均有食街。

（6）火锅厅：专门供应各式火锅。此类餐厅的设备很讲究，安排有排烟管道，条件好的地方备有空调，一年四季都能不受天气影响品尝火锅。火锅厅内一般火锅品种式样较多，供客人挑选。服务也有一套专门的程式，比如上料添火等有专门的讲究。

（7）烧烤厅：专门供应各式烧烤。这类餐厅内也都没有排烟设备，在每个烤炉上方即有一个吸风罩，保证烧烤时的油烟焦煳味不散播开来。烧烤炉是根据不同的烧烤品种而异，有的是专门的炉，有的是组合于桌内的桌炉。服务也有其自身的特点。

（8）旋转餐厅：这是一种建在高层酒店顶楼一层的观景餐厅。一般提供自助餐，但也有点菜的或只喝饮料吃点心的。旋转餐厅一般1个小时至1小时20分左右旋转一周，客人勃餐时可以欣赏窗外的景色。

四、西式餐厅

西餐厅是向客人提供西式菜式、放料及服务的餐厅。西餐大体上分为西欧和东欧两大类：西欧以法国最为著名，此外还有英式、意式等等；东欧以捷克、俄罗斯为代表。西式餐厅的种类如下。

1. 扒房

这是酒店里最正规的高级西餐厅，也是反映酒店西餐水平的部门。它的位置、设计、装饰、色彩、灯光、食品、服务等都很讲究。扒房主要供应牛扒、羊扒、猪扒、西餐大菜、特餐。同时还可举办西餐宴会等。

2. 咖啡厅

这是酒店必须设立的一种方便宾客的餐厅。根据不同的设计形式，有的叫咖啡间、咖啡廊等，供应以西餐为主，在我国也可加进一点中式小吃，如粉、面、粥等。通常是客人即来即食，供应一定要快捷，使客人感到很方便。

菜单除了有常年供应品种外，还要有每日的特餐，供应品种可以少点，但质量要求要高。客人可以在这里吃正式西餐，也可以只饮咖啡、吃冷饮，随客人自便。咖啡厅营业时间较长，一般从早晨6时到晚上深夜1时。价格相对较便宜，但营业额却很大。

3. 饭吧

这是专供客人吃饭小息的地方，装修、家具设施一定要讲究，因它也是反映酒店水平的场所，通常设在大堂附近。饭吧柜里陈列的各种饭水一定要充足，名饭、美饭要摆得琳琅满目，显得豪华、丰富。调饭和服务都要非常讲究，充分显示酒店水平。

4. 茶室

又称茶座，这是一种比较高雅的餐厅，一般设在正门大堂附近，也是反映酒店格调水准的餐厅。是供客人约会、休息和社交的场所。供应食品和咖啡厅略同，但不提供中式餐饮。营业时间比咖啡厅收市稍早一些。早市可供应较高级的西式自助餐。早、晚安排钢琴或小乐队伴奏，营造一种高雅的气氛。

第五节　娱乐设施

一、KTV 场所的设计特色

KTV 功能区一般包括接待处、大厅、包房、交通过道、公共休息区、工作区、后勤服务区等。其中大厅、包房、交通过道、公共休息区等区域是 KTV 内最重要的构成部分，大厅的设计风格与功能定位代表了整个 KTV 场所的形象。

KTV 的大厅大多采用开放式设计，位置一般设在入口接待处的附近。利用大厅的氛围作为主要聚焦点来带旺 KTV 场所是以往的惯常手段，通过精彩的专业表演来吸引客人，同时也设计客人参与的形式，提供给客人更多的娱乐选择，这种模式对很多喜欢看表演的人有一定的吸引力，大厅营造的热烈气氛使 KTV 场所看起来人气鼎盛，至今仍有一些 KTV 场所保持这种经营方法。但其缺点是需要运作的成本比较高，经营者为了节约成本，不知不觉中就会影响了表演节目的质量。可以说，大厅的功用模式如果定位不当，稍不留神就成为经营中的一个软肋，所以现在很多的 KTV 都弱化了大厅的歌舞表演节目，只是把大厅定义为接待、分流、储存、休息等多功能结合为一体的场所。由于大厅的位置通常靠近 KTV 的入口部分，是客人对 KTV 场所第一印象优劣的重要之处，因此大厅的设计风格与功能定位非常重要，是整个 KTV 场所的形象代表。

二、KTV 包厢的空间确定

KTV 包厢是为了满足顾客团体的需要，提供相对独立、无拘无束、畅饮畅叙的环境。相对封闭 KTV 包厢的布置，应为客人提供一个以围为主，围中有透的空间，KTV 包厢的空间是以 KTV 经营内容为基础。

1. 根据经营内容和设施确定 KTV 空间

（1）饭吧式 KTV 的空间确定　饭吧 KTV 包厢在提供视听娱乐的同时，还要向顾客提供鸡尾饭等各类饮料，其空间的确定应考虑以下几个方面。

① 放置电视、点歌器、麦克风等视听设备的空间。一般来说电视音响设备大，占的空间就大。

② 顾客座位数。接待顾客人数多，沙发所占空间就大，一般饭吧、餐厅将 KTV 分成大、中、小三种包厢。

③ 摆放饮料的茶几或方型小餐桌。

④ 若 KTV 包厢内设有舞池，还应提供舞台和灯光空间。

此外，还应考虑客人座位与电视荧幕的最短距离，一般最小不得小于 3～4 米。总之，饭吧 KTV 的空间应具有封闭、隐秘、温馨的特征。饭吧里设有小型两人 KTV 或四人 KTV，以及能容纳十多人的大型 KTV。

（2）餐厅式 KTV 的空间确定　餐厅式 KTV 包厢以提供餐饮为主，卡拉 OK 等娱乐项目为辅，就包厢的空间而言，应根据以下内容来确定。

① 餐桌大小或餐桌数量。餐桌大小或餐桌数量直接影响餐厅式 KTV 包厢的面积要求。如提供 10 人用餐餐桌的占地面积，要小于 16 人用餐餐桌的占地面积，或两张餐桌所占空间要比一张餐桌所占空间大。

② 要考虑视听灯光设施或舞台设计效果。

③ 衣帽架。

④ 备餐柜（服务柜）。

⑤ 个别包厢还应专门设洗手间等。

餐厅式 KTV 的空间是为满足用餐需要，应体现宽敞洁净、明亮、舒适的特点。除可供人们娱乐休息之用，还应能缓解人们的紧张情绪，提供客人在轻松愉快的环境中边用餐边交流的氛围。

（3）休闲式 KTV 的空间确定　休闲式 KTV 除必须具备饭吧式 KTV 的设施外，还要考虑休闲娱乐设施的内容，这类 KTV 一般占用较大房间或者是套房。因休闲项目不同，其设计也不相同，在 KTV 空间设计时应充分考虑。

2. 根据接待人数确定 KTV 包厢空间

无论是饭吧、歌舞厅、还是餐厅的 KTV 包厢，在确定空间时都可根据接待人数，将空间面积分为小型、中型、大型 KTV 包厢。KTV 包厢大小不能说明其豪华程度，一般只反映接待顾客的能力。

（1）小型 KTV 包厢　饭吧、歌舞厅的小型 KTV 包厢面积一般在 $9m^2$ 左右，能接待 6 人以下的团体顾客。小型 KTV 包厢配备的设施与大、中型 KTV 包厢并无两样，只是电视、音响与空间协调时要小一些。从目前饭吧、歌舞厅的经营情况来看，小型 KTV 包厢占的比重大，这类包厢的出租率最高，尤其是附设洗手间、吧台、舞池、电话的豪华小型 KTV 包厢，特别受顾客喜爱。小型 KTV 包厢要表现出紧密温馨的环境。

（2）中型 KTV 包厢　面积在 $11\sim15m^2$，能接待 $8\sim12$ 人左右，除配备基本的电视、电脑点歌、沙发、茶几、电话等设施外，还应根据实际情况配备吧台、洗手间、舞池等。中型 KTV 包厢要表现舒适。

（3）大型 KTV 包厢　面积一般在 $25m^2$ 左右，能同时接待 20 人的大型 KTV 包厢在饭吧、歌舞厅中所占的比重较小，一般只有一两个，设施、功能都比较齐全，表现出豪华宽敞的特点。

3. KTV 包厢的大、中、小分类

一般是按能摆放桌的数量分类，小型餐厅 KTV 包厢一般摆放一个餐桌，中型摆两桌，大型一般为三桌（如图 13-12）。

三、KTV 包厢的舞池设计

为了提高 KTV 包厢的娱乐效果，很多 KTV 包厢设立了华丽的小型舞池，立体豪华的灯光设备，并以电脑自动操控，为聚餐团体提供了新的娱乐项目。KTV 的舞池设计，都集中在包厢内靠近荧屏处或者中间，一般不设在进门处，既方便顾客边用餐饮边娱乐，又不影响服务员的服务工作。

1. 舞池设计

KTV 包厢舞池的设计要能增强娱乐效果，制造气氛，又要能吸引客人，同时舞池设计也应当遵循既方便客人娱乐又能让客人饮食的原则。舞池设计要与 KTV 包厢的大小及接待人数的能力一致，一般小型 KTV 包厢如容纳 $2\sim4$ 人的包厢，舞池一般为 $1\sim1.5$ 平方米的方形台面或池面即可，能容纳 10 人以上的大型 KTV 包厢的舞池就应大些。因 KTV 的空间有限，舞池设计采用以下两种方法：

（1）概念性舞池。即在地面装修时，采用特定的方法制成概念性方形和圆形舞池，如用特殊的色彩或在地板下面安装可变化的彩灯。概念性舞池的设计是一个平面，不妨碍房间作其他用途。

图 13-12　KTV 包厢

（2）采用特殊的材料设计专用的舞池，舞池或高于或低于房间平面，地面通常采用铜地板或玻璃地板。

KTV 包厢中设置的舞池除要符合一般舞池设计的要求外，还要求面积应与 KTV 包厢大小相协调，同时要求通风良好，卫生设备要符合卫生部门规定的标准。安全设备的设置也是很重要的，安全门的标志灯应清晰可见，并备有紧急照明设备。

2. 舞池灯光效果

灯光设计作为舞池设计的一部分，用来描绘、渲染舞台，主要运用灯光的明暗、色彩或光线的分布，创造出种种组合光线，增强舞池的效果。

KTV 舞池灯光首先要考虑的是 KTV 内的基本照明，同时应充分考虑 KTV 特有的气氛，以期达到最理想的效果。KTV 舞池可选用的灯光种类很多，一般常用的有以下几种：

（1）光束灯　这是一种较新型的照明灯具，特点是体积小，光束强，聚光效果好。使用时可依需要调配好色彩，透过调光台的控制不断变化明灭，达到场地光色对比鲜明的强烈效果。

（2）单飞碟转灯　这种灯具采用不同的方位多电机控制和玻璃涂色胶工艺，其品质和效果均极好。

（3）扫描灯　扫描灯分单头、多头等几种，利用强烈的彩色光束轮番扫描全场，造成一种激动而迷幻的感觉。

（4）宇宙旋转灯　宇宙旋转灯有圆形、多棱形、橄榄形等多种类型，这种灯具利用电机自动控制，将彩色的光点撒向整个包厢，极为绚丽多彩。

（5）声控条状满天星　这种灯具设计新颖，机械结构合理，声控灵敏，灯光可跟着音乐节奏变化、闪烁、转动。若以玻璃彩色胶代替色纸，可使灯具具备色彩鲜艳、透明度好、耐高温、不易老化、成本低等优点。

（6）彩色转盘灯　即在 2000 瓦聚光灯前面装上可逆马达带动的转盘，转盘上分别蒙上多种色彩的灯光色纸。使用这种灯具时，场地中光色会不停变化，对渲染舞池气氛有很好的作用。

另外，还可将声控彩色灯具装饰在 KTV 内天花板、窗沿等处，以增添舞池气氛。或在

图 13-13　KTV 舞池灯光（一）

图 13-14　KTV 舞池灯光（二）

舞池的地面装上各种图案的有机玻璃地板，地板下面装上声控彩灯，随着音乐节奏的变化闪烁，效果很好。若空间可配合，还可装上霓虹灯、镭射彩灯等。

总之，KTV 舞池灯光风格各异，应根据 KTV 空间大小及功能需要来选择，可典雅静谧，可华丽热烈（如图 13-13、图 13-14）。

第六节　保龄球室、桑拿浴室

一、保龄球室

保龄球也叫地滚球，是近年来兴起的一种时尚室内体育运动。保龄球一般采用人工照明通风，以避免室外噪声、灰尘干扰。墙面装修应防潮、隔热、可用木板或塑料，少使用玻璃等易损材料。

顶部照明采用间色彩华贵、耐磨、防滑的木材。如，乙烯基石棉板、地毯、水磨石、浴缸陶瓷砖等。

二、桑拿浴室

桑拿浴源于 12 世纪的罗马帝国，用火炉和木桶蒸汽能使人身心放松。现在有中药浴、红外线桑拿、蒸汽按摩池等。

桑拿浴作为现代人休闲健身去处，不单是洗澡一件简单的事，在设计上要考虑到接待处给人以豪华大方感，装修时要注意创造艺术休闲氛围，洗浴区要功能完善，包括更衣室、淋浴区、桑拿房、蒸汽房、按摩池、干身区等。在设计时要注意通风，采光良好，不可有蒸汽缭绕。即便在湿区也应该设有电视，使洗浴不再是一件单调的事。

另设休息区，休息区面积占面积 40%～70%。包括餐饮部、视听室、网吧、游戏室、演艺厅。在这里可以餐饮、娱乐、全身心放松。

第七节　酒店照明和色彩

一、照明

照明可以扩展或压缩空间，照明可以丰富或压抑色彩效果，照明也是满足客人视觉需要的基本条件。照明分为人工照明和自然照明。

照明首先要满足人们活动的需要，其次是兼顾美观，室内光线柔和、室外明亮。

灯具的款式、大小、照明显色，都应与环境匹配。例如大厅的吊灯是大厅重要的空中视觉中心，主灯过小或采用吸顶灯会显得渺小，大厅空间就会产生单调、空旷效果；但在矮小空间选择吊灯，会使空间感到压抑和拥挤；客房选用灯的样式以及显色，应选白炽灯，其显色令人亲近，家庭气氛浓厚，若选用日光灯，会产生阴森、寒冷感，但卫生间采用白炽灯或日光灯，都可能会对化妆产生影响，所以应采用显色指数较高的三色荧光灯；会议厅要求照度高，因此选用亮的荧光灯。

照明应尽量采用自然光。自然光比灯光照明与人的心理感受更贴近，充分利用自然光相对可以节省能源，同时还具有扩大空间的效果，如咖啡厅设置的位置；大厅、餐厅、客房的大块面玻璃处理；大厅中庭采光处理；采用中国园林的"景窗孔"等。

照明设计要考虑区域、民族习惯。中餐厅一般较明亮，但西方人不喜欢过亮的环境，所以西餐厅灯光一般较柔和。

眩光给人造成强烈的刺激，影响人的视觉，形成盲区。改善眩光的方法是选用漫射式灯罩（格栅荧光灯、磨砂玻璃灯罩等）。所以照明方式尽量不采用直接照明，这样光线柔和、不刺眼、无阴影。

二、色彩

考虑到民族、区域、色彩效应等因素，在酒店色彩处理中一定要体现出酒店的高雅性、舒适性、文化蕴含。一般的处理方法是色相宜简不宜繁，即酒店色彩处理中不要采用过多不同的色彩，通常不超过三色；彩度宜淡不宜浓，即颜色的纯度应低，不要过于鲜艳，适当降低纯度，采用添加灰度的颜色；明度宜明不宜暗，即采用视觉效果好的明度色，如橙色等。若色彩过多，对比强烈，大红大绿，则给人一种零乱、低俗的印象，同时给客人视觉造成繁重负担。

色彩设计中还要考虑色彩的搭配。同类色的组合单纯大方，简洁朴素，用于宁静高雅的卧室、办公室等；临近色的组合在大面积处理中可以形成层次。对比色在采用时，应注意不要等面积采用。如大厅柱子用大理石，而总台用墨绿色，就会产生生硬、不协调的感觉。采用对比色的目的是起到点缀作用，在大面积采用同类色或邻近色时，就没有变化，人们长期注视就会感到厌倦、单调，所以应适当地采用对比色的饰物（艺术品、灯罩等）消除视觉精神疲劳。

色彩设施的舒适性应考虑不同场合客人生理和心理的需求。客房采用浅暖色调，给人以家庭的温馨感；咖啡厅浅色调则显得高雅、洁净；饭吧稍深色调，在灯光处理下，显得朦胧、含蓄；中餐厅明亮用红色调，气氛热烈，同时亮度好便于客人就餐；西餐厅淡雅处理显得高贵、优雅；大堂要体现庄重、高贵，所以地面采用深色调的花岗岩，墙面采用浅色调等。

▌复习思考题

1. 设计一酒吧式 KTV 包间，大约可以容纳 15 人左右，功能合理，设计有特点，绘制出平面图、顶面图、立面图和效果图，表现手法不限，并写出设计说明，装订成册。

2. 试述大堂的功能和设计要点。

第十四章　商业建筑室内设计

现代商业建筑及其室内外设计与装饰，是城市公共建筑中量最大、面最广、涉及千家万户居民生活的建筑类型，它从一个侧面反映城市的物质生活和精神生活风貌，是城市社会经济和精神文明的重要窗口。

商场室内设计，首先是当顾客进入营业厅内时应有整体合理的布局和悦目的铺面布置，激发购买欲望和方便购物的室内环境，良好的光、热、声、通风等物理环境和布置得当的视觉展示引导等，从经营管理的角度还应有相应的标准。为满足消费者不同的购物要求，商业建筑通常有百货、专卖、自选、超市和大型综合购物中心等不同经营性质和规模的各类商店。现代商业建筑的主要组成部分包括营业厅、办公室、库房及设备间等附属用房。现代商业空间的展示性、服务性、娱乐性、文化性和科技性为主要功能特征。

从室内设计和建筑装饰的角度，我们将重点介绍营业厅及店面与橱窗设计等。

第一节　营业厅的室内设计

营业厅是商业建筑中的核心与主体空间，是进行购物和体现商场整体风格的重要场所。应根据商店的经营性质和营业特点、商店的规模和标准，以及地区经济状况和环境等因素，在进行建筑设计的同时也要确定营业厅的面积、层高、柱网布置、主要出入口位置及楼梯、电梯、自动梯等垂直交通的位置。

一、设计要求

（1）营业厅的室内设计应把为顾客服务方便购物放在第一位，有利于商品的展示和陈列，有利于商品的促销，为营业员的促销和销售服务带来方便，最终是为顾客创造一个舒适、愉悦的购物环境。

（2）营业厅应根据商店的性质、特点和档次、顾客的构成、商店的面积和平面形式以及地区环境等因素，来确定室内设计总的风格和格调。

（3）营业厅的室内设计总体上应最大限度的突出商品，激发购物欲望，即商品是"主角"，室内设计和建筑装饰的手法是为了衬托商品。从某种意义上说，营业厅的室内环境应是商品的"背景"。

（4）营业厅的照明在展示商品、烘托环境氛围中作用显著。厅内的选材用色也均应从突出商品、激发购物欲望这一主题来考虑，适宜的室内温度和新鲜的空气，对营业厅的环境极为重要。

（5）营业厅内应使顾客动线流畅，营业员服务方便，防火分区明确，安全通道、出入口通畅，并均应符合安全疏散的规范要求。

从商业建筑室内设计的整体质量考虑，美国商店规划设计师协会（ISP）提出了对商店室内设计的评价的五项标准可供借鉴。

商店规划——铺面规划、经营及经济效益分析，客源客流分析；

视觉推销功能——以企业形象系统设计（CIS）、视觉设计（VI）等手段促进商品推销；

照明设计——商店所选照明光源、照度、色温、显色指数、灯具造型等的设计；

造型设计——商店整体艺术风格，店面、橱窗、室内各界面、道具、标识等的造型设计；

创新意识——整体设计中所具有的创新精神。

二、经营方式与柜面布置

营业厅的柜面布置，即售货柜台、展示货架等的布置，是由商店销售商品的特点和经营方式所决定的，商店经营方式通常有下列几种。

（1）闭架 适宜销售高档贵重商品或不宜由顾客直接选取的商品，如首饰、手表、相机、药品等，如图 14-1 所示。

图 14-1 首饰专柜

（2）开架 适宜于销售挑选性强的商品，除视觉外，且对商品质地有手感要求的商品，如服装、鞋帽等。由于商品与顾客的近距离直接接触，通常会有利于促销。因此，近年来多数商店在经营中常采用开架的方式，自选商场商品全部为开架，如图 14-2 所示。

图 14-2 自选服装区

（3）半开架　商品开架展示，但进入该商品展示区域内却是要设置入口、出口的，如图14-3 所示。

图 14-3　儿童玩具区

（4）洽谈　某些高层次的商店，由于商品性能特点或氛围的需要，顾客在购物时与营业员能较详细地商谈、咨询，采用可就坐洽谈的经营方式，体现高雅、和谐的氛围，如销售家具、电脑、高级工艺品、首饰等，如图 14-4 所示。

图 14-4　高级工艺品展示区和洽谈区

除小型商场或专业商店外，根据经营商品的特点，营业厅内通常采用组合上述几种不同经营方式的布置。销售柜台与陈列货架是销售现场的主要设施，柜台为营业员销售时陈列、展示、计量、包装商品及开发票等活动所用，柜台同时又是顾客看样品和审视挑选的场所；货架主要为陈列和少量储存货品所用，货架通常靠墙或相背而立，或根据平面布局予以组合。这些设施的尺度以及它们间距位置的确定，都取决于顾客和营业员的人体尺度、动作域、视觉的有效高度以及营业员和顾客之间的最佳距离。销售现场设施，除柜台、货架之外，还有收银台、新款商品陈列展示台、问讯、兑币等服务性柜台。上述营业厅内各项设施，除了尺度、体量主要与人体及使用功能相关外，还要与在同一商店营业厅中的各项设施的用色、用材、造型格调，有整体的、系列的设计相关，如图 14-5 和图 14-6 所示。

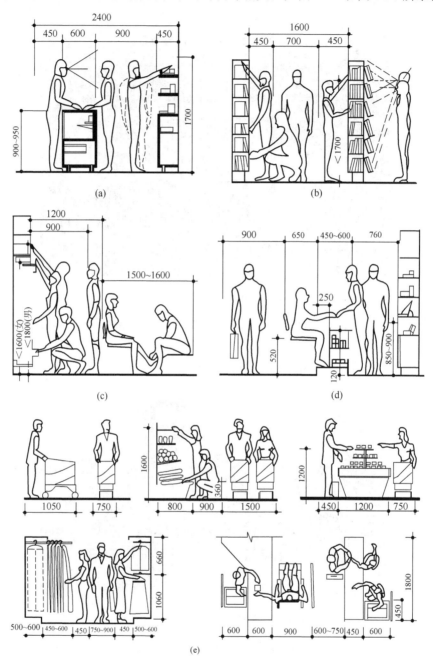

图 14-5　柜台、货架的基本尺寸与营业员、顾客的活动尺度示意

（a）典型的售货区域；（b）书店开架陈列区；（c）试鞋、储存区；（d）顾客坐姿的基本尺度；
（e）自选商场的顾客活动与货架基本尺度

下列图表所列的是商店常用柜台、货架的基本尺寸。

柜面布置应使顾客的动线畅通，便于浏览、选购商品，柜台和货架的设置使营业员操作服务时，方便省力，并能充分发挥柜、架等设施的作用。

商品柜组在营业厅中的具体位置，需要综合考虑商店的经营特色、商品的挑选性和视觉

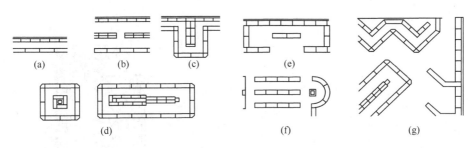

图 14-6　为柜台与货架的几种基本布置方式，即顺墙布置、岛式布置、斜向布置及综合布置

（a）周边式；（b）周边式带散仓；（c）半岛式；（d）岛式（单柱及双柱）；（e）半开敞式；（f）开敞式；（g）综合式

感受效果；商品的体积与重量以及季节性等多种因素。例如许多商店常把化妆品柜台布置于靠近入口处，以取得良好的铺面效果，把顾客经常浏览、易于激发随机购买欲的一些商品布置于低楼层，而把有目的购置的商品柜组置于较高的楼层。

现代商业建筑的营业厅，通常把柜、架、展示台及一切商品陈列、陈列用品通称为"道具"。商店的营业厅以道具的有序排列、道具造型、色彩的创意来烘托和营造购物环境，引导顾客购物消费。商店常用柜台、货架的基本尺寸见表 12-3。

表 12-3　商店常用柜台、货架的基本尺寸　　　　单位：mm

项　　　目		高度	深度	长度
货柜	一般百货	900～1000	600	2000
	眼镜	800	600	1500
	棉布	950	900	2000
高货架	一般百货	2100	400	2000
	收音机、电讯零件	2100	400	1200
	唱片	2100	400	1000
	皮鞋	2100	500	1500
	棉布	2400	500	1500
低货架	棉布	1100～1400	400	1200

三、动线组织与视觉引导

营业厅内，平面布局的面积分配，除楼梯、自动梯、收银台、展示台和休息座椅等所占的面积外，主要由两部分组成。即柜架及近旁营业员操作、接待所占面积（闭架经营时为柜、架所占面积及柜内营业员活动面积；开架经营时，营业员操作活动面积与顾客选购面积有重叠），顾客通行停留及浏览、选购商品时的通行活动所占的面积，如图 14-7 所示。

1. 动线组织

顾客来到商店营业厅，需要经历下述一些过程。

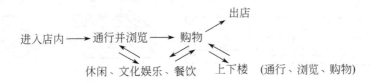

顾客通行和购物动线的组织，对营业厅的整体布局、商品展示、视觉感受、便于购物、安全通达等都极为重要，顾客动线组织应着重考虑以下几方面。

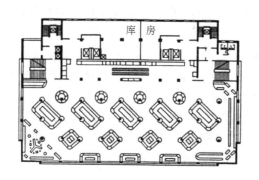
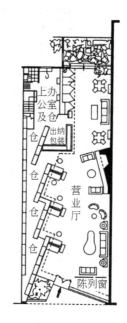

（a）闭架布置　　　　　　　　　　（b）开架布置

图 14-7　营业厅内闭架与开架经营方式柜台布置

（1）商店出入口的位置、数量和宽度以及通道和楼梯的数量和宽度，首先均应满足防火安全的要求（如根据建筑物的耐火等级，每 100 人疏散宽度按 0.65～1.00m 计算），出入口和垂直交通之间的位置和联系线流，对顾客的组织起决定作用。

（2）通道在满足防火安全的前提下，还应该根据客流量及柜台布置方式确定最小宽度，较大型营业厅应区分主次通道，通道与出入口、楼梯、电梯及自动电梯连接处，应适当留有停留面积，以利于顾客的停留、周转。

（3）通畅地浏览以及到达拟选购的商品柜台，尽可能单向折返避免死角，并能迅速安全地进出和疏散。

（4）顾客动线通过的通道与人流交汇停留处，从通行过程和稍微停留的活动特点来考虑，应细致筹措商品展示、信息传递的最佳展示方案，如图 14-8 所示。

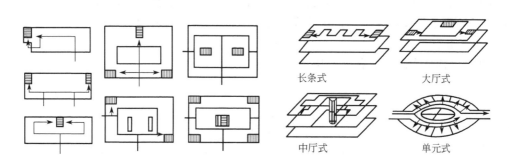

（a）动线与出入口及垂直交通的关系　　　　　　　（b）动线的空间形式

图 14-8　营业厅顾客动线布局方式

1

2. 视觉引导

在营业厅的设计中，设计者需要从顾客动线的进程、停留、转折等处考虑视觉引导，选择最佳景点，设置商品展示台、陈列柜或商品信息标牌等。

营业厅内视觉引导的方法与目的主要有以下几点。

（1）通过柜架、展示设施等的空间布局，作为视觉引导的手段，引导顾客动线方向并使顾客视线注视商品的重点展示台与陈列处，如图14-9所示。

（2）通过营业厅各界面的材质、线形、色彩图案的配置，引导顾客的视线，如图14-10所示。

（3）利用各种不同的灯具、光色和光带标志等照明手段进行视觉引导，如图14-11所示。

图14-9 模特及展示台作为视觉引导的手段

图14-10 营业厅隧道式陈列区的材质和线型引导顾客的视线

视觉引导运用的空间划分、界面处理、设施布置等手段的目的，最终是烘托和突出商品，创造良好的购物环境，即通过上述各种手段，引导顾客的视线，使之注视相应的商品及展示路线与信息，以诱导和激发顾客的购买欲望。

图 14-11　利用弧形的灯带作用作为引导

四、营业厅的空间组织与界面处理

1. 空间组织

商店营业厅的空间组织，涉及营业厅层高的高低、承重墙之间、柱网之间间距的宽窄，以及中庭的设置等，是在建筑结构设计时确定的。营业厅的室内设计是对商业空间的再创造和二次划分，是通过顶棚的吊置、货架、陈列橱、展台等道具的分隔而形成，也可以以隔断、休息椅、绿化等手段进行空间组织与划分，如图 14-12 所示。

在营业空间中，也常以局部地面升高或局部照明等方式，构成商品展示的虚拟空间，如图 14-13 所示。

图 14-12　鞋店的货架组成营业空间

图 14-13　床上用品的吊顶造型和地台组成营业空间

2. 界面处理

商店营业地面、墙面和顶棚的界面处理，应烘托氛围，突出商品，形成良好的购物环境。

（1）地面　商店营业厅的地面应符合防滑、耐磨、易清洁等要求，靠近入口及自动梯、楼梯处，主通道地面可选用不同的材质和图案纹理进行处理，以起到引导人流的作用，对地面选材的耐磨要求也更高些，常以同质地砖或花岗岩等材料铺设。商品展示部分除大型商场中专卖店型的"店中店"等地面可以按该专门营业范围设置外，其余的展示地面应考虑展示商品范围的调整和变化，地面边界宜"模糊"些，从而给日后商品展示与经营布置的变化留有余地。专卖店"店中店"的地面可用地砖、木地板或地毯等材料，一般商品展示地面常用预制水磨石、地砖、大理石等材料，且不同材质的地面上部应平整，处于同一标高，使顾客走动时不致绊倒，如图 14-14 所示。

图 14-14　营业厅电梯间前的地面处理

图 14-15　营业厅的墙面和不锈钢柱

（2）墙、柱面　由于商店营业厅墙面基本上被货架、展柜等道具遮挡，因此墙面一般只用乳胶漆等涂料刷或喷涂处理即可，但营业厅中的独立柱面往往在顾客的最近视觉范围内，因此柱面往往需进行一定的装饰处理，例如可以用木装饰或贴以面砖及大理石等方式处理，根据室内的整体风格，有时柱头还需要做一定的花饰处理，也可以在柱子上安装灯箱成为展示部分，如图 14-15 所示。

（3）顶棚　营业厅的顶棚，除入口、中庭等处结合厅内设计风格可做一定的花饰造型处理外，在商业建筑营业空间的设计整体构思中，顶棚仍以简洁为宜。大型商场自出入口至交通处（自动梯、楼梯等）的主通道位置相对较为固定，顶棚在主通道上部的部位也可在造型、照明等方面做适当的呼应处理，使顾客在厅内通行时更具方向感，如图 14-16 所示。

图 14-16　家电营业厅的顶棚设计

现代商业建筑的顶棚是通风、消防、照明、音响、监视等设施的覆盖面层，因此顶棚的高度、吊顶的造型都和顶棚上部这些设施的布置密切相关，嵌入式灯具、出风口等的位置，都将直接与平顶的连接及吊筋的构造有关。由于商场有较高的防火要求，顶棚常采用轻钢龙骨、水泥石膏板、石棉板、金属穿孔板等材料。为便于顶棚上部管线设施的检修与管理，商场顶棚也可采用立式、井格式金属格片的半开敞式构造，还可以采用金属格栅和金属网。有的商场把顶部喷上黑漆，以突出营业厅的商品。

第二节　店面与橱窗

商业建筑的外观，即建筑物的形体和立面，是在建筑设计阶段根据规划整体的布局要求确定的，店面的设计是根据建筑物所在地区、地段的位置和文脉特点，商店左邻右舍的环境状况，以及商业建筑具体的行业与经营特色等因素确定的，是以店面的造型、色彩、灯光用材等手段展示商店的经营性质和功能特点。店面设计也应有个性和新颖感，以诱发人们的购物意愿。

一、店面设计的要求和相应措施

（1）店面设计应从城市环境整体、商业街区景观的全局出发，以此作为设计构思的依据，并充分考虑地区特色、历史文脉、商业文化等方面的要求。

（2）店面设计除显示商业建筑购物场所，具有招揽顾客的共性之外，对不同商店的行业特性的经营特色也尽量在店面设计中有所表现。如立面外形通体透明，以大面积落地玻璃橱窗展示新潮服饰，同时，透过橱窗呈现店内开架的各款衣着，显示服饰专卖店的个性。

店面设计与装修应仔细了解建筑结构的基本构架，充分利用原有构架作为店面外装修的支撑和连接依托，使店面外观造型与建筑结构整体有机联系，外观造型在技术构成上切实可行。

二、店面的造型设计

商业建筑的店面造型设计应具备一定的认识性与诱导性，尽量做到既能与商业街及周边环境整体相协调，又具有独特的个性，功能上既能满足立面入口、橱窗、照明招牌等布局的要求，又在造型设计的创意上具有商业文化和整体建筑文脉的内涵。

店面的造型设计具体应从以下几个方面来考虑。

1. 立面划分的比例尺度

商店立面雨篷上下、墙面与檐口等各部分的横向划分，或者垂直窗、楼梯间、墙面之间的竖向划分，都应注意划分后各部分之间的比例关系和尺度感，有些部分虽然在建筑结构主体设计时已经确定，但在店面外装修设计时往往可以做一定的调整，入口、橱窗等与人体接近的部分还需注意与人体相应的尺度关系。

2. 墙面与门窗的虚实对比

商店立面的墙面实体与入口、橱窗或玻璃幕墙之间的虚实对比，常能产生强烈的视觉效果。

3. 形体结构的光影效果

商店立面形体的凹凸，如挑檐、遮阳、雨篷等外凸物，均能在阳光照射下形成明显的光影效果，立面装饰肌理纹样在阳光下也能呈现具有韵律感的光影效果，使立面平添

生机。

4. 色彩、材质的合理配置

商业建筑的外立面用材，一般选用天然石材、木材、塑铝板、瓷砖等。结合商店销售商品的类别，巧妙的选择立面的色彩和材质，能起到很好的视觉效果。一些规模较大的专卖店、连锁店，常以特定的色彩与标志向顾客传递明确的信息。

三、入口与橱窗

入口与橱窗是商业建筑立面与建筑装饰设计的重点，是商店外观对招揽和吸引顾客的设计时，主要考虑的对象。入口通常以橱窗、灯箱、招牌、灯光、饰物及新颖奇特的造型方面作为创新设计，来吸引更多的顾客进入商场，并对内部陈设的商品产生兴趣和诱惑力。入口的位置是人流汇集的中心，其空间尽量开放宽敞，除视觉效果的需要外，可以保障顾客顺利进入和及时疏散，流线设计结合商业空间的整体布局来设置，其吊顶造型和地面的流线相互呼应，来增强人流的导向性，用货架、展柜的划分来引导人们的走向，以多元化的设计要素相互构成的手法，来诱导消费者的视线，激发购物欲望。

1. 入口

商店立面入口设计应体现该商店的经营性质与规模，显示立面的个性和识别的效果，达到吸引顾客进店的目的。店面入口基于安全疏散的要求，门扇应向外开或做成双向开启的弹簧门，门扇开启的范围内不得设置踏步，商店入口应考虑设置卷帘或平推拉的金属防盗门。

入口设计常用的手法有以下几方面。

（1）突出入口的空间处理　即在立面上强调与显示入口的作用，将入口沿立面外墙水平方向后退，使入口处形成室内外空间的过渡及引导人流的"灰空间"，或使与入口组合的相关轮廓造型沿垂直方向向上扩展，起到突出入口的作用，如图14-17所示。

图14-17　入口处后退形成室内外的空间过渡

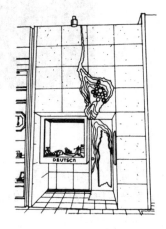

图14-18　把自然形的石材引入店面设计

（2）构图与造型立意创新　通过对入口周围立面的装饰构图和艺术造型，也包括对门框，格栅的精心设计，从而创造出具有个性和识别效果的商店入口，如图14-18～图14-21

图 14-19　入口造型

图 14-20　入口造型

所示。

（3）材质、色彩的精心配置　粗犷与精细的加工工艺，玻璃与金属、玻璃与石材的材质配置，以及黑与白、红与黄等的色彩搭配，突出了商店入口作为视觉中心的效果，如图 14-22 所示。

（4）入口与附属小品的结合　商店入口造型可与雨篷、门廊相结合，也可与雕塑小品连成一体，创造出店面的独特个性，如图 14-23 所示。

2. 橱窗

橱窗是商业建筑形象的重要标志，商店通过橱窗展示商品，既能达到特色经营，橱窗又能起到室内外视觉环境沟通的"窗口"作用。橱窗的尺度应根据建筑构架、商店经营性质与

图 14-21　入口设计

图 14-22　入口处精致的玻璃橱窗及　　　图 14-23　商店入口与凉篷的结合
门饰与粗犷的石材形成对比

　　规模、商品陈列方式以及室内外环境空间等因素而定。橱窗的设计应考虑防止橱窗内的展品被晒以及橱窗玻璃产生眩光，结合店面、设计构思，橱窗可以与商店店面的标志文字和反映商店经营特色的小品相结合，以显示商店的个性。如图 14-24、图 14-25 所示。

　　为使橱窗内的展品具有足够的吸引力，并且在白天或晚上，不会因日光或街道环境照明形成橱窗玻璃的反射景象而影响展品的视觉感受，橱窗内的照明需要有足够的照度值。参照我国照明设计标准，通常可取 300～500lx（指展品所处的平面上），对重点展品，通过射灯聚光的局部照明可提高到 1000lx 左右的照度标准。从减少照明光度的热量和节约能源考虑，橱窗内的一般照明可使用节能型荧光灯，局部照明仍以白炽灯为主。在现代商场和专卖店的设计中，除少量的商品需要以橱窗的形式展示以外，橱窗这种形式已很少使用。

四、店面装饰材料的选用

　　在店面装饰材料选用时，应注意所选材质必须有耐晒、防潮、防水、抗冻等耐候性能的特点，由于城市大气污染等情况，店面装饰材料还需要有一定的耐酸碱的性能，例如大理石不耐酸，通常不宜做外装饰材料。店面装饰材料，也要考虑易于施工和安装，而不能使用铁质连接件，店面出现锈渍，影响美观。

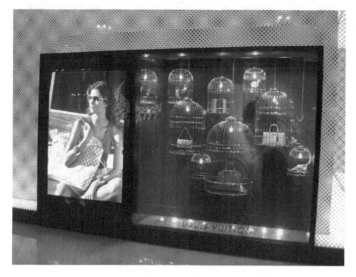

图 14-24　橱窗设计（一）

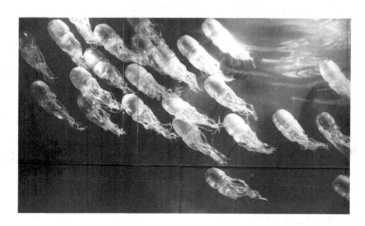

图 14-25　橱窗设计（二）

　　由于店面设计具有招揽和显示特色与个性的要求，因此在装饰材料的选用时还需要从材料的色泽（色彩与光泽）、肌理（材质的纹理）和质感（粗糙与光滑、硬与软、轻与重）等方面来审视，并考虑他们的相互搭配，目前常用的店面装饰材料有各类陶瓷面砖、花岗岩、页岩等天然石材，经过耐候防火处理的木材，铝合金或塑铝复合面材，钢化玻璃、玻璃砖等玻璃制品，以及一些具有耐候、防火性能的新型高分子合成材料或复合材料等。

　　镜面玻璃幕墙与金属面材等的恰当组合较能显示现代气息，但大面积玻璃幕墙（特别是隐框式）由于对连接、粘接工艺与安装技术有极高要求，一些构造方案在节能方面还不够理想，大片镜面可能对城市环境带来光污染等因素，因此对大面积镜面玻璃幕墙的选用，应综合分析建筑的使用特点、城市环境、施工工艺、使用管理条件及造价等情况后予以谨慎对待。

　　店面装饰材料的设计和选用，应在整体构思的基础上，充分考虑周围的环境因素，运用对比与协调的手法，突出店面的风格特点，要做到高、中、低档材料的合理搭配、人工材料与天然材料的恰当使用，不能片面追求和使用高档材料，造成高档材料的堆砌。

五、商业空间设计的发展趋势

商业空间设计要以人为本。首先要考虑人在此空间的感受，人在空间中的精神需求；其次考虑如何运用物质手段满足精神需求并以此改善环境。对商业空间要做到最有效的利用，注重人的心理要求，研究人的心理情感关系到对空间环境设计的影响，注重高新技术的应用。

商业空间的设计正处在多元化的时代，室内设计的风格很难用固定的模式进行区别与统一，室内设计的使用对象不同、功能不同、环境不同和投资标准的差异等多重因素影响着室内设计的多层次和风格的发展，商业空间多元化的发展代表着时代发展的特征，反映世界商业空间发展的潮流。

▎复习思考题

1. 简述商业空间的设计要求。
2. 简述商业空间的设计要点。
3. 商业经营方式通常有哪几种？
4. 简述商业空间界面设计的方法。
5. 如何进行店面的造型设计？
6. 如何进行入口与橱窗设计？

第十五章 办公空间室内设计

随着城市经济的发展，对信息、经营、管理提出了新的要求，办公设施也日新月异，办公模式种类繁多。办公室的设计是指人们在行政工作中特定的环境设计，它要求要有相当好的布局，既要符合功能性又要美观大方，既要灵活生动又能体现高雅。当然，功能性是最主要的，它能使工作人员以更加高效的方式进行工作。在办公室装饰设计中，不能被硬性、教条的模式所约束，应当力求理性的且合乎人性化的现代办公室氛围。

第一节 办公空间的组成与设计要求

一、办公空间的分类及功能分析

1. 按性质分

（1）行政办公空间 各级党证机关、人民团体、事业单位、工矿企业的办公楼，特点是部门多，分工具体，单位形象特点是严肃、认真、稳重。设计风格多以朴实、大方和实用为主。

（2）专业办公空间 设计机构、科研部门、商业、贸易、金融、投资信托、保险等行业的办公楼，装饰风格特点应在实现专业功能的同时，体现自己特有的专业形象。

（3）综合办公空间 包括公寓、商场、金融、餐饮、娱乐设施等的办公楼，其办公空间的设计同样要注重装修风格与特有的办公形象相结合。

2. 按管理方式分

（1）单位或机构的专用办公楼。

（2）出租办公楼（分层分区租给客户）设计时尽可能为客户按各自的需要自行分割和装修创造条件，发展前景广阔。

3. 办公空间的功能分析

（1）了解使用单位的性质，企业的特征和形象应当通过室内设计得到体现。

（2）根据使用单位从事的业务，确定其对现代化办公设备的需求及其使用方式。

（3）根据使用单位的人流量和接待方式，确定门厅的面积。门厅是公司给予来访者的第一印象所在，有时也设置专用的会客区域。

（4）办公室内部分隔形式（希望是大空间办公室，还是中小间为主），隔断材料的选用（实墙、屏风、玻璃加百叶窗或者仅用绿化），隔断的高度。

（5）负责人办公单间的设计及功能要求，以及其与接待室和会议室的关系。

（6）会议室的数量及形式。

二、办公空间各类用房组成及设计要求

根据办公机构设置与人员配备的情况来合理划分、布置办公空间是设计的首要任务。

1. 用房类型

（1）办公用房 办公建筑室内空间的平面布局形式取决于办公楼本身的使用特点、管理

体制、结构形式等。类型主要有小单间办公室、大空间办公室、单元型办公室、公寓型办公室、景观办公室。另外，绘图室、主管室或经理室也可属于具有专业或专用性质的办公用房。

（2）公共用房　为办公楼内外人际交往或内部人员聚会、展示等用房，如会客室、接待室、各类会议室、阅览展示厅、多功能厅等。如图15-1。

（3）服务用房　为办公楼提供资料、信息的收集、编制、交流、储存等的用房，如资料室、档案室、文印室、电脑室、晒图室等。

（4）附属设施用房　为办公楼工作人员提供生活及环境设施服务的用房，如开水间、卫生间、电话交换机房、变配电间、空调机房、锅炉房及员工餐厅等。如图15-2。

图15-1　公共用房

图15-2　附属用房

2. 设计总体要求及发展趋势

从办公空间的特征与功能来看，各类用房的布局、面积比、综合功能的布局以及安全疏散等方面的要求，有如下几个方面：

（1）室内办公、公共、服务及附属设施等各类用房之间的面积分配比例，房间面积的大小及数量，均应根据办公楼的使用性质、建筑规模和相应标准来确定，室内布局既要从现实需要出发，又应适当考虑功能、设施等发展变化后进行调整的可能。

（2）办公空间各类房间所在位置及层次，应将以对外联系较为密切的部分布置在近出入口或近处入口的主要通道处。如把收发室设置在出入口处，接待、会客以及一些具有对外性质的会议室核对功能厅设置于近处入口的主要通道处，人数多的厅室还应注意安全疏散通道的组织。如图15-3。

（3）综合型办公室不同功能的联系与分隔应在平面布局和分层设置时予以考虑，当办公室与商场、餐饮、娱乐等组合在一起时，应把不同功能的出入口尽可能单独设置，以免互相干扰。

（4）从安全疏散和有利于通行考虑，袋形通道远端房间门至楼梯口的距离应不大于22m，且通道过长时应设采光口，单侧设房间的通道净宽应大于1300mm，双侧设房间时通道净宽应大于 1600mm，通道净高不应低于 2.1m。如图 15-4。

图 15-3　空间布局

图 15-4　通道设计

3. 办公空间的发展趋势

采用办公整体的共享空间与兼顾个人空间与小集体组合的设计方法，是现代办公室设计的趋势，在平面布局中应注意如下几点：

（1）现代办公空间趋向于重视人及人际活动在办公空间的舒适感和和谐氛围，适当设置室内绿化、布局上柔化室内环境的处理手法有利于调整办公人员的工作情绪，充分调动工作人员的积极性，从而提高工作效率。如图 15-5。

图 15-5　现代办公空间

图 15-6　家庭办公空间

（2）室内空间组织时密切注视功能、设施的动态发展和更新，适当灵活可变的"模糊

型"办公空间划分具有较好的适应性。

（3）办公空间内设施、信息、管理等方面，则应充分重视运用智能型的高科技手段。

4."非传统"的办公模式

（1）家庭办公制　如图 15-6。

（2）旅馆式办公制。

（3）轮用与客座办公制。

（4）景观办公建筑和智能型办公建筑。

第二节　办公室、会议室、经理室、绘图室

一、办公室

办公室的室内设计，应以所设计办公楼的具体功能特点和使用要求、柱网开间进深、层高净尺寸、选定的设备条件，以及相应的装修造价标准等因素作为设计的依据。

1. 设计要求

（1）办公室平面布置应考虑家具、设备尺寸，办公人员使用家具、设备时必要的活动空间尺寸，各工作位置依据功能要求的排列组合方式，以及房间出入口至工作位置、各工作位置相互间联系的室内交通的设计安排等来进行确定。如图 15-7。

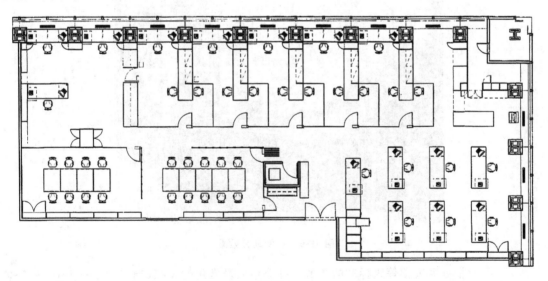

图 15-7

（2）设计导向的合理性。设计的导向是指人在其空间的流向。这种导向应追求"顺"而不乱。所谓"顺"，是指导向明确，人流动向空间充足。当然也涉及布局的合理。为此在设计中应模拟每个座位中人的流向，让其在变化之中寻到规整。

（3）根据功能特点与要求来划分空间。按功能需要可整间统一安排，也可组团分区布置。各工作位置之间、组团内部及组团之间既要联系方便，又要尽可能避免过多的穿插，减少人员走动时对他人工作的干扰。例如：财务室应有防盗的特点；会议室应有不受干扰的特点；经理室应有保密等特点；会客室应具有便于交谈休息的特点。应根据其特点来划分空间。因此，在设计中可以考虑经理、财务室规划为独立空间，让财务室、会议室与经理室的

空间靠墙来划分；让洽谈室靠近于大厅与会客区；将普通职工办公区规划于整体空间中央。这些都是在平面布置图中应引起注意的。如图 15-8 和图 15-9。

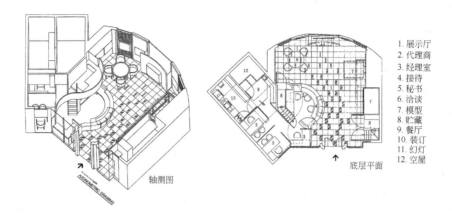

1. 展示厅
2. 代理商
3. 经理室
4. 接待
5. 秘书
6. 洽谈
7. 模型
8. 贮藏
9. 餐厅
10. 装订
11. 幻灯
12. 空屋

轴测图　底层平面

图 15-8　空间划分

图 15-9　空间划分效果

（4）根据办公楼等级标准的高低，办公室人员常用的面积定额为 3.5～6m²/人，据上述定额可以在已有的办公室内确定安排工作位置的数量（不包括过道面积）。如图 15-10。

（5）从室内每人所需的空气容积及办公人员在室内的空间感受考虑，办公室净高一般不低于 2.6m，设置空调时也不应低于 2.4m。智能型办公室室内净高，甲、乙、丙级分别不应低于 2.7m、2.6m、2.5m。

（6）从节能和有利于心理感受考虑，办公室应具有天然采光，窗地比面积应不小于 1：6，室内空调气温分别为冬 22℃/夏 24℃、冬 18℃/夏 26℃、冬 18℃/夏 27℃。

2. 布置分类

从办公体系和管理功能要求出发，结合办公建筑结构布置提供的条件，办公室的布置类型可分为：

图 15-10　办公室空间分割

图 15-11　小单间办公室

（1）小单间办公室　如图 15-11。

① 常用开间：3.6m、4.2m 和 6.0m。

② 常用进深：4.8m、5.4m 和 6.0m。

③ 优点：室内环境宁静，少干扰，办公人员具有安定感，同办公室人员之间易于建立较为密切的人际关系。

④ 缺点：空间不够开敞，办公人员与相关部门及办公组团之间的联系不够直接与方便，受室内面积限制，通常配置的办公设施也较简单。

⑤ 适用条件：需要小间办公功能的机构，或规模不大的单位或企业的办公用房。根据使用需要，或机构规模较大，也可以把若干个小单间办公室相结合，构成办公区域。

（2）大空间办公室（开敞式或开放式），如图 15-12。

① 优点：有利于办公人员、办公组团之间的联系，提高办公设施、设备的利用率。相对于空格式的小单间办公室而言，大空间办公室减少了公共交通和结构面积，缩小了人均办公面积，从而提高了办公建筑主要使用功能的面积率。

② 缺点：特别是早年环境设施不完善的时期，室内嘈杂、混乱，相互干扰较大，近年来随着空调、隔声、吸声以及办公家具、隔断等设施设备的优化，大空间办公室的室内环境

图 15-12 大空间办公室

质量也有了很大提高。

（3）单元型办公室　如图 15-13。

在办公楼中，除晒图、文印、资料展示等服务用房为公共使用之外，单元型办公室具有相对独立的办公功能。通常单元型办公室内部空间分隔为接待会客、办公等空间，根据功能需要和建筑设施的可能性，单元型办公室还可设置会议、盥洗、厕所等用房。

图 15-13 单元型办公室

① 优点：充分运用大楼各项公共设施，又具有相对独立、分隔的办公功能。

② 适用条件：企业、单位出租办公用房的上佳选择，近年来兴建的高层出租办公楼的内部空间设计与布局，单元型办公室占有相当的比例。

（4）公寓型办公室　办公用房同时具有类似住宅、公寓的盥洗、就寝、用餐等使用功能，它所配置的使用空间除与单元型办公室类似，还有卧室、厨房、盥洗等居住必要的使用空间，提供白天办公、用餐，晚上住宿就寝的双重功能，给需要为办公人员提供居住功能的单位或企业带来方便。办公公寓楼或商住楼常为需求者提供出租，或分套、分层予以出售。

（5）景观办公室　室内家具与办公设施的布置，以办公组团人际联系方便、工作有效为前提，布置灵活，并设置柔化室内氛围、改善室内环境的绿化与小品。景观办公室有别于大空间帮工式的过于拘谨划一，片面强调"约束与纪律"的室内布局。

3. 界面处理

界面处理应考虑管线铺设，连接与维修的方便，选用不易积灰、易于清洁、能防止静电的底、侧界面材料。界面的总体环境色调宜淡雅（淡水灰、淡灰绿、淡米色等），选色要与家具相搭配。

（1）底界面　应考虑走步时减少噪声，管线敷设与电话、电脑等的连接等问题。具体可以做以下处理：①水泥粉光地面上铺优质塑胶类地毡；②水泥地面上实铺木地板；③铺以塑胶为底的地毯，使扁平的电缆线设置于地毯下；④在水泥地面上设架空木地板。

（2）侧界面　墙面装修的形式也是多样化，这与设计风格紧紧相扣。造型和色彩设计应以淡雅为宜。可使用浅色系乳胶漆、墙纸；木饰面是一部分高级装修惯用的办法。为使建筑内走道有适量自然光，办公室的内墙一侧常采用玻璃装饰（隔断），使走道具有间接自然光。

（3）顶界面　办公室的天花装修的模式比较少，顶面应质轻并具有光反射和吸声作用，这里重点介绍几款办公室装修的实用款式。

① 600×600 石膏板天花和 600×600 矿棉板天花。两者的装饰效果是差不多的，但是从耐损度、保温性能、吸声系数数等来说，矿棉板都是比较好的。另外，矿棉板的重量要比石膏板轻，600×600 石膏板天花和 600×600 矿棉板天花都有明、暗龙骨两种。施工过程中隐蔽工程应统一考虑。

② 纸面石膏板天花。规格与夹板是通用的，为 2.44m×1.22m。这种做法要求面贴壁纸或刷乳胶漆。缺点是无法做造型部分。如果要作造型需动用夹板。纸面石膏板天花使用自攻螺丝固定在龙骨上。

③ 铝格栅（钢网）天花。一般用在过道多，但也有被采用于开放式办公室吊顶和员工活动区域。

④ 烤漆铝扣板天花。新式的吊顶材料，非常耐用。但隔声性能不太好。且而价格也较贵。

⑤暴露式天花。也就是没天花，是比较现代化的一种风格。处理方式很简单：先把天花顶及墙边靠上边十几厘米的地方刷上一层素色（单色，一般是深色调），并把通过其中的所有电线、空调管道（消防水管除外）也刷上同样的颜色。

二、会议室

会议室家具布置要考虑人的活动空间和交通通行的尺度；为改善吸音效果，墙面可做软包装饰；顶面材料可参考办公室顶面的材料。

三、经理或主管室

室内通常设置接待椅、沙发、茶几、老板台、转椅、文件柜等；地面材料宜选用深色调高档实木地板或优质化纤地毯。如图 15-14。

四、绘图室

绘图室家具由绘图桌、侧桌、绘图凳组成，沿墙设置图纸柜。绘图室最好采用自然光和人工照明相结合，工作面照度不应低于 300lx；工作台间以挡板分隔，以减少相互间的干扰。

图 15-14　经理或主管室

复习思考题

1. 办公空间设计的含义及功能要求体现在哪些方面？

2. 谈谈不同类型的办公空间各自不同的设计要求。

3. 办公空间设计主要划分成哪几个功能区域？分析其各自功能要求。

4. 举例说明你喜欢的办公空间应是怎样，为什么？

5. 用自己的理解和观察，在设定的 $80m^2$ 空间中，为小型室内设计公司设计一办公空间。

参考文献

[1] [美]约翰·派尔著. 世界室内设计史. 北京：中国建筑工业出版社，2003.

[2] 张绮曼，郑曙阳著. 室内设计经典集. 北京：中国建筑工业出版社，1994.

[3] 陆震纬，来增祥著. 室内设计原理. 北京：中国建筑工业出版社，1997.

[4] 李巍著. 设计概论. 成都：西南师范大学出版社，2001.

[5] 曹辅銮编著. 现代室内设计与人体工学. 南京：江苏美术出版社，1990.

[6] 成涛编著. 现代室内设计与实务. 广州：广州科技出版社，1997.

[7] 来增祥，陆震纬编著. 室内设计原理. 北京：中国建筑工业出版社，1996.

[8] 孙逸增，汪丽芬译. 室内装饰手册. 沈阳：辽宁科学技术出版社，2000.

[9] 朱晨编著. 室内外设计. 石家庄：河北美术出版社，2000.

[10] 杨绍胤著. 智能建筑实用技术. 北京：机械工业出版社，2002.

[11] 厂玉兰编著. 人机工程学. 北京：北京理工大学出版社，1991.

[12] 彭亮，胡景初编著. 家具设计与工艺. 北京：高等教育出版社，2000.

[13] J. R. 柯顿，A. M. 马斯登编著. 光源与照明. 上海：复旦大学出版社，2000.

[14] 徐纺编著. 中国当代室内设计精粹. 北京：中国建筑工业出版社，1998.

[15] [美]哈德森著. 工作空间设计. 吴晓芸译. 北京：中国轻工业出版社，2000.

[16] [日]小原二郎，加腾力，安腾正雄编著. 北京：中国建筑工业出版社，2000.

[17] [台湾]杜台安. 最新室内设计实务大全. 南京：江苏美术出版社，1990.

[18] [美]让·高尔曼著. 室内照明设计实例. 沈阳：辽宁科学技术出版社，1997.